MATEMÁTICA FINANCEIRA E ENGENHARIA ECONÔMICA

A teoria e a prática da análise de projetos de investimentos

Dados Internacionais de Catalogação na Publicação (CIP)
(Câmara Brasileira do Livro, SP, Brasil)

Pilão, Nivaldo Elias.
  Matemática financeira e engenharia econômica:
a teoria e a prática da análise de projetos de
investimentos / Nivaldo Elias Pilão, Paulo Roberto
Vampré Hummel. — São Paulo : Cengage Learning, 2017.

  7. reimpr. da 1. ed. de 2003.
  Bibliografia.
  ISBN 978-85-221-0302-7

  1. Engenharia econômica 2. Investimentos — Análise
3. Matemática financeira I. Hummel, Paulo Roberto
Vampré. II. Título. III. Título: A teoria e a prática
da análise de projetos de investimentos.

02-4090   CDD-658.15

Índice para catálogo sistemático:

1. Engenharia econômica : Administração financeira 658.15

MATEMÁTICA FINANCEIRA E ENGENHARIA ECONÔMICA

A teoria e a prática da análise de projetos de investimentos

Nivaldo Elias Pilão
Paulo Roberto Vampré Hummel

CENGAGE

Austrália • Brasil • México • Cingapura • Reino Unido • Estados Unidos

Matemática Financeira e Engenharia Econômica
A teoria e a prática da análise de projetos de investimentos
Nivaldo Ellias Pilão e Paulo Roberto Vampré Hummel

Gerente Editorial: Adilson Pereira

Editora de Desenvolvimento: Eugênia Pessotti

Produtora Gráfica: Patricia La Rosa

Copidesque: Ada Santos Seles

Revisão: Sandra Garcia Cortes
Maria Gabriela da Silva Braga

Editoração Eletrônica: Macquete

Capa: Mar, GD Design Gráfico

© 2003 Cengage Learning Edições Ltda.

Todos os direitos reservados. Nenhuma parte deste livro poderá ser reproduzida, sejam quais forem os meios empregados, sem a permissão por escrito da Editora. Aos infratores aplicam-se as sanções previstas nos artigos 102, 104, 106 e 107 da Lei no 9.610, de 19 de fevereiro de 1998.

Esta editora empenhou-se em contatar os responsáveis pelos direitos autorais de todas as imagens e de outros materiais utilizados neste livro. Se porventura for constatada a omissão involuntária na identificação de algum deles, dispomo-nos a efetuar, futuramente, os possíveis acertos.

A Editora não se responsabiliza pelo funcionamento dos links contidos neste livro que possam estar suspensos.

Para informações sobre nossos produtos, entre em contato pelo telefone **0800 11 19 39**

Para permissão de udo de material desta obra, envie seu pedido para **direitosautoras@cengage.com**

© 2003 Cengage Learning. Todos os diretos reservados.

ISBN-13: 978-85-221-0302-7
ISBN-10: 85-221-0302-X

Cengage Learning
Condomínio E-Business Park
Rua Werner Siemens, 111 – Prédio 11 – Torre A – Conjunto 12
Lapa de Baixo – CEP 05069-900 – São Paulo – SP
Tel.: (11) 3665-9900 – Fax: (11) 3665-9901
SAC: 0800 11 19 39

Para suas soluções de curso e aprendizado, visite
www.cengage.com.br

Impresso no Brasil
Printed in Brazil
7. reimpr. – 2017

*Para
Lilian Hummel
e
Márcia Pilão*

Sumário

Introdução XI

PARTE I — Matemática financeira

Capítulo 1 — Introdução à Matemática Financeira 3
    Representação gráfica do fluxo de caixa 4
    Exercícios sobre representação gráfica do fluxo de caixa 6
    Simbologia utilizada e conceitos fundamentais 7

Capítulo 2 — As taxas de juros 13

Capítulo 3 — A questão da taxa de juros 17
    Os juros e suas classificações 17
    Juros reais/nominais/efetivos 17
    Juros antecipados e juros postecipados 19
    Juros simples e juros compostos 20
    Juros simples 20
    Exercícios sobre juros simples 23

Capítulo 4 — Fatores para juros compostos 25
    Exercícios sobre o valor dos juros para um determinado período "K" 28
    Fórmula fundamental para juros compostos 28
    Equivalência de taxas 32

Equivalência de juros em juros simples 33
Equivalência de juros em juros compostos 34
Exercícios sobre equivalência de taxa de juros 38
Exercícios sobre juros compostos 38

Capítulo 5 — Análise de situações especiais (Fatores para Juros Compostos) 41
Exercícios de aplicação 56
Fatores para séries gradientes 59
Exercícios de aplicação 73

PARTE II — Engenharia Econômica

Capítulo 6 — Princípios fundamentais de Engenharia Econômica 77
Um caso típico de Engenharia Econômica 77
Limitações do estudo 85
Métodos clássicos de análise de investimentos 87
A questão da TMA (Taxa Mínima de Atratividade) 89

Capítulo 7 — O Método do Custo Anual Uniforme (CAU) 95
Exercícios de aplicação 101

Capítulo 8 — Método do Valor Atual (VA) ou Valor Presente Líquido (VPL) ... 105
Método do Valor Atual para alternativas de ação com vidas úteis
economicamente diferentes 109
A Técnica do MMC (Mínimo Múltiplo Comum) 109
Técnica da Capitalização Infinita 114
Exercícios de aplicação 121

Capítulo 9 — O Método da Taxa de Retorno (TIR/TRI) 125
A Taxa Interna de Retorno (TIR) 125

Capítulo 10 — Método da Taxa de Retorno Incremental (TRI) 131
O Método da TIR para a análise de alternativas de ação excludentes e que
possuam investimentos iniciais diferentes 131
Exercícios de aplicação 136

Capítulo 11 — O efeito do Imposto de Renda (IR) na análise de investimentos . 139
Investimentos de substituição 147
Investimentos de expansão 152
Investimentos de modernização ou inovação 156
Investimentos estratégicos 161

Capítulo 12 — O *leasing* e a análise de investimentos: comprar ou alugar?
— Um problema típico de Engenharia Econômica 163
Exercícios de aplicação 170

Capítulo 13 — A influência da inflação na análise de investimentos 175
O efeito da inflação na análise de investimentos 175
A inflação e a empresa 178
A mensuração da inflação 178
Um modelo para mensuração da inflação interna da empresa 187
Modelo da Companhia Farmacêutica Nacional — CFN 187
Exercícios de aplicação 208

Exercícios extras de aplicação 213
Apêndices.. 241

Introdução

■ Matemática Financeira e Engenharia Econômica: A Teoria e a Prática da Análise de Projetos de Investimentos

Quando ainda nos anos 50 E. L. Grant e W. G. Ireson resolveram dar uma forma sistematizada à análise de investimentos produtivos, denominando-a **Engenharia Econômica**, provavelmente não imaginavam que passadas mais de cinco décadas sua técnica fosse considerada tão recente e utilizável por tão grande número de administradores ou tomadores de decisão nas empresas de todo o mundo. É evidente que de lá para cá tal técnica passou por inúmeros refinamentos, recebeu subsídios e novas formas de utilização por parte de autores das mais diversas tendências, para que pudesse ser empregada da maneira mais racional possível em função das peculiaridades locais de cada "cenário administrativo".

No Brasil, nossa escola, a EAESP/FGV, provavelmente seja aquela que mais se preocupou com a questão, como pode ser constatado, por exemplo, pelos inúmeros artigos e textos sobre o assunto. Só para citar alguns, já em 1962, Raimar Richers traduziu para a *RAE — Revista de Administração de Empresas*, da Fundação Getúlio Vargas, um artigo de Karl Kafer, intitulado "Cálculo de Investimentos". No ano seguinte, ele traduziria um novo artigo sobre o assunto, de autoria de Adolph E. Grunewald, editado pela mesma RAE de abril/junho de 1963, sob o título de "Métodos de Avaliação para Inversão de Capital".

Já para quem pensa que a análise de investimentos em ambientes inflacionários, assunto que também pretendemos abordar neste livro, é algo impossível de ser feito ou constitui uma preocupação recente, podemos informar que o Prof. Claude Machline, da FGV, publicou, pela RAE de março de 1996, um artigo de mais de 70 páginas denominado "Análise de Investimentos e Inflação".

Da década de 60 até nossos dias, mais de uma dezena de autores dedicaram-se de maneira brilhante aos estudos da análise de investimentos. O próprio Professor Paulo Hummel, co-autor deste livro, escreveu, em 1985, em parceria com o Professor Mauro Taschner, o livro *Análise e Decisão sobre Investimentos e Financiamentos — Engenharia Econômica — Teoria e Prática*, que se encontra hoje em sua 6ª edição.

É nesse contexto que pretendemos apresentar ao mundo acadêmico e profissional um novo título, que busca aliar os conceitos teóricos desenvolvidos ao longo do tempo pela Matemática Financeira aos aspectos práticos dos investimentos produtivos, preocupação primeira do mundo dos negócios, que se convencionou chamar de Engenharia Econômica.

A idéia de escrever este livro surgiu exatamente da dificuldade de encontrarmos bibliografia formal que abordasse de maneira pragmática o assunto, sem porém deixar de lado os conceitos básicos que dão o necessário embasamento teórico. Essa dificuldade foi constatada em nossa experiência de mais de duas décadas de magistério superior, em um sem-número de cursos de pós-graduação e treinamento empresarial ministrados por todo o Brasil. Constatamos, ainda, durante nossa vivência profissional, que as escolas que optam por separar as disciplinas Matemática Financeira e Engenharia Econômica acabam, muito em função da falta de bibliografia adequada, por apresentar solução de continuidade, embora os conceitos da primeira devessem ser utilizados como básicos pela segunda. Em contrapartida, aquelas que optam por destinar à disciplina apenas os aspectos básicos, acabam fornecendo a seus alunos conhecimentos parciais que não os habilitam à correta tomada de decisão.

Outro motivo que nos impele a escrever este livro é, de certa forma, o objetivo de atualizar e até mesmo complementar para fins didáticos a primeira obra dos professores Paulo Hummel e Mauro Taschner, pois consideramos que provavelmente seja esta uma das disciplinas de estudo em Administração que possui a menor distância entre a teoria e a prática, fazendo-se necessária a permanente atualização. A atualização a que nos referimos não se prende ao sentido de uma nova teoria, mas sim ao de conduzir o leitor cada vez mais próximo ao "cenário administrativo" vigente, pois é este, sem dúvida, o "pano de fundo", a base de qualquer processo de tomada de decisão.

O fenômeno relatado no parágrafo anterior normalmente tem obrigado a maioria dos professores da área a desenvolver seus cursos, assim como nós, com o apoio de apostilas, principalmente de exercícios, que privilegiem um cenário mais atual, condizente com a presente estrutura econômica do País. Esta é uma lacuna que também pretendemos cobrir propondo conceitos que devem ser utilizados em qualquer cenário, portanto mais perenes, com uma inserção mais profunda nos aspectos atuais, que da forma como serão apresentados poderão, com certa facilidade, ser alterados pelo professor que adotar o livro à medida que se faça necessário, sem contudo alterar a estrutura de seu curso, a metodologia ou a técnica de ensino.

Dessa forma, pretendemos não só apresentar ao leitor o ferramental básico para análise de investimentos, por meio dos conceitos de **Matemática Financeira**, mas também as diversas formas de utilização desta na empresa, mediante os denominados Métodos Clássicos de Análise de Investimentos, que são as técnicas de análise utilizadas pela empresa e que se convencionou chamar de **Engenharia Econômica**.

Tais conceitos, para maior facilidade de compreensão, serão abordados em um ambiente "perfeito", ou seja, sem a presença de aspectos particulares de cada economia, como por exemplo a inflação, que será embutida na análise assim que o leitor se familiarizar com as técnicas. O mesmo ocorrerá no que tange ao efeito dos impostos na análise de investimentos, como o Imposto de Renda, por exemplo, que será igualmente estudado logo após a familiarização por parte dos leitores com os Métodos Clássicos de Análise de Investimentos.

Vale ressaltar que a Engenharia Econômica desenvolve seus estudos voltados à área produtiva, preocupando-se principalmente com os investimentos de longo prazo, abordando os diversos aspectos da seleção e substituição de equipamentos, a melhoria de processos, a compra ou construção de imóveis, a implantação ou substituição de plantas industriais, o lançamento ou substituição de produtos etc.

Em razão de esta disciplina de estudos ter um caráter eminentemente prático, faremos com que todos os tópicos do livro possibilitem a aplicação imediata da técnica e venham acompanhados de exemplos práticos, seguidos de uma bateria de exercícios para que o leitor possa não só sedimentar o conhecimento adquirido, como também estar em contato com as diversas nuanças de sua aplicação.

Dessa forma, acreditamos que o presente trabalho poderá atender a variados públicos. Na verdade, trata-se de material para um curso completo, que busca mostrar passo a passo a correta forma de utilização dos conceitos, servindo, portanto, como importante material básico, ou de apoio, a professores e alunos de cursos introdutórios ou de cursos avançados em nível de Graduação e Pós-Graduação em Administração e Engenharia, para atender às disciplinas de Matemática Financeira, Engenharia Econômica, Finanças, Engenharia Financeira, Análise de Projetos, e outras afins. Servirá igualmente, em função de sua linguagem simples e acessível, àqueles que desejarem utilizá-lo de maneira autodidática.

Neste contexto, podemos recomendar para um curso inicial os capítulos 1 a 5 e a parte básica do capítulo 6 ao 10 que seriam discutidos ao longo de um semestre letivo, possibilitando que os interessados pelo tema dêem continuidade aos estudos nos demais capítulos. Evidentemente, aqueles que já tiveram um contato prévio com o assunto poderão ocupar-se dos capítulos 6 e seguintes, utilizando-se dos demais tópicos para consulta, ou mesmo para retomar os conceitos básicos que se fizerem necessários ao desenvolvimento de seus estudos.

PARTE I

Matemática Financeira

CAPÍTULO 1

Introdução à Matemática Financeira

A Matemática Financeira constitui-se na principal ferramenta da Engenharia Econômica; é com base nela que podemos comparar diversas opções de investimentos. Como veremos a seguir, não é necessário que sejamos especialistas em matemática para utilizarmos a Matemática Financeira, ao contrário, o ferramental matemático necessário para tanto é relativamente simples. Mediante, basicamente, a Progressão Aritmética — PA, a Progressão Geométrica — PG, e a combinação de ambas, iremos gerar o que passaremos a denominar fatores de juros compostos, que a partir de então poderão ser utilizados diretamente sempre que a situação for pertinente, por meio da simples multiplicação dos valores considerados na análise pelos fatores correspondentes à operação desejada.

Antes, porém, de entrarmos nos conceitos e fórmulas matemáticas propriamente ditos, vale frisar a existência de outros conceitos subjacentes às fórmulas dos fatores que apresentaremos, os quais são tão ou mais importantes que os próprios. Portanto, passaremos a abordá-los para, então, voltarmos ao ferramental matemático que será discutido no tópico inerente a fatores de juros simples e fatores de juros compostos.

Um conceito imprescindível para a solução dos problemas que discutiremos ao longo do livro é a representação gráfica do fluxo de caixa. Aliás, todas as questões, exemplos e exercícios propostos virão sempre discutidos ou demonstrados sob duas formas básicas, que convencionaremos chamar de:

> **"REPRESENTAÇÃO GRÁFICA DO FLUXO DE CAIXA"**
> **E**
> **"REPRESENTAÇÃO ALGÉBRICA DO FLUXO DE CAIXA"**

■ Representação gráfica do fluxo de caixa

O fluxo de caixa não é senão a relação dos pagamentos e recebimentos que uma companhia, ou mesmo uma pessoa física, deverá honrar ou fazer jus num determinado espaço de tempo. A representação gráfica do fluxo de caixa, por sua vez, é a maneira pela qual podemos expressar, com a facilidade que só os gráficos permitem, a entrada e saída de numerário de um investimento, de um projeto, ou até mesmo todo o fluxo financeiro.

No diagrama do fluxo de caixa o tempo *(n)* é representado por uma reta ou escala de tempo horizontal orientada da esquerda para a direita, que tem sua origem na extrema esquerda com a data 0 ("zero"), normalmente considerada como data presente, se projetando para a direita em direção ao futuro. A reta horizontal que representa o fluxo de caixa é interceptada por pontos, onde o espaço entre cada ponto é considerado uma unidade de tempo, ou um período de capitalização, que será aqui considerado como qualquer unidade preestabelecida em contrato — um dia, uma semana, um mês, um semestre, um ano, etc.

Assim sendo, o primeiro período tem seu início na data 0 e seu término no ponto imediatamente posterior, ou seja, na data 1. A data 1, por sua vez, é considerada o início do segundo período, que tem seu final na data 2, que por sua vez será o início do 3º período, cujo final será a data 3, e assim sucessivamente até o período de ordem "n – 1", que será o início do período de ordem *n*, que por sua vez terá seu final no "enésimo" período, que será normalmente o final da vida útil do investimento a ser analisado, ou o horizonte de tempo considerado na análise. Conforme pode ser visto no gráfico a seguir:

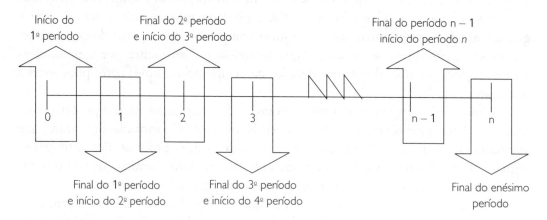

Outra convenção importante associada à representação gráfica do fluxo de caixa é que os valores referentes a desembolsos, ou saídas de dinheiro, são considerados algebricamente negativos e representados por uma seta orientada para baixo; por sua vez, as entradas de dinheiro, ou receitas, serão valores considerados algebricamente positivos, e sua representação gráfica será feita mediante uma seta orientada para cima, e a taxa de juros a que o fluxo se encontra submetido e que deverá corresponder preferencialmente ao mesmo período *n* ficará ao lado direito do fluxo, como segue:

Introdução à Matemática Financeira • 5 •

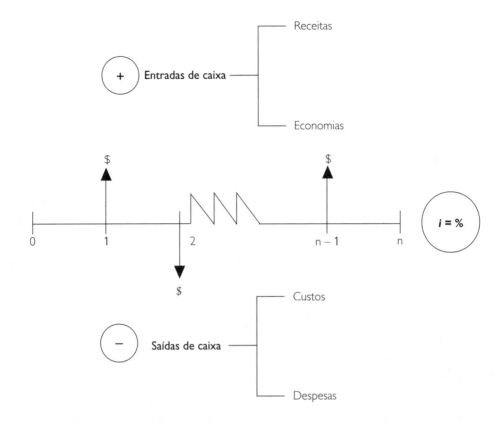

Por exemplo, digamos que determinado investimento pressuponha um desembolso inicial (na data 0) de $5.000,00 que virão seguidos de novas saídas de caixa de $5.000,00 no 1º, 2º, 3º e 4º períodos. Uma nova saída de $6.000,00 estaria prevista para o 5º período, visando a um retorno de $40.000,00 no 6º período, isto sujeito a uma taxa de juros de 10% ao período. O diagrama, ou representação gráfica do fluxo de caixa, desse investimento, assumiria a seguinte forma:

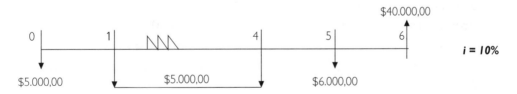

Esta seria, portanto, a notação que representaria graficamente a questão. Conforme dissemos anteriormente, outra forma de notação igualmente importante para a compreensão do assunto é a que optamos por denominar "Representação Algébrica do Fluxo de Caixa", entretanto, para utilizá-la corretamente faz-se necessária a devida padronização de linguagem, o que faremos a partir da simbologia que se segue. Propomos, no entanto, que sejam feitos agora alguns exercícios sobre a representação gráfica do fluxo de caixa, para logo após podermos demonstrá-la.

■ Exercícios sobre representação gráfica do fluxo de caixa

> Para estes exercícios não serão fornecidas taxas de juros, pois o objetivo aqui é somente o de montar a representação gráfica do fluxo de caixa. Mais adiante eles voltarão a aparecer com taxas e a solicitação de certas soluções.

1. Uma empresa decidiu obter os serviços de um computador. O equipamento poderá ser comprado ou alugado. Dada a natureza da instalação necessária, o aluguel anual deverá alcançar $1.200,00 (esse valor inclui o custo de manutenção). Se o computador for comprado, custará $5.000,00 e poderá ser firmado um contrato de manutenção com o fabricante no valor de $200,00 por ano. O custo de preparação do local a ser ocupado pelo computador é o mesmo para as duas alternativas, ou seja, $10.000,00. Do mesmo modo, qualquer que seja a alternativa escolhida, ocorrerão custos iguais de programação, pessoal operacional, etc. que montam a $2.000,00/ano. Estima-se em 6 anos a vida útil do equipamento caso seja comprado, podendo vendê-lo ao final da vida útil por $1.000,00.

2. Os gastos anuais para operação e manutenção de certo tipo de caminhão são de $6.000,00 para o primeiro ano e, sob certas condições específicas de operação que existem para esta empresa, sofrem um acréscimo de $800,00 por ano nos primeiros 5 anos de operação. O custo inicial do caminhão é de $80.000,00. O valor estimado após 5 anos de uso é de $62.000,00 e após 4 anos de $69.700,00. Monte os fluxos para as alternativas possíveis.

3. Uma escola está considerando dois planos alternativos para a construção de um ginásio de esportes. Um engenheiro fez as seguintes estimativas de custo para cada um deles, considerando para tanto sua utilização perpétua:

    I) Arquibancada de concreto que necessita de um custo inicial de $70.000,00 e custo anual de manutenção da ordem de $4.000,00.

    II) Arquibancada de madeira com custo inicial de $40.000,00; custo de manutenção anual de $1.000,00; custo de pintura de $4.000,00 a cada 3 anos; custo de novos assentos de $16.000,00 a cada 12 anos e custo de uma nova estrutura de $20.000,00 a cada 36 anos.

4. Uma companhia está estudando o problema de isolamento de canos de vapor. As alternativas são as seguintes:

    I) utilizar isolamento com espessura de 1";
    II) utilizar isolamento com espessura de 2".

    As perdas anuais de vapor, deixando-se o encanamento sem isolamento, atingiriam $5,58 por metro de encanamento. O isolamento de 1" de espessura reduzirá tais perdas em 89% e custará $1,78 por metro de encanamento. O isolamento de 2" de espessura reduzirá as perdas em 94% e custará $3,79 por metro de encanamento.

Compare os custos anuais de isolamento para 1.000 metros de tubulação (incluindo os custos relativos às perdas de vapor) para os dois tipos de isolamento propostos, considerando vida útil de 15 anos para a tubulação e valor residual nulo.

5. Certa empresa alugou um galpão para a instalação de um "depósito fechado" e pagou adiantados 24 meses de aluguel referentes ao primeiro período de locação. Nos termos do contrato será permitido à empresa renová-lo por outro período de 2 anos, pagando de aluguel $2.000,00 no início de cada mês do segundo período de 2 anos. Passados 12 meses do primeiro período de locação, o locador, necessitando de dinheiro, propôs à empresa o adiantamento dos pagamentos referentes aos aluguéis do segundo período de 2 anos.

■ Simbologia utilizada e conceitos fundamentais

Como dissemos anteriormente, todos os exercícios, exemplos ou questões a serem discutidos virão sempre acompanhados de um Fluxo Gráfico, conforme demonstramos, e de um Fluxo Algébrico, que demonstraremos a seguir. Para a montagem deste último e para maior facilidade de comunicação, vamos nos valer da forma mnemônica a seguir.

Vale ressaltar que esta forma, ou simbologia, não é a única existente no mercado, porém, sua escolha se deve ao fato de, além de ser a mais universalmente aceita, portanto aquela que os leitores encontrarão com maior facilidade em outras bibliografias existentes, possibilitar que se desenvolva na solução dos exercícios mais o raciocínio analítico que a mecânica do processo de cálculo, uma vez que para os cálculos o avanço da tecnologia tem nos apresentado inúmeras soluções (algumas delas, inclusive, terão sua utilização demonstrada aqui).

Portanto, para maior facilidade de comunicação, passaremos a nos valer das seguintes formas mnemônicas de identificação dos diversos fatores, a saber:

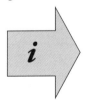 Representará uma taxa de juros para determinado período de tempo. Por exemplo, ao tomarmos um empréstimo, ou investirmos algum dinheiro, nos será cobrada ou paga determinada taxa de juros. Digamos que essa taxa seja de 10% ao mês. Portanto, i = 10% ao mês, ou i = 10/100 $\Rightarrow$ i = 0,10 a.m. Normalmente, na representação gráfica do fluxo de caixa, a taxa de juros a que o fluxo se encontra sujeito permanece locada a seu final, conforme segue:

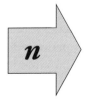 Representará o número de períodos em que determinada importância monetária estará sujeita a determinada taxa de juros. Um período representará qualquer unidade de tempo preestabelecida em contrato — dia, mês, bimestre, ano, etc. — e deverá corresponder à periodicidade da taxa de juros. No exemplo citado, digamos que determinada quanti-

dade de dinheiro nos fosse emprestada, ou que tivéssemos aplicado tal dinheiro pelo prazo de 2 anos; nesse caso, estaríamos assumindo que nosso *n* seria igual a 24 meses, pois em função de a taxa de juros do exemplo ser mensal, faz-se necessário transformar o período de análise em meses. Se, no mesmo exemplo, estivéssemos falando de uma taxa de juros de 10% ao ano, nosso *n* passaria a ser igual a 2. O que fizemos foi adaptar o período à taxa de juros. Uma outra saída para a questão seria adaptar a taxa de juros ao período, o que veremos mais adiante. A representação gráfica dos períodos é aquela demonstrada anteriormente:

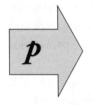
Representará o principal, o capital, o valor presente — valor de hoje, ou, ainda, determinada quantidade de dinheiro localizada isoladamente à esquerda do fluxo de caixa e que desejamos deslocar para a direita. Por exemplo, o preço de um automóvel médio é hoje de aproximadamente $20.000,00 (vinte mil "dinheiros"), portanto, **P = $20.000,00**. Em termos de representação gráfica, essa situação ficaria da seguinte forma:

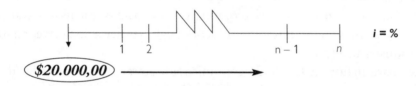

Observação: Entenda-se inicialmente por "dinheiros" unidades monetárias fortes, que não sofram a influência da inflação, ou do Fisco, pois, como observamos na Introdução, os conceitos iniciais serão apresentados considerando-se um ambiente perfeito.

A letra *S* representará a somatória do principal mais juros, ou montante, ou valor futuro, correspondentes a uma importância de dinheiro capitalizada após *n* períodos de tempo, importância essa sujeita a determinada taxa de juros *i* e que se encontra locada isoladamente à direita do fluxo de caixa e que desejamos deslocar para a esquerda. Ou seja, *S* será equivalente a *P*, quando sujeito àquela taxa de juros, ou ainda, *S* será a somatória do principal *P* mais o acúmulo dos juros desde o período de ordem *zero* até o período de ordem *n*. Portanto, *S* será o valor futuro, ou montante de determinada importância de dinheiro existente hoje. Ou seja: se o comprador do automóvel citado no exemplo sobre o principal (*P*) optasse por pagá-lo de uma só vez daqui a 1 ano, qual seria o valor futuro ou montante correspondente àqueles $20.000,00? O resultado seria o montante *S* a ser pago pelo comprador, evidente que tal valor, nominalmente, não seria o mesmo, já que estaria acrescido dos respectivos juros.

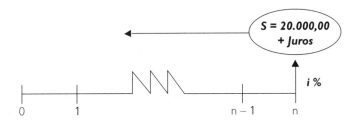

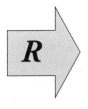

Representará uma série uniforme de pagamentos e/ou recebimentos nominalmente iguais, que serão efetuados ao final de cada período, desde o período de ordem 1 até o período de ordem *n*, onde estarão também locados no fluxo de caixa, sempre consecutivamente e sempre sujeitos a determinada taxa de juros. É o que normalmente chamamos de prestação. O mesmo conceito utilizado, no que tange à equivalência entre *P* e *S*, cabe também para *R*, ou seja, a série uniforme que *R* representa será equivalente a *P* ou a *S*, quando sujeitos a determinada taxa de juros e a determinado número de períodos. Por exemplo: digamos que o comprador do automóvel de nosso exemplo optasse por pagá-lo ao vendedor, não em uma única parcela daqui a 1 ano, como foi sugerido anteriormente, mas sim em 12 parcelas mensais, iguais e consecutivas ao longo de 1 ano, sujeitas a uma taxa de juros mensal pactuada. O valor de cada parcela a ser paga seria um *R*. Portanto, *R* será a prestação que o vendedor receberá pela aplicação de *P*, ou a prestação que o comprador do veículo pagará ao vendedor para quitá-lo.

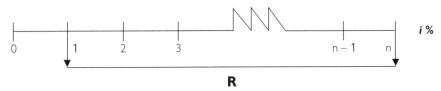

Estas cinco letras — *P, S, R, n, i* — que representam, respectivamente, **P**rincipal; **S**omatória de Principal mais Juros ou Montante; Série Uniforme ou Valores que se **R**epetem nominalmente iguais; **n**úmero de Períodos; e Taxa de Juros — são as que o leitor encontrará mais facilmente na bibliografia existente sobre Matemática Financeira e Engenharia Econômica. Elas trazem consigo o conceito de equivalência de capitais, já que, como mencionamos, o *S* será o valor de *P* acrescido dos respectivos juros; por sua vez, o *R* será o valor de *P*, ou de *S* repartido em uma série uniforme, sempre considerando determinada taxa de juros. Dessa forma, elas comporão o que denominaremos **Triângulo de Equivalência**, que será a maneira como trabalharemos, por meio de fatores, considerando sempre a seguinte situação:

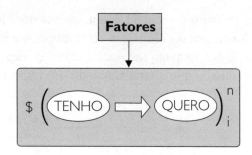

Na notação aqui demonstrada, levamos em consideração que à esquerda dos parênteses estará sempre alocada a quantidade de unidades monetárias, de dinheiro ($) que temos, o qual por sua vez será identificado, segundo a simbologia que estamos utilizando, como um P (valor isolado à esquerda), um S (valor isolado à direita), ou um R (valor que se repete uniformemente desde o período de ordem 1 até o período de ordem n), logo após teremos uma seta com a indicação do que queremos, também representado por P, S ou R, conforme o caso. Portanto, sempre trabalharemos a partir do que temos para o que queremos. Tal notação, sempre em função da simbologia aqui descrita, irá compor o que o prof. Daniel A. Moreira convencionou chamar "Triângulo de Equivalência", termo aqui também por nós utilizado.

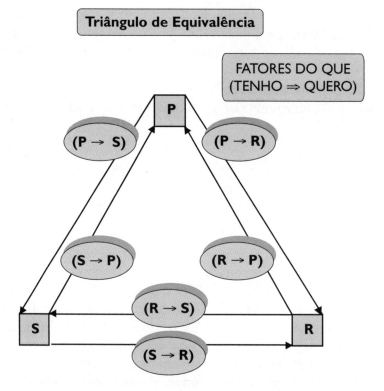

Esse triângulo será a base de nossa notação algébrica, já que com ele poderemos interligar todos os valores que possam existir no fluxo de caixa; entretanto, poderá haver situações em que é possível utilizar pelo menos mais um outro conceito extremamente importante, levando-nos ao uso de uma 6ª letra em nossa simbologia ou representação mnemônica, a letra G.

A letra G, que representará uma **Série em Gradiente de Pagamentos e/ou Recebimentos**, poderá ser utilizada, principalmente, quando tivermos de analisar projetos que pressuponham aumentos constantes de custos ou receitas, como, por exemplo, o aumento dos custos de manutenção, ou a introdução de um novo produto no mercado com o conseqüente crescimento das vendas e das receitas. Portanto, pode-se dizer que nosso "vocabulário" para a elaboração daquilo que convencionaremos chamar de **Fluxo Algébrico** será formado por fatores que interligarão estas seis letras (as cinco anteriores mais a letra: G).

Representará uma Série em Gradiente de pagamentos e/ou recebimentos. Uma Série em Gradiente identifica uma série de pagamentos e/ou recebimentos, cujos valores nominais crescem uniformemente ao longo do tempo. Trata-se, portanto, de uma Progressão Aritmética — PA. Este recurso poderá ser utilizado, por exemplo, em situações similares às de quando montamos um projeto para implantação de um novo equipamento em nossa empresa. Nesses casos, desde que possamos admitir que este equipamento ao longo de sua vida útil possua um custo de manutenção de determinada quantia para o primeiro ano, crescendo linearmente todo ano a partir do 2º ano, poderemos dar um tratamento diferenciado a este crescimento anual constante, assumindo tratar-se de uma Gradiente. Portanto, neste caso, **G = Crescimento**.

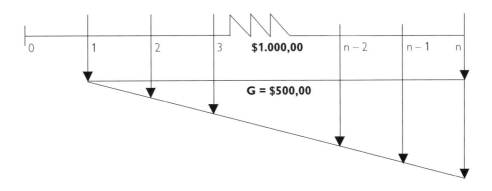

Digamos que para uma situação como a ilustrada anteriormente, pudéssemos assumir, por exemplo, os seguintes valores: custos de manutenção do 1º ano, $1.000,00 — crescendo em $500,00 por ano daí por diante; a partir do 2º ano —, no 2º, $1.500,00; no 3º, $2.000,00; no 4º, $2.500,00, etc. Neste caso teríamos a Gradiente, o G = $500,00.

O conceito de equivalência, que introduzimos de maneira inicial com a apresentação dos fatores *P*, *S* e *R*, cabe igualmente para o caso das séries em gradiente de pagamentos e/ou recebimentos, ou seja, o *G* se interligará com os valores do presente *(P)*, do futuro *(S)* e da série uniforme *(R)*, transformando o Triângulo de Equivalência em uma **Pirâmide de Equivalência**, com as três pontas do triângulo mais a gradiente na quarta ponta da pirâmide:

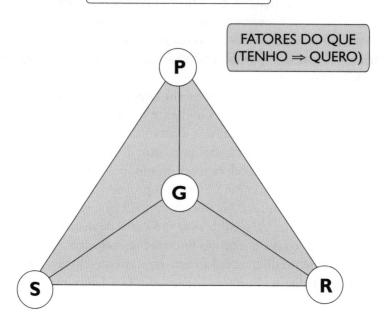

CAPÍTULO 2

As taxas de juros

Ao fixarmos nossa simbologia de trabalho, admitimos que certos valores, representados por P, S, R e G, só fazem sentido quando sujeitos a determinada taxa de juros de $i\%$ ao período. Portanto, nasce daí um conceito primordial que consideraremos como a primeira

REGRA BÁSICA DA MATEMÁTICA FINANCEIRA E DA ENGENHARIA ECONÔMICA:

NÃO SE PODE COMPARAR, SOMAR OU SUBTRAIR DINHEIROS ($) QUE SE ENCONTREM EM DATAS DIFERENTES.

Esse conceito primordial nos dará suporte para mais adiante discutirmos o conceito de taxas de juros e de equivalência de capitais, visto que todo investimento pressupõe, obrigatoriamente,

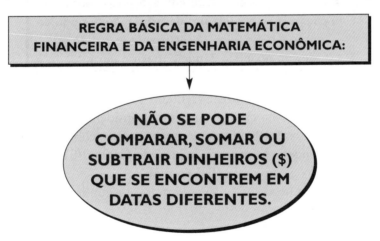

INVESTIMENTOS
- SAÍDA DE DINHEIRO   ($)
- ESTRUTURA DE TEMPO   (n)
- ENTRADA DE DINHEIRO ($)

Logo, todo investimento considera entre a entrada e a saída de dinheiro a imposição de uma estrutura de tempo e, se o conceito ou regra básica da Matemática Financeira ou Engenharia Econômica pressupõem que não se pode somar, subtrair ou comparar "dinheiros" que se encontrem em datas diferentes e, se quisermos proceder a tais operações matemáticas, ou mesmo comparar tais importâncias monetárias, significa dizer que teremos de deslocá-las ao longo do tempo. Para tanto, a Matemática Financeira nos fornece como ferramenta a taxa de juros.

Podemos, dessa forma, afirmar de maneira bastante pragmática que

> **A TAXA DE JUROS SERÁ A PONTE ENTRE DINHEIROS QUE SE ENCONTREM EM DATAS DIFERENTES.**

Por exemplo, se quiséssemos saber o que é melhor, receber $1.000,00 hoje ou $1.100,00 dentro de 1 mês, teríamos que deslocar os $1.000,00 para o final do mês, ou os $1.100,00 para o início deste, o que só é possível em função de uma taxa de juros. Nesse caso, deveremos utilizar a taxa de juros como uma espécie de "ponte" que nos permitirá deslocar tais importâncias ao longo do tempo.

Já em termos matemáticos, podemos dizer que

> **A taxa de juros é a razão entre os juros cobráveis ou pagáveis ao final de um determinado período de tempo e o dinheiro efetivamente investido ou devido no início daquele mesmo período.**

Por exemplo, se forem recebidos $1.100,00 por um empréstimo de $1.000,00 após um período de tempo (no exemplo anterior, consideramos o período como de 1 mês), significa dizer que os $ 100,00 representam os juros cobrados pelo empréstimo, que neste caso corresponderia a uma taxa de juros de $100,00/$1.000,00 = 0,10 ao período, ou para o caso do exemplo, de 10% ao mês.

Já para o mundo dos negócios, ou expressando-se segundo o jargão do mercado financeiro, pode-se afirmar que

> **A taxa de juros é a remuneração recebida pelo capital investido, ou paga pelo empréstimo contraído!**

Que representará o **aluguel pago pelo dinheiro emprestado**. Sua forma de cálculo, em princípio, poderemos considerar como a demonstrada, embora valha ressaltar que no mundo dos negócios os juros aparecem assumindo diversas denominações, que são na verdade "modalidades de juros", e para seu cálculo deveremos agir em função das peculiaridades de cada tipo, conforme demonstraremos no item a seguir, "Os juros e suas classificações".

É importante deixar claro que estamos nos referindo indistintamente a "investimentos", considerando que sempre que estivermos aludindo a eles, existirá na outra ponta do negócio alguém que estará sendo financiado. Portanto, no caso de financiamentos, os conceitos aqui expressos só se modificam em seu sentido — *primeiro a entrada de dinheiro, sob a forma de bens ou em espécie, depois a estrutura de tempo e, posteriormente, a saída de dinheiro, sob a forma de pagamento do empréstimo* — além, evidentemente, da questão da taxa de juros que em sua expectativa trará reflexos diferentes para o tomador do empréstimo ou para o investidor.

CAPÍTULO 3

A questão da taxa de juros

■ Os juros e suas classificações

Ainda com relação aos juros, estes podem ser classificados como:

- ☑ **Juros Antecipados;**
- ☑ **Juros Postecipados;**
- ☑ **Juros Reais;**
- ☑ **Juros Efetivos;**
- ☑ **Juros Nominais;**
- ☑ **Juros Simples;**
- ☑ **Juros Compostos.**

Essas diversas "modalidades" de juros estão presentes no nosso cotidiano, quer em transações empresariais, como na aquisição de equipamentos, instalações, quer em transações pessoais, como na compra de determinado bem, ou mesmo quando contraímos um empréstimo pessoal. Cada uma delas tem suas peculiaridades, a saber:

■ Juros reais / nominais / efetivos

Os juros reais e os juros nominais são, respectivamente, aqueles que **efetivamente pagamos ou recebemos** quando participamos de determinada operação, contra aqueles que **dizem que nos pagam ou nos cobram**. Por exemplo, digamos que em um caso rotineiro de contratação de um empréstimo pessoal, o gerente do banco nos informe que a taxa de juros cobrada mensalmente por um suposto empréstimo de $1.000,00 pelo período de um mês seja de 5%, entretanto, para liberar o empréstimo ele solicita que, em vez de utilizarmos o dinheiro imediatamente após sua liberação, ele fique por uma semana depositado e disponível em conta-corrente com o intuito de aumentarmos o nosso "saldo médio" e, conseqüentemente, facilitarmos a operação.

Ora, evidente que em um caso desses estaremos pagando para utilizar o dinheiro por um mês (30 dias), enquanto na verdade só poderemos fazer uso dele durante 3 semanas, o que fará com que a taxa de juros realmente paga seja superior à contratada verbalmente. Isto porque os 5% contratados representam a remuneração pelo uso do dinheiro por 30 dias, enquanto ele estaria sendo utilizado, efetivamente, por apenas 22 dias, pelo que deveríamos pagar cerca de 3,643%, ou, ainda, estaremos falando de uma **taxa nominal** de 5% ao mês que se transforma em uma **taxa real** de 6,88% ao mês por conta do subterfúgio utilizado pelo gerente.

Outra forma muito comum de "mascarar" juros, principalmente em financiamentos ao consumidor, são as famosas "taxas de abertura de crédito", em que o cliente paga por um serviço que já está sendo remunerado pelos juros, uma vez que o objetivo não é o de abrir um crediário, mas sim de financiar um suposto negócio. O custo do dinheiro para o tomador de empréstimos também pode ser substancialmente aumentado com uma prática muito comum entre os gerentes de bancos, a venda de seguros, pecúlios, etc., que, conforme salientamos anteriormente, só serão adquiridos para facilitar a transação do empréstimo.

Embora não se encaixe nos casos anteriores, uma prática muito comum em investimentos financeiros é a de se fornecer ao investidor a "taxa bruta" ou remuneração bruta, que, descontados os impostos (CPMF, IOF, IR, etc.), acabam por modificar substancialmente a taxa realmente ganha no negócio. O mesmo acontece com a inflação. É um hábito, no Brasil, identificarmos uma composição entre taxa de juros e correção monetária contratada em determinado negócio, simplesmente como taxa de juros, em que, descontada a inflação do período, da taxa de juros, pouco sobra, quando muitas vezes não falta.

Alguns autores, e mesmo muitos profissionais de mercado, costumam identificar as situações descritas, a título de exemplos da realidade, como taxa nominal e taxa efetiva; entretanto, a forma mais correta de diferenciar essas duas situações é a que registraremos no exemplo a seguir, ou seja, podemos afirmar, com relação aos **juros nominais** e **juros efetivos**, que estes últimos se caracterizam como negócios em que existe a incidência de uma taxa de juros compostos (que veremos como funcionam mais adiante no "Juros simples e juros compostos") que foram capitalizados a partir de uma taxa de juros simples.

O exemplo típico de juros nominais e efetivos é o da caderneta de poupança, que paga **juros nominais** de 6% ao ano e para o cálculo de seu pagamento mensal essa taxa é dividida linearmente entre os 12 meses do ano. Isso gera uma taxa de 0,5% ao mês, que capitalizados mensalmente irão gerar, conseqüentemente, uma **taxa efetiva** de 6,17% ao ano para poupadores que se dispuserem a depositar suas reservas em caderneta de poupança e que não sacarem nem o capital nem os rendimentos alcançados ao longo de todo um ano. É evidente que a situação descrita não considera qualquer outro rendimento além dos juros, como por exemplo a correção monetária, ou a TR.

▪ Juros antecipados e juros postecipados

Os **juros antecipados**, por sua vez, são aqueles cobrados no início de cada período, enquanto os **juros postecipados** são aqueles cobrados ao final de cada período.

Essas duas modalidades de juros existem em inúmeras transações comerciais e bancárias, porém, **a prática de mercado privilegia os juros compostos e postecipados**, o que não significa afirmar que a modalidade de juros antecipados não exista; ao contrário, mesmo porque uma das mais conhecidas transações financeiras do mercado é o denominado "Desconto de Duplicatas", hoje também praticado pelos bancos comerciais e Casa de Factoring para troca de cheques pré-datados.

Um exemplo típico que permite ilustrar as duas modalidades de juros é o seguinte: imagine uma situação em que você vai hoje até seu banco fazer um empréstimo pessoal de, por exemplo, $1.000,00. Após negociar com seu gerente a taxa de juros para a operação, fica acordado que ela será de 10% ao mês e que você quitará a dívida dentro de exatamente um mês. Isto posto, ele afirma que creditará o dinheiro em sua conta ainda hoje. No dia seguinte, você acessa o terminal eletrônico para confirmar a transação, a fim verificar seu saldo, acreditando que tenha feito o seguinte negócio:

Entretanto, de posse do extrato, percebe que em sua conta só foram creditados $900,00 (?!?!). Em busca de uma resposta para o ocorrido, você conversa com seu gerente e fica sabendo que na verdade ele cobrou sim 10% de juros pelo empréstimo, só que antecipados, creditando-lhe, portanto, o valor líquido ou descontado de $900,00.

Nos dois casos, tanto no fluxo acima (o seu), como no fluxo abaixo (o do gerente), as taxas de juros praticadas foram de 10% ao mês; a diferença está na modalidade dos juros praticados — os imaginados por você, acima, são **juros postecipados** de 10% ao mês cobrados sobre os $1.000,00 ao final do período; os praticados pelo gerente, abaixo, são **juros antecipados** de 10% ao mês cobrados sobre os $1.000,00 no início do período.

É claro que, em razão desse "desencontro de informações" entre o falado e o entendido, para você fica a conta: $100,00 de juros pagos sobre $900,00 tomados emprestado (que lhe foram efetivamente creditados), passando os juros a ser de:

> $100,00 / 900,00 = 0,1111... ou 11,11% ao mês!
> (calculados postecipadamente, é claro!)

Vale ressaltar mais uma vez que o fato de terem, você e o gerente, admitido tipos diferentes de negócios, não se trata, neste caso, de uma "artimanha" do banco para modificar a taxa de juros. Ambos os negócios descritos estão sujeitos a uma taxa de juros real de 10% ao mês, porém as modalidades praticadas são diferentes: juros antecipados *versus* juros postecipados.

> **Uma modalidade de negócio vastamente praticada pelo mercado, as "operações de desconto" (desconto de duplicatas, cheques etc.), é realizada exatamente como demonstramos no exemplo de juros antecipados.**

▪ Juros simples e juros compostos

Assim como nos casos de *juros antecipados, postecipados, nominais, reais e efetivos* descritos, os juros simples e os compostos compõem outras duas modalidades existentes no mercado, aliás, todas as modalidades que descrevemos até então podem ser praticadas para juros simples ou para juros compostos, indistintamente. O que basicamente diferencia uma modalidade da outra é que no caso de **juros simples teremos a incidência de um índice simples sobre o principal**, enquanto nos **juros compostos este mesmo índice, ou taxa, simples incidirá sobre o principal mais os juros vencidos**.

Fica evidente, em função do exposto, que as formas de cálculos de ambos serão diferentes, já que a base de cálculo para ambos não é a mesma, como demonstraremos a seguir nos itens "Juros simples" e "Fatores para juros compostos".

▪ Juros simples

Como salientamos, os juros simples caracterizam-se pela incidência de índices simples sobre o principal, ou capital, o que faz com que os juros de qualquer período sejam sempre iguais:

$$J_1 = J_2 = J_3 = J_4 = ... = J_k = ... = J_n$$

onde "J_k" são os juros de um período "k" qualquer.

Pela nossa simbologia teremos:

$$\text{juros} = \text{principal} \times \text{taxa} \Rightarrow J_k = P(i)$$

Imagine a seguinte situação: você fez um investimento de $1.000,00 em 1º de janeiro de determinado ano, a uma taxa de juros simples de 10% ao mês. Se as taxas incidirem exclusivamente sobre o principal ou capital, o que ocorrerá sempre, no caso de juros simples, significa que em qualquer mês do ano sua remuneração será de

$$Jk = P(i) \Rightarrow Jk = \$1.000,00\,(0,10) \Rightarrow Jk = \$100,00$$

ou seja, ao final de qualquer dos períodos os juros serão sempre iguais. Portanto, teremos:

Final do	Juros Jk
1º período	J1 = Pi
2º período	J2 = Pi
3º período	J3 = Pi
4º período	J4 = Pi
"enésimo" período	Jn = Pi

Logo, se em juros simples todas as parcelas de juros, individualmente, são sempre iguais, sua somatória no futuro, ou após n períodos, será:

$$\Sigma \text{ dos juros} = \underbrace{Pi + Pi + Pi + Pi + \ldots + Pi}_{n} \Rightarrow \boxed{\Sigma \text{ dos juros} = (P)\cdot(i)\cdot(n)}$$

Por sua vez, se desejarmos conhecer para determinada aplicação, ou financiamento, sujeita a juros simples, qual o valor no futuro ou montante (S), este será obtido pela somatória do principal (P) + juros (Σ dos Jk) do período, ou seja, pela nossa simbologia teremos:

$$\text{valor futuro} = \text{principal} + \text{juros}$$

$$S = P + P.i.n \Rightarrow S = P\,[1 + (i)(n)]$$

Embora a modalidade de juros simples não seja das mais praticadas pelo mercado, existem alguns negócios em que eles se encontram presentes. O mais conhecido deles, sem dúvida, é a Caderneta de Poupança, que rende um fator que representaria a correção monetária do período, atualmente a TR (taxa de referência), mais uma taxa de juros de 6% ao ano, e, por se tratar de juros simples e de uma aplicação em que o tempo básico de duração é de um mês corrido, a remuneração mensal é obtida pela divisão da taxa anual linearmente ao longo do ano, perfazendo 0,06/12 = 0,005 ou 0,5% ao mês.

EXEMPLO 1 — Determinar quanto um investidor terá direito de receber no final do ano 2000 se aplicar em 1º de janeiro de 2000 a importância de $100.000,00. Considerar que o negócio foi feito a **juros simples de 5% ao mês**. Definir também, com base na mesma taxa, de quanto será a parcela de juros de 31/8/2000 para este investimento.

$$Jk = P(i) \Rightarrow J(\text{agosto}) = \$100.000,00 \ (0,05) \longrightarrow \boxed{J(8) = \$5.000,00}$$

$$S = ?$$

| 0 | 1 | 2 | ∿∿ | 11 | 12 |

100.000,00   *i* = 5% ao mês

$$\Sigma \text{ de juros} = P.i.n \Rightarrow \Sigma \text{ de juros} = (\$100.000,00) \cdot (0,05) \cdot (12)$$

$$\boxed{\Sigma \text{ de juros} = \$60.000,00}$$

$$S = P[1 + (i) \cdot (n)] \Rightarrow S = 100.000,00 \ [1 + (0,05) \cdot (12)]$$

$$\boxed{S = \$160.000,00}$$

A seguir, propomos cinco pequenos exercícios de juros simples. Embora eles sejam de fácil solução, sugerimos a sua resolução, pois são importantes para uma melhor fixação do conceito, uma vez que já a partir do próximo capítulo passaremos a trabalhar sempre com a última das modalidades de juros anteriormente citadas, a que se configura como a **prática de mercado, que é a de juros compostos e postecipados**.

Exercícios sobre juros simples

> **Observação**: Procure utilizar desde já a simbologia e a representação gráfica do fluxo de caixa, mesmo para estes exercícios mais simples. Isso fará com que você rapidamente se habitue a elas, facilitando seu aprendizado. Já desenhamos no Exemplo 1 o fluxo gráfico que comportaria a seguinte notação ou **Fluxo Algébrico**
>
> $$S = \$100.000{,}00 \; (P \rightarrow S)_{i=5\%}^{n=12}$$

6. Calcular o montante, ou valor futuro, correspondente à aplicação de $150.000,00 a uma taxa de juros simples de 2% ao mês durante 2 anos.
7. Se investirmos $50.000,00 por 10 anos, qual será o montante no final desses 10 anos se a taxa de juros praticada for simples e de 35% ao ano?
8. Quanto terei daqui a 12 meses se aplicar hoje $200.000,00 a uma taxa de juros simples de 5% ao bimestre? Determine também de quanto seriam os juros a receber em 31 de agosto referentes ao período de 1º a 31 de agosto, caso tivéssemos feito esta aplicação em 1º de janeiro do mesmo ano. Para esta segunda questão, considere o investimento sendo feito a juros de 5% ao mês e a 10% ao bimestre. Comente a resposta.
9. Determinar o principal, ou capital, que produz um montante de $32.000,00 quando sujeito a uma taxa de juros simples de 3% ao mês após 8 meses de aplicação.
10. Quanto terei que aplicar hoje para ter direito de receber a importância de $250.000,00 daqui a 2 anos, sendo a taxa de juros simples de 30% ao ano?

CAPÍTULO 4

Fatores para juros compostos

Conforme afirmamos anteriormente, passaremos a trabalhar a partir deste capítulo até o final do livro sempre com **juros compostos** e **juros postecipados**, em consonância com a prática de mercado, portanto, as fórmulas que mostraremos a seguir — a base dos fatores que nos permitirão deslocar o dinheiro no tempo — referir-se-ão a tal modalidade de juros. Os juros compostos caracterizam-se pela incidência de uma taxa de juros simples sobre o principal ou capital mais juros vencidos, o que fará com que:

$$J_1 \neq J_2 \neq J_3 \neq J_4 \neq J_5 \neq ... \neq J_n$$

Ou seja, em função do exposto, os juros irão variar de maneira crescente, a cada novo período de capitalização. Portanto, teremos:

$$J_1 < J_2 < J_3 < J_4 < ... < J_k < ... < J_n$$

Em juros compostos, o que faz com que os juros cresçam ao longo do tempo é o fato de que a base de cálculo aumenta, pois ela passa a ser o principal acrescida dos juros anteriores, onde:

✏ **Para o 1º período**, teremos ⇒ $\boxed{J_1 = P_i\,(1+i)^0}$. Perceba que não temos até o final do primeiro período qualquer parcela de juros vencidos, tratando-se portanto para o 1º período de juros simples, uma vez que $(1+i)^0 = 1$, e teremos **$J_1 = P_i$**.

✒ **Para o 2º período**, teremos ⇒ $\boxed{J2 = Pi\,(1+i)^1}$. Isto porque no 2º período de capitalização já teremos o 1º período vencido e, portanto, a base de cálculo aumentará, passando a incorporar os juros correspondentes ao 1º período. Isto fará com que os juros do 2º período sejam: J2 = (P + J1) i. Como vimos, os juros do 1º período são: J1 = Pi. Logo, J2 = (P + Pi) i ⇒ J2 = Pi + Pi², onde, com as devidas passagens matemáticas, teremos: **J2 = Pi (1 + i)¹**.

✒ **Para o 3º período**, teremos ⇒ $\boxed{J3 = Pi\,(1+i)^2}$. Isto ocorre em função de já termos para o 3º período de capitalização os juros dos dois primeiros períodos vencidos. Portanto, a base de cálculo para "J3" passa a incorporá-los, obtendo-se que J3 = (P + J1 + J2)i, *ou, ainda, que* J3 = [P + Pi + Pi (1 +i)]i. Embora as passagens matemáticas não sejam o objetivo deste livro, de maneira simplificada, para que o leitor saiba por que se chegou a tais fórmulas, teremos:

$$J3 = Pi + Pi^2 + Pi^2(1+i) \Rightarrow J3 = Pi\,[1+i+i(1+i)] \Rightarrow$$
$$J3 = Pi\,(1+i+i+i^2) \Rightarrow J3 = Pi\,(1+2i+i^2) \Rightarrow \mathbf{J3 = Pi\,(1+i)^2}.$$

Imagine a mesma situação que propusemos em juros simples, só que agora utilizando juros compostos, ou seja: você fez um investimento de $1.000,00 em 1º de janeiro de determinado ano, a uma taxa de juros composta de 10% ao mês, se as taxas incidissem somente sobre o principal ou capital, o que ocorre em juros simples (e também no 1º período para juros compostos), a remuneração esperada para o 1º período seria a mesma encontrada anteriormente, ou seja, $100,00. Isto porque teremos:

$\boxed{Jk = Pi\,(1+i)^{k-1}}$ $J(1) = 1.000,00\,(0,10)\,(1,10)^0 \Rightarrow J(1) = 100,00$

Entretanto, a partir daí e até o final do prazo de investimento, os juros individuais que remunerarão o principal, ao final de qualquer um dos outros períodos de capitalização, que não o primeiro, serão sempre diferentes daqueles obtidos pelo cálculo apresentado, ou mesmo os obtidos para juros simples.

Observe que obtivemos no exemplo anterior, para juros compostos, a parcela de juros do 1º período por meio da utilização do expoente "0" (zero), na fórmula Pi(1 + i). Quando desdobramos a fórmula para o caso da 2ª parcela de juros, o expoente a que se chegou foi o "1"; no caso dos juros da 3ª parcela o expoente foi 2. Veja que com isso teremos sempre valores diferentes de juros para cada um dos períodos de capitalização, onde:

Final do	Juros (Jk)	Expoente utilizado
1º período	J1 = Pi	J1 = Pi $(1+i)^0$
2º período	J2 = Pi $(1+i)$	J2 = Pi $(1+i)^1$
3º período	J3 = Pi $(1+i)^2$	J3 = Pi $(1+i)^2$
enésimo período	Jn = Pi $(1+i)^{n-1}$	Jn = Pi $(1+i)^{n-1}$

✏ Pode-se concluir com isso que, **em juros compostos**, os **juros correspondentes a um período k qualquer** poderão ser obtidos utilizando-se do produto **Pi (1 + i)**, elevando-o a um expoente, uma unidade abaixo do número da parcela desejada. Desse modo, teremos a fórmula genérica dos juros compostos para um período *k* qualquer como sendo:

$$Jk = Pi(1+i)^{K-1}$$

Atenção: a fórmula de **"Jk"** nos fornece o valor correspondente aos juros de um determinado período específico e não o valor futuro ou montante de uma aplicação que será conseguido adicionando-se a soma das diversas parcelas de juros ao principal, como poderá ser visto a seguir em "Fómula Fundamental para Juros Compostos".

EXEMPLO 2 — Considere para o mesmo caso do investidor que aplicou em 1º de janeiro de 2000 a importância de $100.000,00 que o negócio tenha sido feito a juros compostos de 5% ao mês. Defina, neste caso, de quanto será a parcela de juros de 31/8/2000.

$$J_K = Pi(1+i)^{K-1} \quad J_{(agosto)} = \$100.000,00\,(0,05)\,(1,05)^7 \longrightarrow J_{(8)} = \$7.035,50$$

Perceba que o valor dos juros auferidos em 31/8/2000 pelo investidor a juros compostos de 5% ao mês ($7.035,50) é substancialmente superior àquele que encontramos para juros simples à mesma taxa ($100.000,00 × 0,05 = $5.000,00) no exemplo anterior.

Isso serve para ilustrar de maneira ainda mais clara a afirmação de que quando nos referimos a juros simples estamos aludindo a uma taxa que incide só sobre o principal, enquanto em juros compostos a incidência será sobre o principal mais os juros vencidos.

Dessa forma, em juros simples, podemos encontrar a taxa de juros para qualquer período simplesmente dividindo a taxa ou multiplicando-a em função de nossa conveniência. Por exemplo, se tivermos uma taxa de **5% ao mês para juros simples** e quisermos conhecer a taxa bimestral correspondente, basta multiplicá-la por 2. O resultado obtido será **10% ao bimestre**, o que não é o caso em juros compostos. Isso porque, se quisermos saber o valor da taxa de juros para um período menor ou maior para juros compostos, teremos que compor a taxa.

Para o mesmo exemplo teremos **5% ao mês para juros compostos** sendo igual a **(1,05)² − 1 = 0,1025 ou 10,25% ao bimestre**. Isso porque em 1 bimestre cabem 2 períodos mensais de juros, onde a primeira parcela de juros incidirá exclusivamente sobre o principal, enquanto a segunda incidirá sobre o principal mais os juros da primeira parcela, ou seja: [(1,05) . (1,05)] = 1,1025 − 1 = 0,1025 ou 10,25%. Teremos oportunidade de discutir isso um pouco mais profundamente na seqüência, no próximo capítulo, quando estudaremos a "Fórmula Fundamental para Juros Compostos". Por ora estamos propondo mais cinco pequenos exercícios sobre o valor dos juros especificamente para determinado período que, novamente aconselhamos, devem ser resolvidos para fixação de mais este importante conceito.

Exercícios sobre o valor dos juros para um determinado período "K"

> **Observação**: Para estes exercícios não são necessárias as montagens dos fluxos gráfico e algébrico; basta proceder aos cálculos.

11. Calcular o valor da parcela de juros mensal correspondente ao final do 1º ano de uma aplicação de $150.000,00 a uma taxa de juros simples de 10% ao mês durante 2 anos. Faça também os cálculos do valor da mesma parcela para juros compostos.
12. Se investirmos $50.000,00 por 10 anos, qual será a parcela de juros correspondente ao final do 3º ano se a taxa de juros praticada no negócio for simples e de 35% ao ano? E se fossem praticados juros compostos, como ficaria aquela parcela de juros?
13. A quanto terei direito, a título de juros, no final do 1º ano, se aplicar hoje a importância de $250.000,00 pelo período de 2 anos, sendo a taxa de juros simples de 30% ao ano?
14. No exercício anterior, se quiséssemos saber qual a parcela de juros do 2º período, como deveríamos proceder? Se a taxa de juros praticada tanto neste exercício como no 13º fosse composta, você mudaria sua resposta em algum dos dois casos? Demonstre explicando por quê.
15. A parcela de juros compostos para o primeiro mês de uma aplicação de $100.000,00 foi de $8.000,00. Qual é a taxa de juros praticada no negócio? Se disséssemos que este valor era correspondente à parcela de juros de qualquer outro período, sua resposta seria a mesma? Justifique sua resposta.

Fórmula fundamental para juros compostos

A fórmula que denominaremos de Fundamental para Juros Compostos, como salientamos anteriormente, poderá ser obtida a partir da somatória das diversas parcelas de juros ($\sum_{n}^{1} \mathbf{Jk}$) ao principal (P), portanto, é a fórmula que nos proporcionará o valor futuro ou montante (S) de determinada aplicação ou financiamento após n períodos de capitalização. Pela nossa forma de representação, que será a utilizada na montagem algébrica do fluxo de caixa, ela será identificada como $(\mathbf{P} \rightarrow \mathbf{S})_i^n$, isto porque se trabalharmos sempre com **Fatores do que (Temos → Queremos)$_i^n$**, ela será utilizada nas situações em que tivermos um valor no presente (*P*) e desejarmos conhecer seu correspondente valor no futuro ou montante (*S*).

Portanto, a **Fórmula Fundamental para Juros Compostos** que nos fornecerá o montante ou valor futuro de determinada aplicação ou financiamento poderá também ser encontrada com freqüência sob a denominação de **Fator de Valor Futuro para Pagamento Único** e será identificada por nós simplesmente pela forma mnemônica *(P → S)$_i^n$*, e subjacente a esta representação mnemônica encontra-se a fórmula matemática que considera o valor futuro como a somatória do principal mais os juros do período, onde, pela nossa simbologia, teremos:

$$\boxed{\text{VALOR FUTURO = PRINCIPAL + JUROS}}$$

$$S = P + J1 + J2 + J3 + J4 + ... + Jn \Rightarrow$$
$$S = P + Pi + Pi(1+i)^1 + Pi(1+i)^2 + Pi(1+i)^3 + ... + Pi(1+i)^{n-1} \Rightarrow$$
$$S = P(1+i) + P[i(1+i)^1 + i(1+i)^2 + i(1+i)^3 + ... + i(1+i)^{n-1}] \Rightarrow$$
$$S = P[(1+i) + i(1+i) + i(1+i)^2 + i(1+i)^3 + ... + i(1+i)^{n-1}]$$

Ressaltando mais uma vez que nosso objetivo não são as passagens matemáticas, mas sim o raciocínio lógico do processo, faremos a seguir uma rápida demonstração de como obtivemos a **Fórmula Fundamental para Juros Compostos**, procedendo à somatória das diversas parcelas de juros, desde a do primeiro até a do último período de capitalização.

✏ **As duas primeiras parcelas de juros entre colchetes somadas resultam em:**

$$(1+i) + i(1+i) = 1 + i + i + i^2 = 1 + 2i + i^2 = \boxed{(1+i)^2}$$

✏ **Esse resultado (1 + i)² acrescido da 3ª parcela de juros entre colchetes**

$$(1+i)^2 + i(1+i)^2 = 1 + 2i + i^2 + i(1 + 2i + i^2) \Rightarrow$$
$$\Rightarrow 1 + 2i + i^2 + i + 2i^2 + i^3 \Rightarrow (1+i)(1+i)^2 = \boxed{(1+i)^3}$$

Perceba que a somatória da primeira e segunda parcelas de juros resultou em (1 + i)². Se a somatória das duas primeiras parcelas de juros acrescidas da terceira resultou em (1 + i)³ e se continuássemos a demonstrar as passagens teríamos, adicionando ao resultado da somatória das três primeiras parcelas (1 + i)³ os juros correspondentes à quarta parcela, i (1 + i)³, como sendo (1 + i)⁴, podemos concluir que, à medida que formos adicionando a cada resultado de somatória a parcela de juros do período seguinte, encontraremos sempre como resultado da somatória das parcelas (**1 + i**) elevado a um expoente uma unidade acima do expoente que aparece na parcela de juros que foi adicionada. Dessa forma,

> Se a última parcela entre colchetes a ser adicionada na somatória é $(1 + i)^{n-1}$, o resultado de toda somatória será $(1 + i)^n$.

Portanto, a somatória de todas as parcelas entre colchetes será $(1 + i)^n$. Vale ressaltar que fora dos colchetes tínhamos S = P [....], logo, substituindo-se a somatória entre colchetes por seu resultado, teremos $S = P (1 + i)^n$.

Ou seja, se conhecermos o valor no presente (*P*), a taxa de juros (*i*), o número de períodos (*n*) e desejarmos conhecer o seu valor no futuro (*S*), basta multiplicarmos o valor de *P* por $(1 + i)^n$ e obteremos o denominado **Fator $(P \rightarrow S)_i^n$** ou o **Fator de Valor Futuro para Pagamento Único** ou a

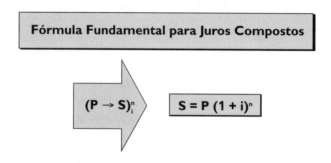

EXEMPLO 3 — Vamos utilizar, agora para juros compostos, o mesmo exemplo dado para juros simples, ou seja, determinar quanto um investidor terá direito de receber no final do ano 2000 se aplicar em 1º de janeiro de 2000 a importância de $100.000,00. Considerar agora que o negócio foi feito a **juros compostos de 5% ao mês**.

Representação Algébrica   Valor em 31/12/2000 = $100.000,00 $(P \rightarrow S)_{5\%}^{12}$

Subjacente à notação $(P \rightarrow S)_{5\%}^{12}$ está a fórmula matemática $(1 + 0,05)^{12}$, portanto,

valor em 31/12/2000 = $100.000,00 $(1,05)^{12} \Rightarrow$ S = 100.000,00 (1,7958563)

$$S = \$179.585,63$$

Perceba que a notação ou **Fator $(P \rightarrow S)_{5\%}^{12}$** identifica o movimento que será feito com o dinheiro no fluxo de caixa, ou seja, estaremos transportando no tempo a importância de $100.000,00 da esquerda para a direita do fluxo de caixa gráfico (do presente para o futuro) ao longo de 12 períodos (no exemplo, meses) a uma taxa de 5% ao período (no caso, mês), ou:

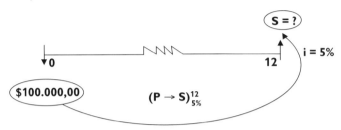

Outro conceito importante a observar é que, uma vez identificado o valor que **TEMOS (P)** e o que **QUEREMOS (S)**, os cálculos matemáticos serviram exclusivamente para obtermos a equivalência matemática dos valores. Ressaltamos isto pois é evidente que o uso da fórmula **$(1,05)^{12}$** não é a única ferramenta que nos habilita a tal cálculo. Poderemos também, para obter o resultado desejado, utilizar outras ferramentas, tais como: as tabelas de coeficientes, as calculadoras financeiras, e mesmo as planilhas de cálculos eletrônicas, cuja forma de utilização discutiremos *en passant* mais adiante.

Entretanto, é extremamente importante registrar que todas as demais ferramentas que utilizarmos para trabalhar que não as fórmulas nos levarão aos mesmos resultados, isto porque tais ferramentas, assim como a notação por nós utilizada neste livro, têm subjacente as mesmas hipóteses e fórmulas, como demonstramos no exemplo anterior. Em função disso, poderemos, a partir da Fórmula Fundamental, derivar uma série de outras que poderão ser utilizadas diretamente, sem que tenhamos de fazer uso em todos os momentos da Fórmula Fundamental. É evidente que cada situação específica irá gerar uma fórmula específica, mas estas facilitarão sobremaneira nossos trabalhos de cálculos.

A forma mais simples de demonstrarmos isto é com a simples transformação do **Fator $(P \rightarrow S)_i^n$**, que deverá ser utilizado sempre que conhecermos o valor no presente e desejarmos o seu valor correspondente no futuro, no **Fator $(S \rightarrow P)_i^n$**, que deverá ser utilizado na situação inversa, ou seja, se conhecermos o valor futuro, ou montante (S), a taxa de juros (i), o número de períodos (n) e desejarmos saber qual o valor do principal (P) que lhe deu origem. Basta para isso invertermos a fórmula fundamental e multiplicarmos o valor do futuro (S) por $[1 / (1 + i)^n]$ e teremos o valor correspondente no presente (P). Este é o denominado

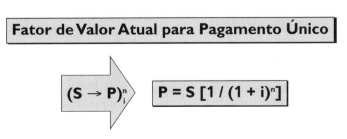

EXEMPLO 4 — Determinar quanto deverá um investidor depositar em 1º de janeiro de 2000 para ter direito de receber no final do ano 2000 a importância de $300.000,00. Considerar que o negócio foi feito a **juros compostos de 10% ao mês**.

Representação Gráfica

Representação Algébrica

Valor em 1º/1/2000 = $300.000,00 $(S \to P)_{10\%}^{12}$

Subjacente à notação $(S \to P)_{10\%}^{12}$ está a fórmula matemática $[1/(1 + 0,10)^{12}]$, portanto,

valor em 1º/1/2000 = $300.000,00 $[1/(1 + 0,10)^{12}] \Rightarrow S = 300.000,00 (0,31863)$

$$S = \$95.589,25$$

Neste caso, a notação ou **Fator** $(S \to P)_{10\%}^{12}$ identifica o movimento que faremos com o dinheiro no fluxo de caixa, ou seja, estaremos transportando no tempo a importância de $300.000,00 da direita do fluxo para a esquerda (do futuro para o presente) ao longo de 12 períodos (no exemplo, meses) a uma taxa de 10% ao período (no caso, mês), ou:

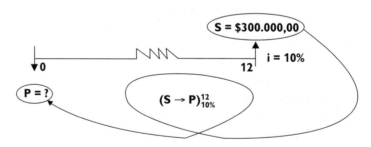

■ Equivalência de taxas

Uma situação muito comum em Matemática Financeira é a questão da equivalência de taxas. Ela é muito utilizada nos negócios realizados em períodos fracionados de tempo, como, por exemplo, no caso de uma taxa oferecida por um período de 1 ano comercial (360 dias) para determinado investimento, em que o investidor só deseja aplicar seu dinheiro por um período menor (por exemplo, por 1 mês). Nestes casos, faz-se necessário encontrar a taxa equivalente mensal para aquela taxa oferecida para o período anual.

De antemão, pode-se afirmar que a regra básica da equivalência de taxas é a de que:

> Duas ou mais taxas serão equivalentes ou proporcionais, sempre que produzirem, para um mesmo capital ou principal, aplicados por um mesmo período de tempo, resultados de montantes idênticos.

Isto cabe para qualquer regime de juros, tanto simples como composto. A diferença, nos dois casos, pode ser descrita da seguinte forma:

▪ Equivalência de juros em juros simples

Em juros simples, em função de a taxa ser linear ao longo do tempo, a obtenção de taxas equivalentes será dada pela simples divisão ou multiplicação, conforme o caso, da taxa de um período conhecido em relação ao desejado, considerando-se para tanto como divisor, ou multiplicador, o número de períodos que um couber dentro do outro.

EXEMPLO 5 — Se considerarmos **i (anual)** a taxa para **12 meses** ou **360 dias**, poderemos obter as taxas equivalentes para períodos menores, tais como **semestral** (2 períodos em 1 ano); **quadrimestral** (3 períodos em 1 ano); **trimestral** (4 períodos em 1 ano); no caso, **bimestral** (6 períodos em 1 ano); **mensal** (12 períodos em 1 ano); **diária** (360 períodos em 1 ano), etc., pela simples divisão da taxa proposta anualmente pelo número de períodos que compõem o ano. Neste caso, se a taxa anual fosse, por exemplo, de 24% ao ano, teríamos:

$$i\ (semestral) = \frac{i\ (anual)}{2} \rightarrow i\ (semestral) = \frac{0{,}24}{2} \longrightarrow \boxed{0{,}12\ ou\ 12\%\ ao\ semestre}$$

$$i\ (quadrimestral) = \frac{i\ (anual)}{3} \rightarrow i\ (quadrimestral) = \frac{0{,}24}{3} \longrightarrow \boxed{0{,}08\ ou\ 8\%\ ao\ quadrimestre}$$

$$i\ (trimestral) = \frac{i\ (anual)}{4} \rightarrow i\ (trimestral) = \frac{0{,}24}{4} \longrightarrow \boxed{0{,}06\ ou\ 6\%\ ao\ trimestre}$$

$$i\ (mensal) = \frac{i\ (anual)}{12} \rightarrow i\ (mensal) = \frac{0{,}24}{12} \longrightarrow \boxed{0{,}02\ ou\ 2\%\ ao\ mês}$$

E assim sucessivamente, e, no caso de serem necessárias taxas para períodos maiores a partir da taxa de um período menor, deve-se proceder à operação inversa, ou seja, multiplicar a taxa do período menor pelo número de períodos necessários para compor o maior. Por exemplo, para uma **taxa de juros de 2% ao mês**, teremos uma **taxa trimestral de 0,02 (3) = 0,06 ou 6% ao trimestre**; no caso de ser necessária uma **taxa anual** a partir de uma taxa mensal de 2%, teremos **0,02 (12) ou 24% ao ano**, visto que um **trimestre é composto por 3 meses, um ano por 12 meses**, e assim sucessivamente para quaisquer outros períodos.

Dessa forma, **para juros simples**, pode-se afirmar que 2% ao mês equivalem a 4% ao bimestre, ou 6% ao trimestre, ou 8% ao quadrimestre, ou 10% para cada 5 meses (quimestre), ou 12% ao semestre, ou 24% ao ano, e assim sucessivamente, visto que um capital inicial qualquer, desde que idêntico na data "zero", irá gerar o mesmo montante após o mesmo período de aplicação, independentemente de utilizar-se para tanto a taxa mensal, ou bimestral, ou trimestral, e assim por diante.

EXEMPLO 6 — Se investirmos o capital de $50.000,00 hoje, pelo período de 1 ano, à taxa de juros simples de 2% ao mês, ou à taxa de 24% ao ano, quanto teremos no final do ano?

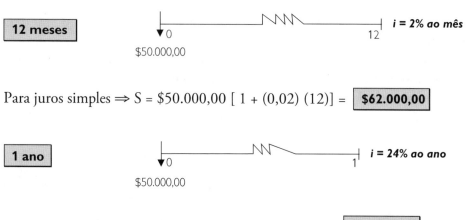

Para juros simples ⇒ S = $50.000,00 [1 + (0,02) (12)] = **$62.000,00**

Para juros simples ⇒ S = $50.000,00 [1 + (0,24) (1)] = **$62.000,00**

▪ Equivalência de juros em juros compostos

É evidente que em **juros compostos** se deve seguir a mesma regra básica da equivalência de taxas de juros, descrita em juros simples, ou seja, deve-se considerar o número de períodos que uma unidade de tempo menor cabe dentro de outra maior. Entretanto, a conversão de taxas não pode ser feita pela simples multiplicação ou divisão de períodos, visto que os juros compostos obedecem a uma estrutura exponencial.

Dessa forma, se compararmos montantes, dinheiros gerados no futuro, para a aplicação de um mesmo capital, a uma mesma taxa nominal de juros, para as modalidades de juros simples e juros compostos, considerando-se para tanto o mesmo período de aplicação, é evidente que **os montantes serão diferentes, logo não serão equivalentes**.

EXEMPLO 7 — Para o exemplo 6, quais seriam os valores para juros compostos após 1 ano, considerando-se uma taxa de juros de 2% ao mês e 24% ao ano?

$$S = \$50.000,00 \ (1,02)^{12} = \boxed{\$63.412,09}$$

$$S = \$50.000,00 \ (1,24)^{1} = \boxed{\$62.000,00}$$

Tal situação, graficamente, pode ser representada da seguinte forma:

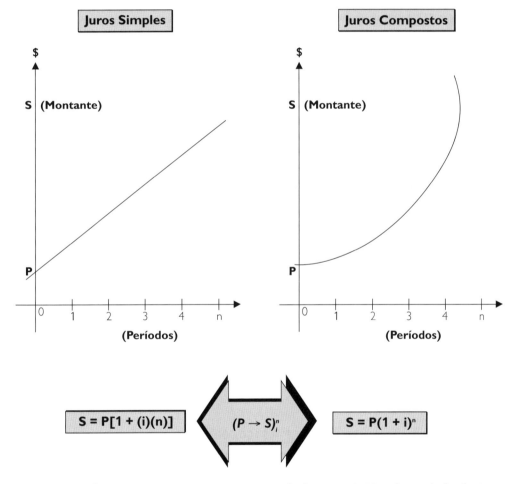

Por exemplo, se investirmos a importância de $100.000,00 pelo período de 1 ano, considerando-se uma taxa de juros de 5% ao mês, respectivamente para juros simples e juros compostos, teremos:

SIMPLES $\Rightarrow$ $S = \$100.000,00 \ [\ 1 + (0,05) \ (12)] \Rightarrow \boxed{S = \$160.000,00}$

COMPOSTOS $\Rightarrow$ $S = \$100.000,00 \ (1 + 0,05)^{12} \Rightarrow \boxed{S = \$179.585,63}$

Como pode ser constatado pelos resultados, uma taxa de juros de 5% ao mês, para juros compostos, não corresponde a 60% ao ano, caso contrário — conforme a regra básica da equivalência da taxa de juros —, os montantes seriam idênticos. Portanto, no caso de juros compostos, faz-se necessária a composição das taxas. Para tanto, pode-se valer da fórmula fundamental para juros compostos, que adaptada resultará na seguinte fórmula:

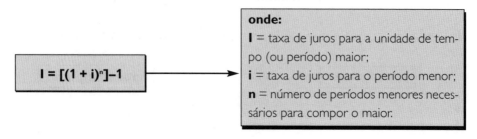

$I = [(1 + i)^n] - 1$

onde:
I = taxa de juros para a unidade de tempo (ou período) maior;
i = taxa de juros para o período menor;
n = número de períodos menores necessários para compor o maior.

EXEMPLO 8 — Qual a taxa de juros compostos anual correspondente a uma taxa de juros compostos mensal de 5%?

Para o exemplo, se quisermos saber qual a taxa anual de juros compostos equivalentes à taxa de 5% ao mês, teremos que o mês corresponde ao período de tempo menor *(i)*, enquanto o ano corresponde ao período de tempo maior *(I)*, por sua vez, 12 é o número de meses necessários para compor 1 ano. Assim sendo, teremos:

$I \text{ (anual)} = [(1 + 0{,}05)^{12}] - 1 \rightarrow$ $\boxed{I \text{ (anual)} = 0{,}7958563 \text{ ou } 79{,}58563\% \text{ ao ano.}}$

Portanto, só teremos montantes idênticos (condição para equivalência de taxas) se aplicarmos os $100.000,00 de hoje, por um período de 1 ano, a uma taxa de juros composta de 5% ao mês, ou a uma taxa de juros composta de 79,58563% ao ano. Indiferentemente, nos dois casos, obteremos como resultado:

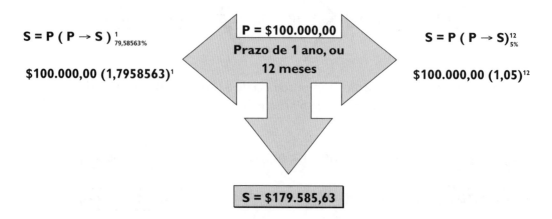

$S = P (P \rightarrow S)^{1}_{79{,}58563\%}$

$100.000,00 (1,7958563)^1$

P = $100.000,00
Prazo de 1 ano, ou 12 meses

$S = P (P \rightarrow S)^{12}_{5\%}$

$100.000,00 (1,05)^{12}$

S = $179.585,63

O que significa afirmar que para juros compostos uma taxa de 5% ao mês equivale a 79,585633% ao ano, ou bimestralmente a $(1,05)^2 - 1 = 0,1025$ ou 10,25% ao bimestre, ou trimestralmente a $(1,05)^3 - 1 = 0,157625$ ou 15,7625% ao trimestre, e assim sucessivamente.

Se em vez de encontrarmos a taxa para um período maior *(I)*, desejarmos a taxa para um período menor *(i)*, basta invertermos a operação. Dessa forma, obteremos que a taxa de juros para um período menor *(i)* — **desconhecida** — será equivalente à taxa de juros para o período maior *(I)* — **conhecida** — utilizando a seguinte fórmula:

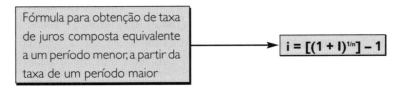

Observação: Na verdade, a fórmula acima pode englobar as duas fornecidas, desde que se considere o expoente da seguinte forma:

Período desejado / período conhecido
1/i ou i/1

Assim, se tivermos a taxa mensal e quisermos a taxa anual, o expoente será 12/1 e, se tivermos a taxa mensal e quisermos a anual, o expoente será 1/12. Desssa forma, podemos admitir a seguinte fórmula geral para taxas equivalentes:

Geral → $i\ (equivalente) = [\ (1=i)^{(Quero/Tenho)}\ ] - 1$ **EM DIAS**

EXEMPLO 9 — Qual será a taxa de juros composta mensal (desconhecida), a partir de uma taxa de juros compostos (conhecida) de 10% ao bimestre? (2 meses em 1 bimestre):

i (mensal) = $[(1 + 0,10)^{1/2}] - 1$ → *i (mensal) = 0,0488 ou 4,88% ao mês*

EXEMPLO 10 — Obter também, a partir de uma taxa de juros compostos conhecida de 30% ao ano, a taxa de juros trimestral desconhecida (4 trimestres em 1 ano) e bimestral desconhecida (6 bimestres em 1 ano).

i (trimestral) = $[(1,30)^{1/4}] - 1$ → *i (trimestral) = 0,06778 ou 6,78% ao trimestre*

i (bimestral) = $[(1,30)^{1/6}] - 1$ → *i (bimestral) = 0,04469 ou 4,469% ao bimestre*

Exercícios sobre equivalência de taxa de juros

> **Observação**: Para estes exercícios, também não se faz necessária a montagem dos fluxos gráfico e algébrico; basta proceder aos cálculos.

16. Qual é a taxa anual equivalente a uma taxa mensal de 3%? E a taxa semestral, nesse caso, seria de quanto? (Resolver para juros simples e juros compostos.)
17. Quais são as taxas bimestral, trimestral, semestral e anual equivalentes, correspondentes a uma taxa de juros de 2% ao mês (para juros simples e juros compostos)?
18. Qual a taxa de juros compostos mensal equivalente a uma taxa anual de 60%? Se estivéssemos calculando para juros simples, elas seriam as mesmas? Por quê? Comprove sua afirmação encontrando as parcelas de juros para ambos os casos.
19. Qual a taxa de juros compostos para uma aplicação de 13 dias correspondente a uma taxa de juros de 7% ao mês? (Considerar mês comercial de 30 dias corridos.)
20. Determinar a taxa de juros compostos semestral equivalente a 50% ao ano (considerando mês e ano comerciais — 30 e 360 dias, respectivamente). Qual seria a taxa para 45 dias?

Exercícios sobre juros compostos

> **Observação**: Para solução de todos os exercícios daqui por diante, montar sempre os fluxos gráficos e algébricos. Também a partir daqui serão utilizados sempre juros compostos e postecipados, a menos que o contrário esteja explícito nos exercícios propostos.

21. Calcule o montante, ou valor futuro, correspondente à aplicação de $150.000,00 a uma taxa de juros compostos de 2% ao mês durante 2 anos.
22. Se investirmos $50.000,00 por 10 anos, qual será o montante no final desses 10 anos se a taxa de juros compostos praticada for de 35% ao ano?
23. Quanto terei daqui a 12 meses se aplicar hoje $200.000,00 a uma taxa de juros compostos de 5% ao bimestre? Determine também de quanto seriam os juros a receber no dia 31 de agosto, caso tivéssemos feito essa aplicação em 1º de janeiro do mesmo ano. Para esta segunda questão, considere o investimento sendo feito a juros de 5% ao mês e a 10% ao bimestre. Comente sua resposta.
24. Determine o principal, ou capital, que produz um montante de $32.000,00 quando sujeito a uma taxa de juros compostos de 3% ao mês após 8 meses de aplicação.
25. Quanto terei que aplicar hoje para ter direito a receber a importância de $250.000,00 daqui a 2 anos, sendo a taxa de juros compostos de 30% ao ano?
26. Calcule o montante de uma aplicação de $90.000,00 por um período de 1 ano e meio, considerando-se uma taxa de juros mensal de 2%.

27. Qual o montante produzido pelo capital de $120.000,00 após 1 ano de aplicação a uma taxa de 6% ao bimestre?
28. Calcule o montante, ou valor futuro, correspondente à aplicação de $30.000 a uma taxa de 2% ao mês durante 2 anos.
29. Se investirmos $12.000 por 10 anos, qual será o montante no final desses 10 anos se a taxa de juros for de 35% ao ano?
30. Quanto terei daqui a 12 meses se aplicar hoje $52.380,00 a uma taxa de juros de 5% ao bimestre?
31. Determine o principal, ou capital, que produz um montante de $25.000,00 à taxa de 3% ao mês após 12 meses de aplicação.
32. Quanto terei que aplicar hoje para ter direito a receber a importância de $100.000,00 daqui a 2 anos, sendo a taxa de juros de 30% ao ano?
33. Quanto terá que ser investido em 1º de janeiro de 2000, se a taxa de juros compostos a ser empregada for de 20% ao ano, de tal forma que possamos acumular $50.000,00 em 1º de janeiro de 2005?
34. Uma empresa levantou um empréstimo no valor de $4.000,00 para a compra de um computador. Os termos do contrato de empréstimo estipulam que o pagamento do principal e de todos os juros acumulados deverá ser feito no final de 2 anos. Se a taxa de juros for de 25% ao ano, qual o valor devido pela empresa no final desse período?
35. Se aplicarmos um capital, ou principal, de $200.000,00 por um ano à taxa de 5% ao mês, ou à taxa de 60% ao ano, obteremos os mesmos resultados? Por quê? Justifique suas respostas.
36. Aplique o principal, ou capital, de $10.000,00 por 12 meses à taxa de 5% ao mês e o mesmo valor aplicado por 1 ano à taxa de 60% ao ano. Discuta os resultados.
37. Uma determinada instituição financeira paga juros de 35% ao ano. Se fossem aplicados $100.000,00 pelo período de 5 meses, quanto teria direito a receber?
38. Um banco solicitou a seu gerente de negócios que montasse uma tabela de aplicação de principais, ou capitais, para uma série de valores futuros ou montantes, que seriam oferecidos aos clientes para resgate dentro do prazo de 6 meses a 1 ano e também para 2 anos diretos. Considerando-se que o banco paga uma taxa de juros de 5% ao mês, quanto o cliente teria que investir hoje para ter direito a receber $300.000,00 dentro dos prazos estipulados — 6, 7, 8, 9, 10, 11, 12 meses e 2 anos? (Defina o principal para cada caso.)
39. Quanto terei que aplicar hoje a uma taxa de 20% ao ano para ter direito a receber a importância de $172.800,00 daqui a 3 anos? Se ao receber tal importância voltasse a aplicá-la, agora a uma taxa de 25% ao ano, pelo período de mais 3 anos, quanto teria direito a receber naquela oportunidade, daqui a 6 anos?
40. Suponhamos que uma empresa tenha estimado que sua linha de acabamento deva ser substituída daqui a 6 anos, quando se tornará obsoleta. O valor esperado para a reposição do equipamento é de $2.520.005,18. Qual a soma em dinheiro que devemos investir hoje para que tenhamos condições de substituir nosso equipamento no final dos 6 anos? (Considerar que o mercado paga juros de 3% a.m.)

Após a resolução dos exercícios propostos, principalmente dos 15 últimos, sobre juros compostos, você deve ter percebido que com a **Fórmula Fundamental para Juros Compostos** que identificamos aqui como ($P \to S$)$_i^n$ — dado um valor no presente encontrar a somatória correspondente no futuro — e seu desdobramento de ($S \to P$)$_i^n$ — dado um valor no futuro encontrar seu correspondente no presente —, as possibilidades de cálculos são enormes; aliás, com elas podemos fazer qualquer cálculo em Matemática Financeira.

Entretanto, existem situações em que sem a repetida utilização das fórmulas fundamentais poderemos deslocar séries de pagamentos e/ou recebimentos inteiras de uma só vez, e será exatamente este o nosso assunto a seguir. É o que chamaremos de **Análise de Situações Especiais**, já que para sua utilização, como veremos, alguns "pré-requisitos" devem ser plenamente satisfeitos.

CAPÍTULO 5

Análise de situações especiais
(Fatores para Juros Compostos)

....

Como nos referimos às fórmulas fundamentais, é possível fazer quaisquer cálculos em Matemática Financeira e, conforme veremos mais adiante, mesmo em Engenharia Econômica. Entretanto, existem situações especiais, em que se torna possível a utilização de fórmulas específicas, que nos possibilitam deslocar de uma única vez séries inteiras de pagamentos e/ou recebimentos, sem que tenhamos de nos valer várias vezes das fórmulas fundamentais.

Na verdade, o que passaremos a fazer a partir de agora é a interligação do vértice do triângulo de equivalência onde está alocada a letra R com os dois outros vértices, onde temos P e S, uma vez que estes já estão interligados pelas fórmulas: dado P encontrar S e vice-versa. Chamaremos estas situações de "situações especiais", pois para que possamos utilizá-las há alguns pré-requisitos que devem ser satisfeitos. Vamos a elas:

Conhecendo-se o valor da Prestação, ou Série Uniforme de Pagamentos e/ou Recebimentos (R) que ocorrem ininterruptamente desde o período de ordem "1" até o período de ordem n, a taxa de juros (i) e o número de períodos (n), deseja-se saber qual o valor no presente ou capital (P), que substituirá a série de valor R, presente este considerado na data 0 ("zero"). Portanto, conhecendo-se R; n; i, deseja-se conhecer P. Esta situação é normalmente identificada como **Fator de Valor Atual para uma Série Uniforme de Pagamentos e/ou Recebimentos**, ou **Fator $(R \rightarrow P)_i^n$**.

Para demonstrarmos na prática ao que se refere e obtermos a fórmula matemática que representa esta situação, iremos nos valer do seguinte exemplo: determinado bem foi adquirido por $100.000,00 que deverão ser pagos em 5 parcelas (prestações) mensais iguais e consecutivas, vencendo-se cada uma delas ao final de cada um dos 5 próximos períodos.

Admitiremos que a periodicidade dos pagamentos será mensal.

> Se os pagamentos fossem feitos sem juros, teríamos:
> $100.000,00 ÷ 5 = $20.000,00

Imaginemos, entretanto, que os juros cobrados sejam da ordem de 10% ao mês. Passados

> 30 dias (1 mês), os juros a pagar seriam da ordem de
> $100.000,00 × 0,10 = $10.000,00

Admitamos também que o valor das prestações mensais a serem pagas seja

> **Prestação = $26.379,75**
> (computando-se juros compostos e postecipados
> de 10% ao mês e n = 5 meses)

Portanto, se passados 30 dias, os juros devidos são da ordem de $100.000,00 × 0,10, ou $10.000,00, e o valor da prestação a ser paga é de $26.379,75, isto significa que o valor pago é maior que o valor devido a título de juros, ou seja, na prática, com a diferença estaremos amortizando, quitando, parte da dívida:

> Prestação (R) é de **$26.379,75 − $10.000,00** (juros devidos),
> portanto, **$16.379,75 servirão para amortizar** parte da dívida,

o que fará com que a cada novo período tenhamos sempre uma dívida diferente para com nosso credor ou que tenhamos ao final de cada período um saldo devedor sempre menor; no segundo período, por exemplo, teríamos $100.000,00 − $16.379,75 = $83.620,25 sobre os quais passariam a incidir os encargos (juros a pagar), conforme segue:

Final do	Dívida – $	Juros – $	Amortização	Prestação
1º mês	100.000,00	10.000,00	16.379,75	26.379,75
2º mês	83.620,25	8.362,03	18.017,72	26.379,75
3º mês	65.602,53	6.560,25	19.819,50	26.379,75
4º mês	45.783,03	4.578,30	21.801,45	26.379,75
5º mês	23.981,58	2.398,16	23.981,59	26.379,75

Em função do exposto, podemos afirmar que se desejarmos saber qual o valor no presente (P) que substitui a série uniforme de 5 pagamentos nominalmente iguais e consecutivos (R) com valor de $26.379,75 cada um, basta tirarmos dos valores correspondentes a cada uma das datas os juros neles embutidos; para tanto, teremos que deslocar cada um deles para a data 0.

Se nos valermos para tanto da fórmula fundamental para juros compostos $(P \rightarrow S)_i^n$, lançando através dela modificada $(S \rightarrow P)_i^n$ cada uma das parcelas para o presente, deslocando-as assim até a data 0, e se lá procedermos à somatória dos valores de R, obteremos como resultado o valor de P; isto ocorrerá considerando-se que na fundamental modificada [P = S [1 / (1+i)ⁿ] cada um dos valores de R será um valor isolado no futuro, ou um S, assim sendo teremos:

$R [1 / (1 + i)^1] \Rightarrow$ Lançamento da 1ª prestação para data 0
$R [1 / (1 + i)^2] \Rightarrow$ Lançamento da 2ª prestação para data 0
$R [1 / (1 + i)^3] \Rightarrow$ Lançamento da 3ª prestação para data 0

$R [1 / (1 + i)^n] \Rightarrow$ Lançamento da "enésima" prestação para data 0

$\sum$ na data 0 = [R / (1 + i)¹ + R / (1 + i)² + R / (1 + i)³ + ... + R / (1 + i)ⁿ]

Pela nossa simbologia e colocando-se o valor de R em evidência, teremos:

P = R [1 / (1 + i)¹ + 1 / (1 + i)² + 1 / (1 + i)³ + ... + 1 / (1 + i)ⁿ

Observação: Note que entre colchetes temos a somatória dos *n* primeiros termos de uma Progressão Geométrica (PG), cujo primeiro termo é 1 / (1 + i) e onde igualmente 1 / (1 + i) é a razão. Se nos valermos da fórmula para somatória dos *n* primeiros termos de uma PG para procedermos à operação, a somatória, entre colchetes, teremos:

$$\Sigma = [\text{PRIMEIRO TERMO}] \left\{ \frac{[(\text{RAZÃO})^n] - 1}{\text{RAZÃO} - 1} \right\}$$

Pela simbologia utilizada neste livro, o primeiro termo será **[1 / (1 + i)]** e a razão igualmente será **[1 / (1 + i)]**. Fazendo-se a substituição, teremos as seguintes passagens matemáticas para chegarmos à fórmula:

$$\Sigma = \left\{ \frac{1}{(1+i)} \right\} \left\{ \frac{[1/(1+i)^n] - 1}{[1/(1+i)] - 1} \right\} \Rightarrow \Sigma = \left\{ \frac{[1/(1+i)^n] - 1}{[(1+i)/(1+i)] - (1+i)} \right\}$$

$$\Sigma = \left\{ \frac{[1/(1+i)^n] - 1}{1 - (1+i)} \right\} \Rightarrow \Sigma = \left\{ \frac{[1/(1+i)^n] - 1}{-i} \right\}$$

$$\Sigma = \left\{ \frac{1 - [1/(1+i)^n]}{i} \right\}$$

Substituindo esse resultado nos colchetes da equação anteriormente montada para levarmos os valores de R para a data 0, $P = R\ [1\ /\ (1 + i)^1 + 1\ /\ (1 + i)^2 + 1\ /\ (1 + i)^3 + ... + 1\ /\ (1 + i)^n]$, teremos o denominado **Fator de Valor Atual para uma Série Uniforme de Pagamentos e/ou Recebimentos**, ou, pela nossa sistemática de trabalho, **Fator $(R \rightarrow P)_i^n$**.

Vale ressaltar mais uma vez que para que possam ser utilizadas as fórmulas aqui discutidas sob o título de análise de situações especiais alguns pré-requisitos devem ser considerados. Por exemplo, para prestações, para as **Séries Uniformes de Pagamentos e/ou Recebimentos** (R), três são os pré-requisitos necessários à sua utilização: que as parcelas tenham **valores sempre nominalmente iguais, que estes valores (pagamentos e/ou recebimentos) sejam absolutamente consecutivos e que o primeiro pagamento e/ou recebimento ocorra sempre um período após o início da contagem do tempo**, lembrando que para nossos estudos um período corresponde a qualquer unidade de tempo prevista em contrato (dia, semana, mês, bimestre, semestre, ano, etc.).

Portanto, cumprindo tais pré-requisitos será possível deslocar todas as parcelas existentes ao longo do tempo, desde o período de ordem "1" até o período de ordem n, juntas, de uma só vez, por meio dos fatores específicos, para P ou para S, conforme o caso. Por exemplo, na primeira situação, que denominamos de especial, poderemos, por meio da fórmula encontrada, deslocar toda série de pagamentos e/ou recebimentos de uma só vez. A fórmula subjacente ao **Fator $(R \rightarrow P)_i^n$** é também conhecida por:

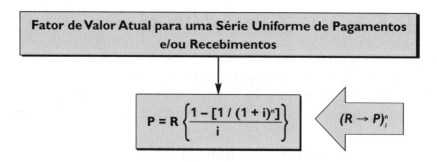

EXEMPLO 11 — Para os dados utilizados no exemplo anterior, explorado na tabela que identificamos como de amortizações, onde R = $ 26.379,75, n = 5, i = 10%, qual seria o valor presente ou capital (P) que deu origem à série uniforme?

$$P = \$\ 26.379{,}75 \left\{ \frac{1 - [1\ /\ (1{,}10)^5]}{0{,}10} \right\} \Rightarrow P = \$26.379{,}75 \times 3{,}79079$$

P = $100.000,00

2ª Situação — A fórmula para esta situação, assim como todas as outras que se relacionam com o R, será obtida considerando-se os mesmos pré-requisitos e a mesma lógica da situação anterior. Porém, neste caso, admitindo-se conhecidos o principal ou capital (P), o número de períodos (n) e a taxa de juros ao período (i) envolvidos na análise, deseja-se conhecer a série uniforme de pagamentos e/ou recebimentos (R), que substitui o valor P, ao longo dos períodos de ordem "1" a n. Teremos, nestes casos, a segunda situação especial, que denominaremos de **Fator de Recuperação de Capital**, ou, pela nossa sistemática de trabalho, **Fator (P → R)$_i^n$**, cuja fórmula é:

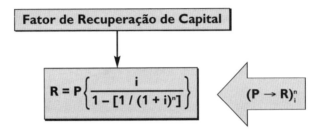

Fator de Recuperação de Capital

$$R = P \left\{ \frac{i}{1 - [1/(1+i)^n]} \right\} \quad (P \to R)_i^n$$

EXEMPLO 12 — No caso anterior (**Exemplo 11**), se conhecêssemos o valor do principal (P = $100.000,00), o número de períodos (n = 5 meses) e a taxa de juros (i = 10% ao mês) e quiséssemos saber qual o valor da prestação (R = ?) suficiente para pagar todos os juros devidos ao longo do tempo e o principal, teríamos:

$$R = \$100.000,00 \left\{ \frac{0,10}{1 - [1/(1,10)^5]} \right\}$$

R = $100.000,00 × 0,2637974 ⇒ R = $26.379,75

Cabe ressaltar que partimos de um principal (P) e encontramos uma prestação, um valor que se repete (R), que obedecerá aos pré-requisitos já especificados, quais sejam: os valores das prestações (R) aqui encontrados se repetirão ininterrupta e nominalmente iguais desde o período de ordem "1" até o período de ordem n. São as famosas prestações identificadas no mercado como *tabela price,* ou *sistema de amortização crescente,* por nós identificado como **Fator (P → R)$_i^n$**.

3ª Situação — É a situação na qual se deseja substituir uma série uniforme de pagamentos e/ou recebimentos, sempre iguais e consecutivos (R), pelo seu valor no futuro (S), considerando como sendo o futuro o vencimento da última prestação — final do período de ordem n. Portanto, **conhecendo-se** R, n e i, deseja-se **conhecer** S.

Novamente, se pegarmos as prestações de valor R, que se iniciam no período de ordem "1" e terminam no período de ordem n, e nos utilizarmos da fórmula fundamental para juros compostos $(P \rightarrow S)_i^n$, para lançarmos cada uma das parcelas para a data n e efetuarmos a somatória dos resultados obtidos, teremos o seu valor futuro S. Esta situação é denominada de **Fator de Valor Futuro para uma Série Uniforme de Pagamentos e/ou Recebimentos**, ou $(R \rightarrow S)_i^n$ que pode ser resumida da seguinte forma:

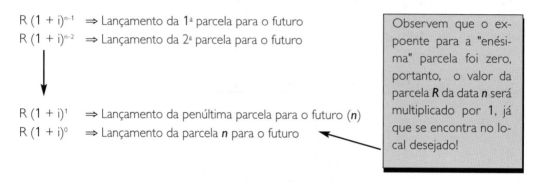

$$S = R [(1 + i)^0 + (1 + i)^1 + (1 + i)^2 + ... + (1 + i)^{n-1}]$$

Observação: Entre colchetes, temos novamente a somatória dos n primeiros termos de uma PG, cujo primeiro termo é **"1"** e cuja razão é **"(1 + i)"**. Se utilizarmos a fórmula para somatória dos n primeiros termos de uma PG para somá-las, teremos no futuro as n parcelas somadas na data n, como sendo:

$$\Sigma = (1) \left\{ \frac{(1+i)^n - 1}{(1+i) - 1} \right\}$$

Portanto, a seguir temos, já com as devidas passagens matemáticas, o Fator que para nossa sistemática de trabalho será identificado como $(R \rightarrow S)_i^n$

ou

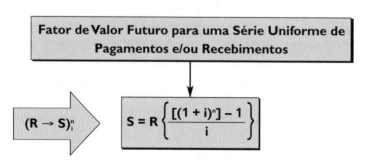

EXEMPLO 13

Ainda com relação ao caso anterior, se o valor conhecido fosse o da prestação (R = $26.379,75), além do número de períodos (n = 5 meses) e a taxa de juros (i = 10% ao mês), e se quiséssemos saber não o seu valor no presente, como na 1ª situação especial, mas qual o seu valor no futuro, como se não tivéssemos pago nenhuma das prestações em seus respectivos vencimentos, desde a primeira até a última, e fôssemos quitar todas elas na data de vencimento da "enésima" prestação (S), teríamos:

$$S = \$26.379{,}75 \left\{ \frac{[(1{,}10)^5] - 1}{0{,}10} \right\}$$

$$S = \$26.379{,}75 \times 6{,}10510 \Rightarrow S = \$161.051{,}01$$

Note que se colocarmos cada uma das três letras que identificam os valores com os quais estamos aqui trabalhando — P (valor no presente), S (somatória no futuro ou montante) e R (valores que se repetem nominalmente iguais ou prestações) — em cada uma das três pontas de um triângulo, o que estaremos fazendo, na verdade, por meio dos fatores que estamos desenvolvendo, é a interligação dessas pontas, percorrendo um caminho de ida e volta entre cada uma das letras, fazendo uma ponte entre uma ponta e a outra do triângulo, entre cada um dos valores (P, S ou R).

Imaginem que a letra P esteja no vértice de cima de um triângulo e que as letras S e R formem a sua base. Com as fórmulas fundamentais $(P \rightarrow S)_i^n$ e $(S \rightarrow P)_i^n$ fizemos a interligação de ida e volta de dois de seus vértices. Os fatores $(P \rightarrow R)_i^n$ e $(R \rightarrow P)_i^n$ interligam da mesma forma outros dois vértices — o do Presente (P) com o das Prestações (R). Por sua vez, com o fator $(R \rightarrow S)_i^n$, que acabamos de desenvolver, fazemos o caminho de ida entre os vértices que formam a base do triângulo, o das prestações (R) e o da somatória no futuro (S). Para interligá-lo completamente, falta apenas fazer o caminho de volta entre os vértices da base, assunto do fator $(S \rightarrow R)_i^n$, que é a 4ª situação especial conforme segue:

Trata-se de uma situação semelhante à 3ª situação especial que acabamos de desenvolver, só que invertida, ou seja, se em vez de conhecermos o valor da prestação (R) fossem **conhecidos** o valor futuro ou montante (S), além dos demais dados, como o número de períodos (n) e a taxa de juros ao período (i) e desejássemos obter o valor da prestação ou série uniforme (R) que deu origem ao montante (S). Portanto, **conhecendo-se** S, n e i, deseja-se **conhecer** R. Esta situação, para nossa sistemática de trabalho, será identificada como **Fator** $(S \rightarrow R)_i^n$, cuja fórmula é dada a seguir, reconhecida também sob a denominação:

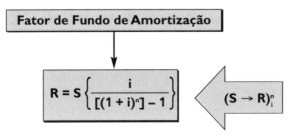

EXEMPLO 14 — No caso anterior, assumimos que o valor conhecido era o da prestação (R); entretanto, imagine que em vez de conhecermos o valor da prestação, soubéssemos que dentro de 5 meses teríamos que quitar o valor no futuro de $161.051,01 e que a taxa de juros envolvida no negócio fosse de 10% ao mês. Se quiséssemos saber qual seria o valor da prestação (R) a ser investida mensalmente de tal forma a quitarmos o débito existente no futuro, no final do 5º mês a contar de hoje, estaríamos, nesse caso, procurando conhecer um R a partir de um S, cujo valor seria obtido pelo Fator $(S \rightarrow R)_i^n$, no exemplo:

$$R = \$161.051,01 \left\{ \frac{0,10}{[(1,10)^5] - 1} \right\}$$

$$R = \$161.051,01 \times 0,1637948 \Rightarrow R = \$ 26.379,75$$

Portanto, uma vez conhecidas estas quatro situações que denominamos especiais, associadas às séries uniformes de pagamentos e/ou recebimentos e adicionando-as às fórmulas fundamentais que vimos na parte anterior, estamos aptos a interligar as três pontas do **TRIÂNGULO DE EQUIVALÊNCIA**, que é o objetivo básico da Matemática Financeira.

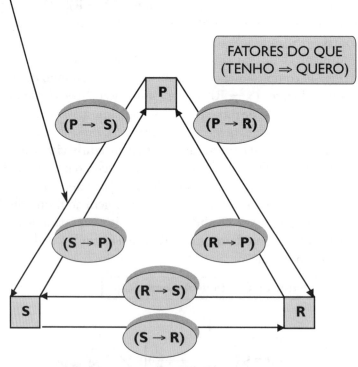

Além das letras utilizadas para obtenção das fórmulas para interligar as três pontas do triângulo de equivalência discutidas até este ponto, ainda é possível utilizar-se de uma outra letra, a G. Adicionando-se a letra G ao triângulo, este será transformado em uma pirâmide com cada uma das quatro letras (P, S, R e G) em cada uma de suas quatro pontas, o que facilitará ainda mais a tarefa de deslocar o dinheiro no tempo — objetivo da Matemática Financeira. Este porém será nosso objetivo mais adiante, depois de solucionarmos alguns exercícios de aplicação da teoria envolvida com o triângulo de equivalência. Para facilitar o trabalho, transcreveremos todas as seis fórmulas que deverão ser utilizadas, sempre conforme recomendado, ou seja, montando os fluxos gráficos e algébricos (**TEMOS** → **QUEREMOS**)$_i^n$.

Quanto aos resultados, aos cálculos, estes poderão ser realizados com o uso de diversas ferramentas, três das quais apresentaremos a seguir.

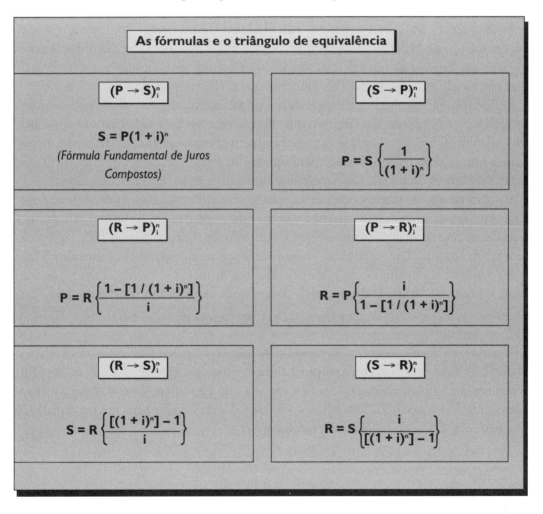

ALTERNATIVAS DE FERRAMENTAS PARA SOLUÇÃO DOS PROBLEMAS PROPOSTOS

Como já deixamos claro anteriormente, vamos registrar mais uma vez que nosso principal objetivo não são os cálculos e passagens matemáticas, mas sim o raciocínio subjacente a cada problema proposto: a questão do dinheiro no tempo, a possibilidade de seu deslocamento por meio dos fatores para juros compostos, a equivalência de capitais e, como discutiremos mais adiante, em Engenharia Econômica, a possibilidade de se compararem alternativas excludentes de ação.

Em função disso, além de montarmos para alguns dos exemplos até aqui discutidos os seus respectivos fluxos gráficos e algébricos, demonstraremos as formas de utilização das **três ferramentas** de trabalho mais utilizadas pela Matemática Financeira: as **fórmulas matemáticas** — já demonstradas; as **tabelas para juros compostos** — que se encontram ao final deste livro; e as **calculadoras financeiras** — das quais optamos pela utilização da HP-12C. Isto porque consideramos que, uma vez definidas as ações a serem implementadas, os cálculos passam a ser considerados como "trabalho braçal" que poderá ser feito por meio da ferramenta que melhor convier ao leitor.

Portanto, nossa sistemática de trabalho prevê que montemos: fluxo gráfico + fluxo algébrico + resultado. Ressaltamos que, para chegar aos resultados necessários à análise, o leitor poderá optar pela ferramenta a que tiver maior facilidade de acesso ou por aquela que se sinta mais à vontade para operar, uma vez que, salvos arredondamentos finais ou parciais de cálculos, os resultados alcançados serão sempre os mesmos.

Com relação às tabelas financeiras, que se encontram anexas ao final deste livro, cabe aqui uma ligeira explicação. Elas são montadas para todos os fatores estudados e para diversas taxas de juros (apresentamos aqui apenas algumas poucas taxas, mas existem tabelas muito mais completas), considerando-se sempre para seus resultados $1,00 (uma unidade monetária) e diversos períodos (os números seqüenciais que se encontram à direita e à esquerda dos fatores), devendo ser utilizada em função do que

$$(TEMOS \rightarrow QUEREMOS)_i^n$$

EXEMPLO 15 — No **Exemplo 12**, da 1ª situação especial, "Para os dados utilizados no exemplo anterior, explorado na tabela que identificamos como de amortizações, onde R = $ 26.379,75, n = 5, i = 10%, qual seria o valor presente ou capital (P) que deu origem à série uniforme?", **teremos**:

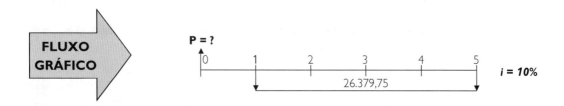

Valor na data 0 = $26.379,75 $(R \to P)^5_{10\%}$

Solução pela tabela financeira

Como salientamos, as tabelas financeiras são montadas para os diversos fatores referentes a juros compostos para 1 unidade monetária ($1,00), portanto, para obter-se o resultado desejado no cálculo basta pegar o **Fator** $(R \to P)^5_{10\%}$ ao final do livro (página 256), que funciona como um coeficiente por unidade monetária e que será o multiplicador da quantidade de unidades monetárias existentes. No caso, temos o valor de R (da prestação) como sendo 26.379,75 unidades monetárias (dinheiros) e que para obter-se o valor de P (do principal) deverá ser multiplicado pelo fator $(R \to P)^5_{10\%}$, ou seja, 3,791, cuja montagem é demonstrada a seguir:

Valor na data 0 = $26.379,75 (3,791)   **P = $100.005,63**

Solução pela fórmula

Como demonstrado na oportunidade em que discutimos o Exemplo 3, estamos transcrevendo a seguir a solução que foi encontrada com o uso da fórmula, para que você perceba que o fator da tabela financeira corresponde exatamente ao cálculo da fórmula, ou seja, aproximadamente 3,791 (no caso 3,7909). Para a mesma montagem gráfica, temos:

Valor na data 0 = $26.379,75 $(R \to P)^5_{10\%}$

$$P = \$26.379,75 \left\{ \frac{1 - [1 / (1,10)^5]}{0,10} \right\}$$

Valor na data 0 = $26.379,75 × **3,79079**   **P = $100.000,09**

Observação: A pequena diferença encontrada (3,791, resultando em $100.005,63, contra 3,7909 e $100.000,09) deve-se ao número de casas, ao arredondamento utilizado. Isto, para efeito didático, não traz maiores conseqüências Na prática convém que trabalhemos com todas as casas da calculadora flutuando depois da vírgula, deixando os arredondamentos, se for o caso, apenas para o resultado final.

Solução pela calculadora

A simbologia utilizada neste livro corresponde a uma forma mnemônica de representação e, na calculadora HP-12C, a letra P aqui utilizada corresponde à tecla `PV` e a letra S, à tecla `FV`. Por sua vez, a letra R corresponde à tecla `PMT` e as letras n e i, nas calculadoras, assumem as mesmas teclas, correspondendo, respectivamente, às teclas `n` e `i`.

Escolhemos para demonstrar a utilização dessa ferramenta a HP-12C, por se tratar, indiscutivelmente, da mais utilizada pelo mercado, entretanto, praticamente todas as outras calculadoras financeiras, em suas funções básicas, funcionam em sua lógica interna da mesma maneira que estamos trabalhando aqui neste livro, ou seja, (**TEMOS → QUEREMOS**) mais as teclas n e i. Os dados poderão ser inseridos em qualquer ordem, deixando o que solicitamos para ser "teclado", "solicitado" no final.

Resumidamente, "a ponte" entre nossa simbologia e as teclas das calculadoras, em particular da **HP-12C**, é a seguinte:

Nossa simbologia	Tecla da calculadora
P	PV
S	FV
R	PMT
n	n
i	i

Portanto, só precisamos fornecer os dados conhecidos e solicitar aquele que desejarmos. Para realizarmos os cálculos **pela calculadora HP-12C** para a solução do **Exemplo 15**, onde conhecemos o valor das parcelas, o número de períodos, a taxa de juros e desejamos conhecer o principal, teremos as seguintes digitações e funções utilizadas:

$$\text{Valor na data } 0 = 26.379,75 \ (R \rightarrow P)^{5}_{10\%}$$

Digitar o número **26379,75** e pressionar a tecla `PMT`; digitar o número **5** e pressionar a tecla `n`; digitar o número **10** e pressionar a tecla `i`. Com esta conduta você informou à calculadora os dados que possui, agora deve solicitar-lhe o dado desejado, no caso o valor presente, bastando para isto pressionar a tecla `PV`. Será então fornecido como resultado $P = -\$100.000,00$

Observação: O resultado da calculadora (–$100.000,00) é negativo em função de termos fornecido a ela o valor de $26.379,75 como positivo, ou seja, para a lógica da calculadora informamos que temos direito a receber $26.379,56 (valor positivo) durante 5 períodos. Para isso, a contrapartida é termos aplicado $100.000,00 (valor negativo), ou seja, o resultado será sempre a contrapartida do que for informado.

Análise de situações especiais • 53 •

EXEMPLO 16 — No **Exemplo 15**, caso conhecêssemos, como no Exemplo 12, "o valor do principal ($P = \$100.000,00$), o número de períodos ($n = 5\ meses$) e a taxa de juros ($i = 10\%\ ao\ mês$) e quiséssemos saber qual o valor da prestação (R = ?) suficiente para pagar todos os juros devidos ao longo do tempo mais o principal", para solução pelas ferramentas aqui apresentadas teríamos:

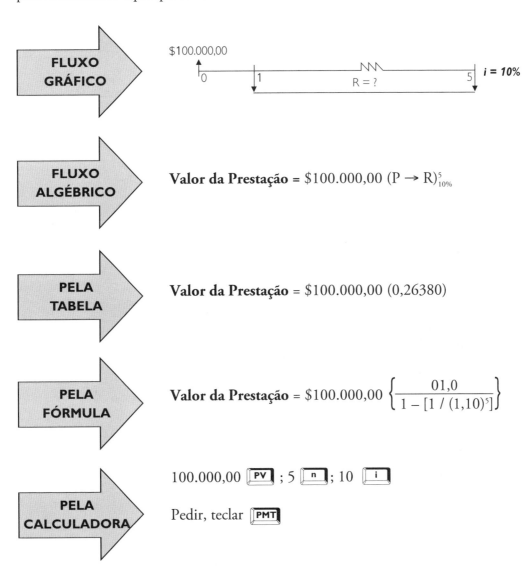

FLUXO GRÁFICO

FLUXO ALGÉBRICO

Valor da Prestação = $\$100.000,00\ (P \rightarrow R)^5_{10\%}$

PELA TABELA

Valor da Prestação = $\$100.000,00\ (0,26380)$

PELA FÓRMULA

Valor da Prestação = $\$100.000,00 \left\{ \dfrac{01,0}{1 - [1 / (1,10)^5]} \right\}$

PELA CALCULADORA

100.000,00 [PV] ; 5 [n] ; 10 [i]

Pedir, teclar [PMT]

Em qualquer das três ferramentas o resultado será aproximadamente R = $26.379,75.

EXEMPLO 17 — No **Exemplo 13**, "Ainda com relação ao caso anterior, se o valor conhecido fosse o da prestação ($R = \$26.379,75$), além do número de períodos ($n = 5\ meses$) e a taxa de juros ($i = 10\%\ ao\ mês$) e se quiséssemos em vez de saber qual o seu valor no presente (o caso da 1ª situação especial), saber qual o seu valor no futuro, como se não tivéssemos pago nenhuma das prestações em seus respectivos vencimentos, desde a primeira, e fôssemos quitar todas na data de vencimento da enésima prestação (S)", para solução pelas ferramentas aqui apresentadas teríamos:

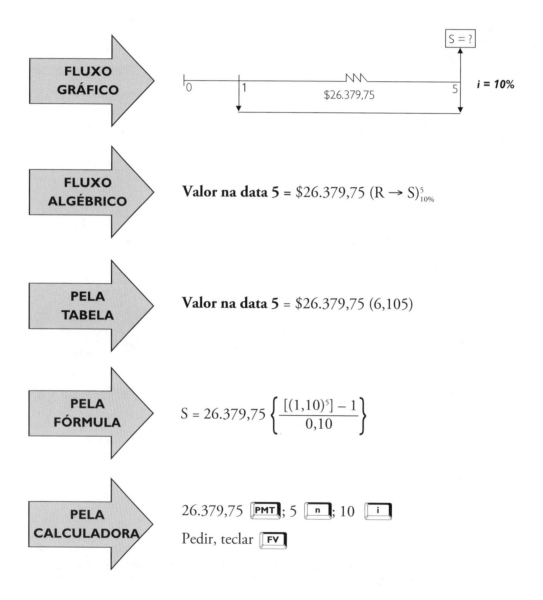

Em qualquer das três ferramentas o resultado será aproximadamente $S = \$161.051,01$.

EXEMPLO 18 — No **Exemplo 14**, "No caso anterior assumimos que o valor conhecido era o da prestação (R), entretanto, imagine que em vez de conhecermos o valor da prestação, soubéssemos que dentro de 5 meses teríamos que quitar o valor no futuro de $161.051,01 e que a taxa de juros envolvida no negócio fosse de 10% ao mês. E se quiséssemos saber qual seria o valor da prestação (R) a ser investida mensalmente de tal forma a quitarmos o débito existente no futuro, no final do 5º mês a contar de hoje?". Para solução pelas ferramentas aqui apresentadas teríamos:

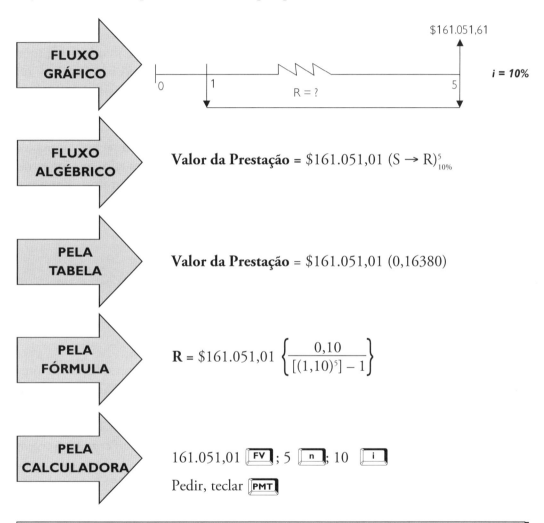

FLUXO GRÁFICO: $161.051,61; i = 10%; R = ?

FLUXO ALGÉBRICO: Valor da Prestação = $161.051,01 $(S \rightarrow R)_{10\%}^{5}$

PELA TABELA: Valor da Prestação = $161.051,01 (0,16380)

PELA FÓRMULA: $R = \$161.051,01 \left\{ \dfrac{0,10}{[(1,10)^5] - 1} \right\}$

PELA CALCULADORA: 161.051,01 [FV]; 5 [n]; 10 [i]
Pedir, teclar [PMT]

| Para quaisquer das três ferramentas o resultado estará próximo a R = $26.379,75. |

Observações:
1) As diferenças encontradas em todos os exemplos explorados anteriormente ficam por conta dos arredondamentos, do número de casas utilizadas nos cálculos.
2) Quando trabalhamos com as calculadoras financeiras (HP-12C), os resultados alcançados são sempre a contrapartida dos dados fornecidos; por exemplo, o que ocorre com

relação aos sinais das calculadoras financeiras: como afirmamos, a lógica utilizada por elas é a mesma adotada neste livro, ou seja, valores positivos representam entradas de caixa, negativos, saídas de caixa. Portanto, no **Exemplo 16**, se você forneceu a ela um valor no presente de $100.000,00 positivo (+), ela assumiu que você recebeu essa importância, logo, deverá pagá-la nas condições estabelecidas em contrato, ou seja, 5 parcelas consecutivas sujeitas à taxa de 10% ao período de (−) $26.379,75, que representam as saídas de caixa que deverão ocorrer nos períodos de 1 a 5 para quitação total da dívida.

Com relação ainda à **observação 2**, é evidente que os resultados deverão continuar obedecendo à lógica de saídas e entradas de caixa dos fluxos algébricos e não à mudança sugerida pela calculadora. Uma forma de resolver isto é pressionar a tecla [CHS] (que inverte o sinal) antes de introduzir os valores monetários P, S ou R. Fazendo isto, no mesmo **Exemplo 16** teríamos $100.000,00 [CHS], invertendo-se, assim, o sinal do PV para (−) $100.000,00 e obtendo-se o resultado em valores positivos (+) 26.379,75.

Isto posto, uma vez apresentadas as três ferramentas mais utilizadas na prática, lembramos novamente que, para a sistemática de trabalho deste livro, uma vez montados os fluxos gráficos e algébricos, os cálculos poderão ser feitos por quaisquer dos ferramentais disponíveis, ou por aquele com que o usuário melhor se identificar. Portanto, daqui por diante, em todos os exemplos e exercícios a serem discutidos, utilizaremos a seguinte forma:

> **MONTAGEM DO FLUXO GRÁFICO**
> **MONTAGEM DO FLUXO ALGÉBRICO**
> **RESULTADO**

Vale ressaltar que outro ferramental igualmente importante para soluções de problemas de Matemática Financeira são as denominadas "Planilhas Eletrônicas", das quais a mais conhecida é o Excel, do Windows, da Microsoft. Embora não seja objeto de discussão deste livro, é importante que o leitor saiba que, uma vez consolidados os conceitos, a utilização do Excel é apenas uma questão de identificar as teclas corretas a serem digitadas no computador.

▪ Exercícios de aplicação

41. A quantia de $220.000,00 será paga em 4 prestações anuais, iguais e consecutivas, vencendo-se a primeira 1 ano após a contagem do capital. Sendo a taxa de 20% ao ano, qual o valor da prestação a ser paga?
42. De posse da prestação do exercício anterior, preencha o quadro demonstrativo das amortizações, deixando possíveis ajustes, se for o caso, para o 4º ano.

Final do	Dívida	Juros a pagar	Amortização	Prestação
1º ano				
2º ano				
3º ano				
4º ano				

43. Um televisor em cores está custando cerca de $1.500,00 à vista. O comprador se propõe, entretanto, a dar uma entrada de $500,00 e a pagar o restante em 10 prestações mensais, consecutivas e iguais. Se os juros cobrados forem de 5% ao mês, de quanto será cada pagamento mensal?
44. Se o comprador do problema anterior conhecesse apenas o valor da prestação e optasse por efetuar um único pagamento no vencimento da última prestação, considerando-se a mesma taxa de juros, de quanto seria esse pagamento?
45. Ainda sobre o Exercício 43, se utilizarmos o valor do principal, considerando-se as mesmas taxas de juros e entrada, qual seria o montante encontrado e que comentários poderíamos fazer em relação ao resultado encontrado no 44º exercício?
46. Se fizermos hoje duas aplicações que juntas somam $100.000,00, sujeitas, respectivamente, às taxas de 5% e 10% ao mês, e soubermos que dentro de 1 ano o montante produzido pelo primeiro capital será a metade do montante produzido pelo segundo capital, quais são os valores referentes a: P_1, P_2, S_1 e S_2?
47. A soma dos montantes, ou valores futuros, produzidos por dois capitais é de $269.763,50. O segundo montante é o dobro do primeiro, as taxas de juros utilizadas foram de 3% e 5% ao mês, respectivamente, para o primeiro e o segundo capitais e o período de aplicação é de 2 anos. Calcular: P_1, P_2, S_1 e S_2.
48. Quanto deve ser depositado no final de cada mês para que se possa retirar $385.052,14 ao final de 22 meses sem deixar saldo, sendo a taxa de 5% ao mês?
49. Quanto deverá ser pago bimestralmente por um empréstimo de $120.000,00 para que uma dívida seja totalmente saldada em 1 ano, levando-se em conta uma taxa de juros da ordem de 5% ao mês?
50. Considerando-se os dados do Exercício 49, de quanto seria a prestação a ser paga caso a periodicidade fosse trimestral?
51. Adquirimos um carro que deveria ser pago em 24 parcelas mensais, iguais e consecutivas de $2.623,47 cada uma. Ao final do 6º mês, conversamos com a financeira acerca do desconto que teríamos caso quiséssemos quitar nossa dívida e a resposta foi a de que a taxa de juros cobrada de 4% ao mês poderia ser totalmente retirada da dívida futura. Em função disso, quanto deveríamos pagar ao nosso credor naquele momento para quitar a dívida?
52. Em 1º de junho de 2001 um investidor aplicou $50.000,00, devendo receber o equivalente em 20 prestações mensais, iguais e consecutivas. Entretanto, não lhe foi paga nos vencimentos nenhuma das prestações tampouco os juros, mas irá receber de uma só vez, em 1º de junho de 2003, o total da dívida acrescido, até a data do efetivo pa-

gamento, da mesma taxa de juros da aplicação inicial. Quanto o investidor receberá se a parcela referente aos juros da primeira prestação era da ordem de $2.000,00?

53. Certa empresa alugou um galpão para a instalação de um "depósito fechado" e pagou adiantados 24 meses de aluguel referente ao primeiro período de locação. Nos termos do contrato, será permitido à empresa renová-lo por outro período de 2 anos, pagando de aluguel $2.000,00 no início de cada mês do segundo período de 2 anos. Passados 12 meses do primeiro período de locação, o locador, necessitando de dinheiro, propôs à empresa o adiantamento dos pagamentos referentes ao aluguel do segundo período de 2 anos. A empresa enviou uma proposta afirmando que se ela fosse investir esse valor no mercado conseguiria arrecadar uma taxa de 3% ao mês. Nesses termos, qual o pagamento justo a ser feito pelo locador nessa data?

54. Quanto deve ser depositado em 31 de dezembro de 2001 de tal forma que seja possível fazer 18 retiradas, sendo 6 retiradas de $20.000,00 no ano 2002, 6 retiradas de $50.000,00 em 2003 e 6 retiradas de $30.000,00 em 2004? (Considerar que as retiradas serão efetuadas somente nos meses pares e que a taxa de juros será de 5% ao mês.)

55. Considerando-se os dados do Exercício 54, quanto deveria ser depositado em 31 de dezembro de 2001 se as retiradas fossem efetuadas nos meses de julho a dezembro de cada ano?

56. Ainda acerca do Exercício 54, se as retiradas fossem 16, em vez de 18, sendo para tanto feitas 4 retiradas trimestrais no ano de 2003 do mesmo valor ($50.000,00), conservando-se os demais dados, qual seria o valor a ser depositado?

57. Para dinamizar o setor de vendas, o gerente de uma loja deseja publicar tabelas dos coeficientes de financiamento por unidade de capital. Desse modo, seus vendedores poderão apresentar os múltiplos planos de financiamento informando ao cliente qual será a prestação de cada um, bastando para isso multiplicar o valor a ser financiado pelo coeficiente. Qual é o coeficiente de cada uma das hipóteses a seguir, se a taxa de juros for de 5% ao mês?
    a) carência de 3 meses: 12 e 24 prestações;
    b) carência de 4 meses: 24 e 35 prestações.

58. Um capitalista aplica hoje certo capital e recebe daqui a 5 anos $50.000,00, e daqui a 8 anos $45.000,00. Calcular o capital empregado, supondo a taxa de juros de 25% ao ano.

59. Pelo processo de previsão de demanda de nossa empresa, teremos que montar uma nova planta industrial, cujo valor estimado ao final de 5 anos é de $20.000.000,00. Sabendo-se que anualmente poderemos reter de nossos lucros a importância de $1.800.000,00 que serão aplicados a uma taxa de 30% a.a., quanto deveremos tomar emprestado na época da compra? Determinar, para a taxa de 35%, quanto deverá ser pago anualmente pelo empréstimo em 5 parcelas, vencendo cada uma delas ao final dos 5 anos subseqüentes.

60. Você participou do "Jogo do Milhão" e, com a ajuda dos universitários, recebeu como prêmio $1.000.000,00. Imaginou o seguinte esquema: aplicar hoje o dinheiro

em uma instituição que paga 2% ao mês e, durante os próximos 24 meses, viajar pelo mundo todo. Para tanto, pretende efetuar retiradas mensais de $30.000,00. O saldo será retirado em 2 parcelas anuais, sendo a 1ª um ano após o último saque mensal. Qual o valor das retiradas se elas forem nominalmente iguais? E se elas forem equivalentes?

61. No dia 31/12/2001, ao comemorar o 5º aniversário de seu filho, pensando em seu futuro você imaginou o seguinte esquema: fazer um depósito hoje para que ele possa custear seus estudos na Universidade. Você fez um levantamento e verificou que, se ele puder fazer retiradas de $20.000,00 por ocasião de seu 18º, 19º, 20º, 21º, 22º, 23º e 24º aniversários, esses valores serão suficientes para ele se manter até a pós-graduação. Considerando-se que seu banco paga juros de 8% ao ano, qual o valor a depositar?

62. Para evitar dificuldades na produção, foi proposta uma modificação em um produto que iria requerer gastos imediatos de $200.000,00 para a modificação de certas ferramentas. Considerando-se uma taxa de 25% a.a., responda: a) Que economias anuais deverão ser feitas para recuperar essa despesa em 5 anos? b) Se recuperarmos $40.000,00 por ano, serão suficientes para repor o dinheiro? Justifique. c) Se os valores não se alterassem e se fosse possível aguardar para fazer o investimento daqui a 3 anos, considerando-se a mesma taxa, quanto teríamos que economizar em cada um dos 3 próximos anos, anualmente, para quitá-lo à vista?

▪ Fatores para séries gradientes

Como afirmamos, com as fórmulas fundamentais já era possível fazer quaisquer cálculos em Matemática Financeira e/ou Engenharia Econômica, entretanto, apresentamos situações especiais, em que, com suas corretas utilizações, se torna possível deslocar de uma única vez séries de pagamentos e/ou recebimentos inteiras, sem que tenhamos que nos valer várias vezes das fórmulas fundamentais. Estas são, portanto, "situações especiais", pois, para que possamos utilizá-las, alguns pré-requisitos devem ser satisfeitos. Afirmamos também que além das quatro situações até aqui apresentadas existe pelo menos mais uma outra série de situações que merece destaque por sua utilidade prática e facilidade de trabalho, proporcionada no momento de elaborar os cálculos. São as denominadas Séries em Gradiente de Pagamentos e/ou Recebimentos.

Portanto, as Séries em Gradiente configuram-se como mais uma situação especial para utilização em fluxos de caixa que envolvam receitas e/ou despesas que crescem ou decrescem linearmente. Na prática, esta situação é particularmente encontrada em projetos que apresentam valores associados a custos de manutenção de equipamentos ou de instalações, já que com o passar do tempo esses custos de manutenção tendem a crescer, em função do desgaste ou envelhecimento do bem analisado.

Outro momento particularmente importante para sua utilização é ao montarmos e analisarmos projetos de lançamentos de novos produtos, pois é bastante razoável supor que haverá um aumento das vendas com o passar do tempo e com o conseqüente reconhecimento do produto por parte do consumidor. Se isso acontecer haverá um acréscimo de sua participação no mercado, que na montagem do projeto pode aparecer como um crescimento linear das receitas com as vendas.

Matematicamente, os dois exemplos expostos são considerados como uma **Gradiente (G)** — na verdade uma Progressão Aritmética (PA), **com base 0 na data 1**, que por conseqüência possui **a razão igual a G**, a qual é a própria diferença entre os valores existentes nas datas 1 e 2.

Dessa forma, podemos afirmar que as Séries em Gradiente nos conduzirão para novas situações especiais, fazendo com que, além de nos valermos das letras utilizadas para obtenção das fórmulas que interligam as três pontas do triângulo de equivalência (P, S, R), como vimos anteriormente, ainda seja possível utilizar-se de uma outra letra, a G. Esta letra adicionada ao triângulo de equivalência transforma-o em uma pirâmide, com cada uma das quatro letras (P, S, R e G) localizando-se em cada uma das 4 pontas, o que facilitará ainda mais a tarefa de deslocar o dinheiro no tempo — objetivo da Matemática Financeira.

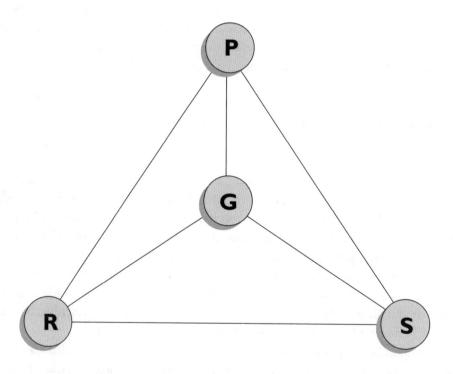

Com essa atitude, de incorporar a letra G ao triângulo de equivalência transformando-o em uma pirâmide, passaremos a explorar outras três "situações especiais" associadas ao fluxo de caixa, as Séries em Gradiente, a saber:

Esta situação ocorrerá nas oportunidades em que for necessário deslocar ao longo do tempo uma série de pagamentos e/ou recebimentos que crescem linearmente a partir do 2º até o enésimo período e desejarmos conhecer o seu valor correspondente no futuro, futuro este considerado como o "enésimo" período. Para se poder encontrar qual o valor futuro ou montante (*S*), correspondente a uma Série Gradiente (*G*), deve-se raciocinar como se esta Série Gradiente fosse decomposta em *n* séries uniformes (*R*) com períodos que vão de n – 1 até 0. Neste caso, conhecendo-se *G*, *n* e *i*, deseja-se conhecer *S*. Denominaremos esta situação de **Fator de Valor Futuro para Séries em Gradiente**, ou $(G \rightarrow S)_i^n$.

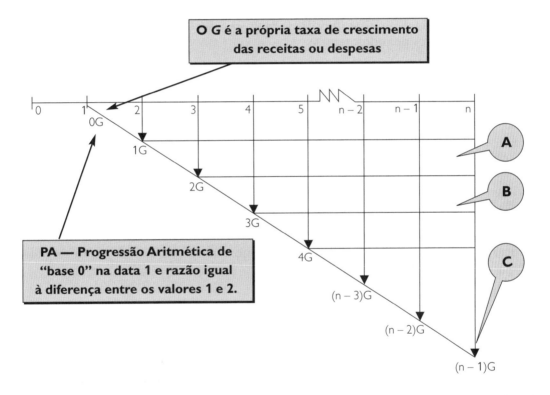

Para que a Gradiente **(G) possa ser utilizada**, devem ser satisfeitos três pré-requisitos:
Data 0 → valor "nulo";
Data 1 → valor "nulo";
Gradiente → razão, o crescimento, ou a diferença entre os valores das datas 2 e 1.

Note que no destaque anterior existe a afirmação de que os valores das datas 0 e 1 deverão ser **"nulos"** e com o termo colocado **entre aspas**, pois não se está afirmando com isso que os valores das datas 0 e 1 devam ser "0", mas sim que, se existirem valores ali alocados, estes deverão receber um tratamento diferente daquele destinado à Gradiente (*G*), pois nela não estarão contemplados os valores correspondentes a tais datas, ou seja, quando se estiver utilizando da Gradiente, estarão sendo deslocados os valores que **crescem linearmente** das datas "2" (inclusive) até *n* (inclusive).

Voltando-se, pois, do exposto: "Para se poder encontrar qual o valor futuro, ou o montante (*S*), correspondente a uma Série Gradiente (*G*), deve-se raciocinar como se esta Série Gradiente (*G*) fosse decomposta em *n* séries uniformes (*R*) com períodos que vão desde n − 1 até zero", portanto, deslocando-se todas estas séries uniformes desde *n − 1* até "0" para o futuro, por meio do fator (**R → S**) e fazendo-se a somatória dos valores encontrados na data correspondente ao final do "enésimo" período, será possível conhecer o montante (*S*) que será igual ao valor total dos montantes parciais. Assim sendo, substituindo-se na fórmula (**R → S**) o valor de *R* pelo de *G* e procedendo-se como se em cada uma das séries decompostas o valor da série uniforme fosse o valor de *G*, com seus respectivos períodos, tem-se:

A
$$S_2 = G \left\{ \frac{[(1 + i)^{n-1}] - 1}{i} \right\}$$

onde o S_2 é o montante referente à série uniforme estabelecida por "A" no fluxo gráfico, ou seja, da data 2 até *n*.

B
$$S_3 = G \left\{ \frac{[(1 + i)^{n-2}] - 1}{i} \right\}$$

onde o S_3 é o montante referente à série uniforme estabelecida por "B" no fluxo gráfico, ou seja, da data 3 até *n*.

Seguindo-se esse mesmo raciocínio, o montante parcial correspondente ao último período (*S* do "enésimo" período), referente à série identificada como *C* no fluxo gráfico, ou seja, composto exclusivamente pelo valor da data *n*, lembrando-se sempre que esse valor já se encontra na data em que se deseja e que, portanto, não necessitará ser deslocado, será:

C
$$S_{n-1} = G \left[\frac{(1 + i) - 1}{i} \right] = 1$$

Portanto, somando-se os diversos *S* encontrados, tem-se o montante que será dado por:

$$S = S_1 + S_2 + S_3 + ... + S_{n-1}$$

ou
$$S = G \left[\frac{(1+i)^{n-1} - 1}{i} \right] + G \left[\frac{(1+i)^{n-2} - 1}{i} \right] + ... + G \left[\frac{(1+i) - 1}{i} \right]$$

Fazendo-se a somatória dos diversos S e colocando-se G em evidência, tem-se que:

$$S = G \left(\frac{(1+i)^{n-1}-1}{i} + \frac{(1+i)^{n-2}-1}{i} + \ldots + \frac{(1+i)-1}{i} \right)$$

$$S = G \left[(1+i)^{n-1} + (1+i)^{n-2} + \ldots + (1+i) - (n-1) \right] [1/i]$$

$$S = G \{ [(1+i)^{n-1} + (1+i)^{n-2} + \ldots + (1+i) + 1] [(1/i)] - (n/i) \}$$

Conforme demonstrado anteriormente, na 3ª situação especial, a somatória entre os primeiros colchetes corresponde ao Fator $(R \to S)_i^n$, cuja fórmula é:

$(R \to S)_i^n$ $\qquad S = R \left\{ \dfrac{[(1+i)^n]-1}{i} \right\}$

Substituindo-se o R pelo G, conforme explicado, tem-se o Fator $(G \to S)_i^n$:

$$S = G \left\{ \left(\frac{[(1+i)^n]-1}{i} \right) \left(\frac{1}{i} \right) - \left(\frac{n}{i} \right) \right\}$$

Com as devidas passagens matemáticas, tem-se que:

$$S = G \left\{ \left(\frac{(1+i)^n - 1}{i^2} \right) - \left(\frac{n}{i} \right) \right\} \qquad (G \to S)_i^n$$

EXEMPLO 19

Defina qual a somatória dos valores na data 12 (31/12/2002) do fluxo de caixa abaixo, considerando-se que para tanto foram gastos $150.000,00 na data zero (01/01/2002) e uma taxa de juros de 5% ao mês.

Mês	Receitas	Despesas	Mês	Receitas	Despesas
Jan./2002	30.000,00	22.000,00	Jul./2002	30.000,00	10.000,00
Fev./2002	30.000,00	20.000,00	Ago./2002	30.000,00	8.000,00
Mar./2002	30.000,00	18.000,00	Set./2002	30.000,00	6.000,00
Abr./2002	30.000,00	16.000,00	Out./2002	30.000,00	4.000,00
Maio/2002	30.000,00	14.000,00	Nov./2002	30.000,00	2.000,00
Jun./2002	30.000,00	12.000,00	Dez./2002	30.000,00	0

O exemplo proposto irá gerar o seguinte fluxo gráfico:

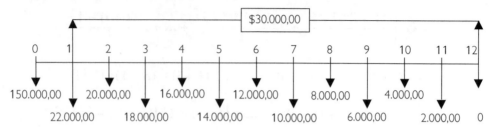

Lembrando-se sempre que os valores que se encontram na mesma data podem ser somados, subtraídos ou comparados, o que não pode ocorrer com valores que se encontrem em datas diferentes, o exemplo proposto pode ser simplificado da seguinte forma:

Mês	Valores líquidos	Mês	Valores líquidos
Jan./2002	8.000,00	Jul./2002	20.000,00
Fev./2002	10.000,00	Ago./2002	22.000,00
Mar./2002	12.000,00	Set./2002	24.000,00
Abr./2002	14.000,00	Out./2002	26.000,00
Maio/2002	16.000,00	Nov./2002	28.000,00
Jun./2002	18.000,00	Dez./2002	30.000,00

Gerando o seguinte fluxo gráfico, já descontado, sob o qual recairão os cálculos, de maneira mais simplificada:

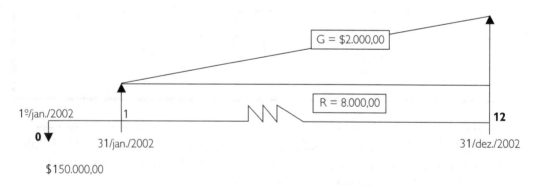

Com a montagem do fluxo gráfico já simplificado, ou descontado (receitas e despesas existentes na mesma data já devidamente somadas, ou descontadas), fica mais fácil visualizar alguns aspectos importantes:

a) Em primeiro lugar, vale relembrar que a Gradiente não considera os valores existentes nas datas 0 e 1, portanto, os –$150.000,00 alocados na data 0 e os +$8.000,00 alocados na data 1 deverão ter um tratamento à parte dos valores da Gradiente.

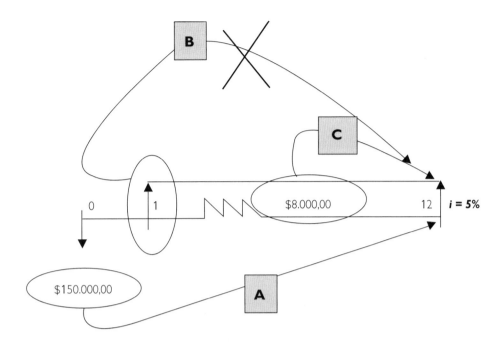

b) No fluxo apresentado, a proposta A é para que os – $150.000,00 (o sinal negativo é em função de o valor representar uma saída de caixa) sejam deslocados de uma só vez para o futuro (data 12) pelo Fator (P → S)$_{5\%}^{12}$, "limpando" dessa forma a data 0 e satisfazendo por conseguinte um dos "pré-requisitos" para a utilização da Gradiente. Por sua vez, com os +$8.000,00 não se pode fazer a mesma coisa, pois não se encontram exclusivamente na data 1, mas sim desde a data 1 até a data 12, caracterizando-se como uma série uniforme (R).

c) A observação B é extremamente importante para a compreensão de como se utiliza a Gradiente, pois se forem deslocados os +$8.000,00 como uma parcela única da data 1 para a data 12, portanto ao longo de 11 períodos, também pelo Fator (P→S)$_{5\%}^{11}$, como fizemos com o valor de – $150.000,00 que se encontrava na data 0, o que acontecerá é que, embora a data 1 passe a estar "limpa" com o deslocamento, não satisfará o outro dos "pré-requisitos" para a utilização da Gradiente, ou seja, a questão da razão que deve ser igual à diferença dos valores das datas 2 e 1. No caso, uma vez deslocado o valor de +$8.000,00 da data 1 para a data 12 pelo Fator (P → S)$_{5\%}^{11}$, a data 1 ficará com valor 0 e na data 2 restarão +$10.000,00, perfazendo, dessa forma, uma diferença entre as datas 2 e 1 de +$10.000,00 — que não é a razão da PA, ou a Gradiente, já que o valor do crescimento uniforme das receitas é de +$2.000,00.

d) Uma solução para isso é a proposta em C , ou seja, tratar os +$8.000,00 como uma série uniforme de 12 recebimentos que realmente o é, deslocando-a de uma única vez pelo Fator $(R \rightarrow S)_{5\%}^{12}$. Dessa forma, seriam deslocadas para a data 12 todas as parcelas de +$8.000,00 que se encontram desde o período de ordem 1 até o período de ordem 12, restando no fluxo apenas os valores que crescem linearmente à razão de +$2.000,00, portanto, uma Gradiente que deverá ser deslocada, conforme proposto no fluxo a seguir pela letra D :

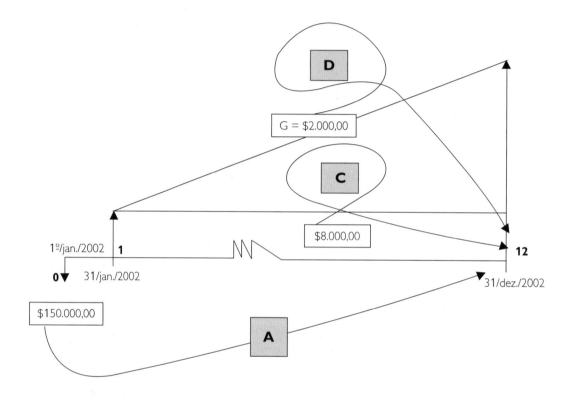

Juntando as soluções propostas no fluxo acima, iremos gerar o fluxo algébrico:

$\sum$ **em 31/12/2000** = $-$ **$150.000** $(P \rightarrow S)_{5\%}^{12}$ + **$8.000** $(R \rightarrow S)_{5\%}^{12}$ + **$2.000** $(G \rightarrow S)_{5\%}^{12}$

É importante perceber que, na Gradiente, embora os valores crescentes (no caso de +$2.000,00) comecem na data 2, os períodos considerados serão 12, isto porque, conforme explicamos, a Gradiente é a Razão de uma PA de base 0 na data 1. Portanto, a Gradiente pressupõe que **os valores de** G **da data 1 até a data** n estejam, genericamente, assim distribuídos:

$$0G + 1G + 2G + 3G + 4G + ... + (n-2)G + (n-1)G$$

No caso do exemplo, os valores nominais deslocados das datas 1 até a 12 para a data 12 considerados pela Gradiente (+)$2.000,00 **(G** $\rightarrow$ **S)**$_{5\%}^{12}$ foram, respectivamente:

$0.000,00; (+)$2.000,00; (+)$4.000,00; (+)$6.000,00; (+)$8.000,00; (+)$10.000,00; (+)12.000,00; (+)$14.000,00; (+)$16.000,00; (+)$18.000,00; (+)$20.000,00; (+)$22.000,00. Os demais valores existentes no fluxo de caixa (–) $150.00,00 foram deslocados pelo fator $(P \to S)_{5\%}^{12}$ e os (+) $8.000,00, pelo fator $(R \to S)_{5\%}^{12}$, perfazendo:

Datas	(+) $8.000(R → S)	(+) $2.000(G → S)	Valores líquidos
Jan./2002	$8.000,00	$0.000,00	$8.000,00
Fev./2002	$8.000,00	$2.000,00	$10.000,00
Mar./2002	$8.000,00	$4.000,00	$12.000,00
Abr./2002	$8.000,00	$6.000,00	$14.000,00
Maio/2002	$8.000,00	$8.000,00	$16.000,00
Jun./2002	$8.000,00	$10.000,00	$18.000,00
Jul./2002	$8.000,00	$12.000,00	$20.000,00
Ago./2002	$8.000,00	$14.000,00	$22.000,00
Set./2002	$8.000,00	$16.000,00	$24.000,00
Out./2002	$8.000,00	$18.000,00	$26.000,00
Nov./2002	$8.000,00	$20.000,00	$28.000,00
Dez./2002	$8.000,00	$22.000,00	$30.000,00

Observação: Os(+)$150.000,00 da data 0 (1º/1/2002), correspondentes aos valores líquidos do fluxo de caixa, foram deslocados de uma única vez pelo fator $(P \to S)_{5\%}^{12}$.

LEMBRANDO NOVAMENTE: Os cálculos para a solução, como discutido anteriormente, poderão ser feitos por quaisquer das ferramentas estudadas — fórmulas, tabelas ou calculadoras financeiras. Estes exemplos, mais uma vez, serão resolvidos pelas três ferramentas para que o leitor as conheça um pouco melhor e possa fazer sua opção. As soluções dos próximos exemplos e exercícios não contemplarão cálculos, passando a valer a sistemática: fluxos gráficos, fluxos algébricos e resultados.

| Soluções para o fluxo algébrico |

$\sum$ **em 31/12/2002 = – \$150.000,00$(P \to S)_{5\%}^{12}$ + \$8.000,00$(R \to S)_{5\%}^{12}$ + \$2.000,00$(G \to S)_{5\%}^{12}$**

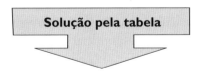

$\sum$ em 31/12/2002 = –$150.000,00 (1,796) + $8.000,00 (15,917) + $2.000,00 (78,343)

S = –$269.400,00 + $127.336,00 + $156.686,00   **S = +$14.622,00**

Solução com a utilização das fórmulas

$$S = -150.000,00(1,05)^{12} + 8.000,00\left\{\frac{(1,05)^{12}-1}{0,05}\right\} + 2.000,00\left\{\left[\frac{(1,05)^{12}-1}{(0,05)^2}\right]-\left[\frac{12}{0,05}\right]\right\}$$

$S = -150.000,00 + 8.000,00\ (15,91713) + 2.000,00\ (78,34)$ $\boxed{S = (+)\ \$14.643,65}$

Solução com o uso da HP–12C

Em geral, as calculadoras financeiras não possuem a função Gradiente; dessa forma, para a solução de problemas que possuam valores diferentes em cada data, que é o caso da Gradiente, somos obrigados a lançar, um a um, os valores na calculadora com o auxílio da função "fluxo de caixa", que na HP-12C é identificada pela tecla azul [g] como segue:

Tecla	Valores líquidos	Tecla	Valores líquidos
Azul g CFo	(–) 150.000,00	Azul g CFj	20.000,00
Azul g CFj	8.000,00	Azul g CFj	22.000,00
Azul g CFj	10.000,00	Azul g CFj	24.000,00
Azul g CFj	12.000,00	Azul g CFj	26.000,00
Azul g CFj	14.000,00	Azul g CFj	28.000,00
Azul g CFj	16.000,00	Azul g CFj	30.000,00
Azul g CFj	18.000,00		

Observação: Uma vez inseridos os valores conforme tabela anterior, para obter-se o resultado basta teclar, pela ordem, [i], [f] e [NPV]. Como resultado, já que a função "fluxo de caixa" da calculadora não fornece o valor futuro, obteremos o NPV — o novo valor presente —, que corresponde ao valor do fluxo somado na data 0, portanto, para obtermos a somatória na data 12, que é o que desejamos, teremos de deslocar o valor obtido em NPV que resultou em (+)$8.154,11 pelo Fator $(P\rightarrow S)_{5\%}^{12}$. Encontraremos, assim, o resultado desejado, ou seja:

$$\Sigma \text{ na data } 12 = \$8.154,11\ (P \rightarrow S)_{5\%}^{12}\quad \boxed{S = \$14.643,62}$$

6ª Situação — Com a fórmula da Gradiente que acabamos de desenvolver, poderemos obter, a partir de uma série de pagamentos e/ou recebimentos que obedecem sempre a um crescimento constante, seu valor correspondente no futuro, considerando-se, evidentemente, os pré-requisitos necessários para sua utilização (data 0 valor "nulo", data 1 valor "nulo" e gradiente igual à diferença dos valores existentes nas datas 2 e 1). Assim sendo, partindo-se desses mesmos princípios, se desejarmos saber o valor no presente (*P*) correspondente a uma Série em Gradiente (*G*), deveremos deslocar o valor obtido pelo Fator (**G → S**) para a data 0 do fluxo. Para tanto, basta multiplicar o resultado obtido pelo **Fator (G → S)** pelo **Fator (S → P)**, ou, ainda, dividir a fórmula que se encontra subjacente ao Fator (**G → S**) pelo Fator (**P → S**) para obtermos como resultado o Fator (**G → P**), ou seja, uma vez conhecidos os valores da Gradiente (*G*), o número de períodos (*n*) e a taxa de juros (*i*), deseja-se conhecer o *P*, onde:

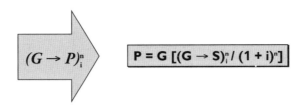

EXEMPLO 20 — Para os mesmos dados utilizados no **Exemplo 19**, que gerou o fluxo gráfico a seguir, se quiséssemos saber qual o valor correspondente a tal fluxo na data 0, teríamos que deslocar todos os valores para P, da seguinte forma:

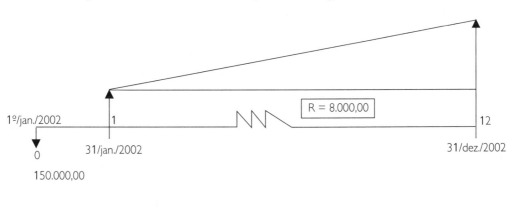

$\sum$ **em 1º/1/2002 = – $150.000,00 + $8.000,00 (R → P)$_{5\%}^{12}$ + $2.000,00 (G → P)$_{5\%}^{12}$**

$P = -\$150.000,00 + \$8.000,00\ (8,863) + \$2.000,00\ (43,624)$

$P = -\$150.000,00 + \$70.904,00 + \$87.248,00$ $\boxed{P = (+)\ \$8.152,00}$

A solução pela calculadora é exatamente aquela alcançada anteriormente com a função "fluxo de caixa" que obtivemos com o NPV = $\$8.154,11$. As teclas a serem digitadas serão, portanto, as mesmas listadas na pág. 68, por meio da função *"azul → g"*.

Pela fórmula

$$P = +8.000,00 \left\{\frac{1 - [1/(1,05)^{12}]}{0,05}\right\} + 2.000,00 \left\{\left[\frac{(1,05)^{12} - 1}{(0,05)^2}\right] - \left[\frac{12}{0,05}\right]\right\} \left[\frac{1}{(1,05)^{12}}\right]$$

Observação: Como estamos buscando a somatória na data 0, ao resultado dos cálculos acima devemos adicionar o valor já existente na data 0 (–$150.000,00), que não necessita ser deslocado por encontrar-se onde desejamos. Como resultado, obteremos –$150.000,00 + $158.154,00, ou seja, um valor muito próximo dos alcançados pelas duas outras ferramentas, onde as diferenças, conforme salientamos, ocorrem em função dos arredondamentos de cálculos.

É a situação que nos permite interligar a última ponta da pirâmide de equivalência, já que na SITUAÇÃO 5 interligamos G com S, enquanto na SITUAÇÃO 6 interligamos G com P. Agora, na situação especial que denominamos de 7ª, estaremos fechando os caminhos de ida da pirâmide, uma vez que esta se refere às situações em que, conhecendo-se o valor da Gradiente G, do número de períodos n e a taxa de juros i, pretende-se conhecer a série uniforme que a substitui, portanto, **conhecendo G, n e i**, pretende-se descobrir o valor da prestação R.

Este será o **Fator $(G \to R)_i^n$**, cuja montagem parte da mesma idéia dos fatores para Gradiente anteriormente encontrados, ou seja, se pudermos afirmar que o **Fator $(G \to S)_i^n$** é dado pela fórmula:

$$S = G\left\{\left(\frac{(1+i)^n - 1}{i^2}\right) - \left(\frac{n}{i}\right)\right\}$$

Desdobrando-a, teremos separadas as fórmulas de (R → S) e o complemento referente à Gradiente; substituindo-se na fórmula o Fator (R → S) pelo Fator (S → R), como segue, obteremos o **Fator (G → R)$_i^n$**. Assim sendo, se:

$$S = G\left\{\left(\frac{[(1+i)^n] - 1}{i}\right)\left(\frac{1}{i}\right) - \left(\frac{n}{i}\right)\right\}$$

Portanto, substituindo-se (R → S) por (S → R) teremos que o **Fator (G → R)$_i^n$** será:

(G → R)$_i^n$ $\quad R = G\left\{\left(\frac{1}{i}\right) - \left(\frac{i}{[(1+i)^n] - 1}\right)\left(\frac{n}{i}\right)\right\}$

EXEMPLO 21 — Uma pessoa deveria receber neste ano valores que começam a vencer no final do mês de janeiro de $5.000,00 por mês, que se estenderão crescendo até o final de dezembro, a partir de fevereiro, à razão de $1.000,00 por mês, o que compõe, dessa forma, uma gradiente de $1.000,00. Como ela sabe que seu devedor terá dificuldades para conseguir tais valores, está pensando em propor-lhe o pagamento de parcelas nominalmente iguais ao longo dos 12 meses. Se ela considerar uma taxa de juros de 5% ao mês, de quanto será o valor da prestação que irá receber?

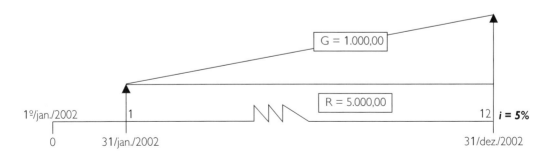

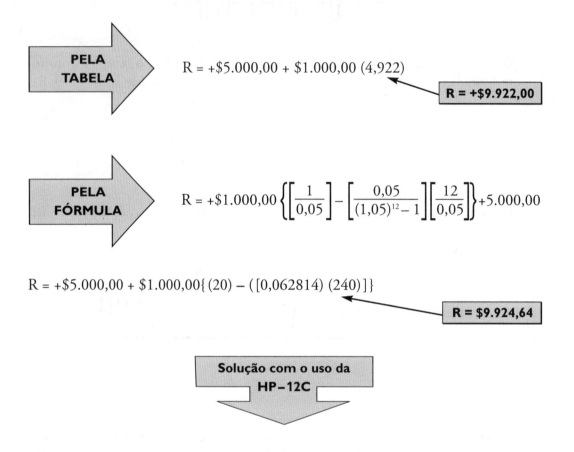

Como ressaltamos, em geral as calculadoras financeiras não possuem a função Gradiente, dessa forma, para solução de problemas que possuam valores diferentes em cada data, o que é o caso da Gradiente, somos obrigados a lançar, um a um, os valores na calculadora pela função "fluxo de caixa", que na HP-12C é identificada pelas teclas azuis g , como segue:

Tecla	Valores líquidos	Tecla	Valores líquidos
Azul **g** CFo	0	Azul **g** CFj	11.000,00
Azul **g** CFj	5.000,00	Azul **g** CFj	12.000,00
Azul **g** CFj	6.000,00	Azul **g** CFj	13.000,00
Azul **g** CFj	7.000,00	Azul **g** CFj	14.000,00
Azul **g** CFj	8.000,00	Azul **g** CFj	15.000,00
Azul **g** CFj	9.000,00	Azul **g** CFj	16.000,00
Azul **g** CFj	10.000,00		

Observação: Novamente, vale lembrar que, uma vez inseridos os valores, conforme a tabela anterior, para obter-se o resultado basta teclar, pela ordem, [i], [f] e [NPV]. Como resultado, já que a função "fluxo de caixa" da calculadora HP-12C não fornece o valor da série uniforme de maneira direta (algumas calculadoras fazem tal cálculo), obteremos o NPV — o novo valor presente (+$87.940,31) —, que corresponde ao valor do fluxo na data 0. Para chegarmos ao resultado da prestação, da série uniforme, basta considerarmos o resultado obtido com o NPV como um valor no presente que é, e distribuí-lo uniformemente ao longo do fluxo de caixa pela Função $(P \rightarrow R)_{5\%}^{12}$. Dessa forma, teremos:

$$R = \$87.940,31 \ (P \rightarrow R)_{5\%}^{12} \quad \boxed{R = \$9.921,90}$$

▪ Exercícios de aplicação

Para sua solução, utilize os conceitos das Séries em Gradiente

63. Os gastos mensais para operação e manutenção de determinado equipamento são de $5.000,00 no primeiro mês, sendo acrescidos de $600,00 mensais, até o 30º mês, inclusive, estabilizando-se daí por diante e permanecendo inalterados até o final da vida útil, que é de 3 anos. Esse equipamento foi adquirido por $40.000,00. Qual o valor dos custos na data 0 se a taxa de juros for de 4% ao mês?

64. Quanto deverá ser investido agora por uma empresa para que ela possa atender ao desembolso de despesas da ordem de $10.000.000,00 no 1º ano, $8.000.000,00 no 2º ano, $6.000.000,00 no 3º ano, $4.000.000,00 no 4º ano e $2.000.000,00 ao final do 5º ano, se a taxa é de 30% ao ano?

65. Certa empresa deseja construir uma reserva que lhe permita substituir máquinas obsoletas daqui a 7 anos. Se forem efetuados agora um depósito de $600.000,00, um outro depósito de $750.000,00 depois de 1 ano, um terceiro depósito de $900.000,00 daqui a 2 anos e um quarto depósito de $1.050.000,00 dentro de 3 anos, quanto a empresa possuirá, se a taxa de juros da aplicação for da ordem de 25% ao ano?

66. Se depositarmos em 1º/1/2000 $6.000,00, $5.000,00 após 1 ano, $4.000,00 após 2 anos e $3.000,00 após 3 anos, quanto poderemos sacar em 1º/1/2008, se a taxa de juros é de 30% ao ano?

67. Transformar uma série uniforme de 12 pagamentos, cujo valor unitário de cada parcela é de $10.000,00, com taxa de juros de 5% ao mês, em uma série gradiente em que o valor do pagamento no 1º período é de $6.000,00, permanecendo inalterados o período e a taxa.

68. No Exercício 67, seria possível que o valor da gradiente fosse de $6.000,00? Justifique.
69. Um produtor de puxadores para a indústria de móveis está estudando a possibilidade de passar a fabricar um novo modelo para dormitórios. Um levantamento preliminar mostra que o produto deverá penetrar gradativamente no mercado, crescendo sua participação à razão de 1.000 jogos por mês. Espera-se que dentro de 1 ano, quando o produto estiver devidamente solidificado no mercado, sejam comercializados 20.000 jogos do produto por mês a um preço unitário de venda de $4,80. Para sua produção, será necessário adquirir um novo equipamento automático no valor de $250.000,00. O custo unitário de produção é de $2,00. Admitindo-se que a empresa utiliza para seus investimentos uma taxa de juros de 3% ao mês e que deverá desativar a linha de produção dentro de 2 anos, quando historicamente os produtos começam a perder mercado, vendendo o equipamento por $50.000,00 para produtores menores, defina qual a somatória dos valores do fluxo na data 0.
70. Para o fluxo de caixa descrito a seguir, considere uma taxa de juros de 20% ao ano, monte os fluxos gráficos e algébricos necessários e responda:
    a) Qual a somatória das receitas no final do ano 2001?
    b) Qual a somatória das despesas no final do ano 2001?
    c) Qual a somatória do fluxo descontado no final do ano 2001?

Final do ano de	Receitas ($)	Despesas ($)
2002	100.000,00	200.000,00
2003	150.000,00	180.000,00
2004	200.000,00	160.000,00
2005	250.000,00	140.000,00
2006	300.000,00	120.000,00
2007	350.000,00	100.000,00
2008	400.000,00	80.000,00
2009	450.000,00	60.000,00
2010	500.000,00	40.000,00

PARTE II

Engenharia Econômica

CAPÍTULO 6

Princípios fundamentais de Engenharia Econômica

....

Até o momento tratamos de providenciar as informações necessárias acerca da importância de se considerar o valor do dinheiro no tempo. Por intermédio da **Matemática Financeira**, que procuramos resumir no que denominamos de **Triângulo de Equivalência** (ou pirâmide, se considerarmos a Gradiente), poderemos deslocar as importâncias monetárias ao longo do tempo da forma que nos for mais conveniente.

A partir da absorção do conceito do dinheiro no tempo, estamos aptos a fazer uso da **Engenharia Econômica** que, conforme ressaltamos, se presta principalmente a analisar investimentos produtivos, geralmente de longo prazo. Apenas para ilustrar o que entendemos como um investimento produtivo, relataremos a seguir uma situação típica de decisão que só poderá ser considerada como acertada se, para tanto, fizermos o uso correto das ferramentas para **Análise de Investimentos**, proposta pela **Engenharia Econômica**. Eis, portanto,

▪ Um caso típico de Engenharia Econômica

EXEMPLO 22 — "Nossa empresa adquiriu dois anos atrás um equipamento por $1.000.000,00 para fazer parte do processo de transformação de determinado componente necessário à elaboração de nosso produto final. O objetivo era utilizá-lo por um período de 10 anos. A compra foi indicação sua, entretanto, na última reunião de diretoria inúmeras reclamações demonstraram que o desempenho do processo não estava sendo o esperado. Em função disso, foi-lhe dado um ultimato para que você decida quanto à substituição do equipamento atual por outro mais moderno, que poderá se adaptar melhor ao processo, ou justifique o porquê de manter o equipamento atual em uso, apesar das queixas existentes.

Na tentativa de defender sua opinião acerca de manter em funcionamento o atual processo, você argumentou, de pronto, que a substituição do equipamento neste momento acabaria acarretando mais custos à empresa e que, portanto, não deveria ser feita, já que o processo atual estava se mostrando tecnicamente capaz, ou seja, atendendo perfeitamente às especificações técnicas propostas pelo projeto do produto.

Por sua vez, o pessoal de Marketing, o maior defensor da substituição, argumentou que os concorrentes possuem equipamentos mais modernos — o que, segundo essa equipe, é o que lhes permite custos menores no momento da negociação com os clientes. Nesse momento, o pessoal de Finanças entrou na discussão alegando que a empresa já havia gasto muito dinheiro nesse processo e que considerava um desperdício investir em algo que já funciona adequadamente.

A reunião foi encerrada com o presidente fechando a discussão ao afirmar que pior do que gastar mais dinheiro é perder clientes e, portanto, deveríamos fazer uma análise verificando se a decisão tomada há 2 anos deveria ou não ser mantida. Para tanto, solicitou-lhe que seja apresentado na próxima reunião um estudo comparativo justificando se deve ser mantido ou não o atual equipamento em funcionamento. Ficou estabelecido também que o valor gasto com a aquisição do equipamento seria considerado uma perda já ocorrida, devendo, portanto, ser ignorado em termos de análise, e que teríamos de decidir a partir de então se deveríamos, ou não, adquirir um novo equipamento com a conseqüente venda do atual.

Depois de mais alguma discussão, ficou definido que para essas análises deveriam ser utilizadas a taxa mínima de atratividade da companhia — que para este tipo de investimento é da ordem de 10% ao ano — e a incidência do imposto de renda a que a empresa está sujeita, cuja alíquota é de 35% sobre o lucro.

Terminada a reunião, você foi a campo em busca de informações para comparar as alternativas de ações existentes. O resultado da pesquisa mostrou que, se a empresa mantiver a atual política de manutenção, a máquina atual poderá continuar operando normalmente nos próximos 10 anos, desde que seja feita uma revisão geral no seu 5º ano de vida. Isto acarretará, além dos custos anuais normais do processo, um custo extra de $60.000,00. Entretanto, em função dessa revisão, embora esteja previsto para ela depreciação linear em 10 anos com valor residual 0, a empresa poderá ao final desse período obter no mercado um valor de revenda de $150.000,00 para a máquina atual.

Foram levantados outros dados, como, por exemplo, o custo de peças sobressalentes trocadas no equipamento que são de $30.000,00 por ano, além de seus custos operacionais e de manutenção (cerca de $2.500,00 por mês). Existem também outros custos indiretos que perfazem hoje cerca de $2.500,00 mensais.

Ao contatar os fornecedores do equipamento apontado pelo pessoal de Marketing, você ficou sabendo que se a empresa adquirir este novo processo, que foi orçado hoje em $1.100.000,00, poderá colocar no negócio o equipamento atual como parte do pagamento, recebendo por ele, na troca, $400.000,00 e permanecendo como saldo uma diferença a ser paga no ato. Este novo processo também deverá ser depreciado linearmente ao longo de 10 anos, possuindo um valor residual e de mercado ao final da vida útil de $100.000,00.

As estimativas apontam que os custos diretos de produção, tanto para consumo de energia como para matéria-prima e demais insumos, serão os mesmos para ambas as alternativas, mas que os custos anuais de manutenção e operação deverão cair com a nova máquina para $2.000,00 por mês. Quanto aos outros custos indiretos, também terão uma redução de $500,00 mensais, perfazendo um total de $2.000,00 por mês.

Para o novo equipamento, poderá ser feito um seguro de garantia integral estendida que custará $20.000,00 por ano. Entretanto, se ao longo dos 10 anos for necessária qualquer revisão geral, esta correrá por conta e risco do fornecedor.

Considerando-se que o cenário administrativo não se alterará nesse meio-tempo, nem mesmo no que tange à inflação prevista para o período, que deve se manter no mesmo patamar de hoje, faça suas considerações à diretoria verificando se é possível, depois da análise dos dados, continuar defendendo a permanência do equipamento atual comprado há 2 anos por $1.000.000,00 e em funcionamento, ou se ele deve ser substituído pelo novo equipamento proposto pelo pessoal de Marketing."

Se formos verificar o exemplo proposto, será necessário uma perfeita ordenação do raciocínio para que você possa defender sua opinião, ou acatar a sugestão do pessoal de Marketing. E é justamente essa forma de ordenação do pensamento que nos proporcionam os **Métodos Clássicos de Análise de Investimentos**, objeto da **Engenharia Econômica**. Com esses métodos, os quais consideram imprescindíveis os conceitos discutidos em *Matemática Financeira*, poderemos optar, dentre as diversas alternativas de ações, por aquela que melhor atenda aos interesses de nossa organização.

Vale ressaltar que a correta tomada de decisão é, sem dúvida, o que se espera sempre de qualquer administrador, mas é igualmente evidente que, na realidade, as decisões só poderão ser avaliadas, quanto à sua eficácia e eficiência, no futuro, uma vez que toda decisão diz respeito às ações futuras, ao caminho que as empresas irão seguir. O objetivo de todo administrador, ao optar por uma alternativa de ação, é apontar à empresa o caminho a ser seguido e que poderá possibilitar-lhe, a curto, médio ou longo prazos, a maximização dos lucros. Vale lembrar que, muitas vezes, na busca de melhores resultados a longo prazo, faz-se necessário o sacrifício de benefícios mais imediatos, o que traz à tona um empasse: Como é possível saber se é compensador esse sacrifício presente na busca de um resultado melhor no futuro?

É exatamente neste contexto que a **Engenharia Econômica** se apresenta como "um conjunto de técnicas que permitem a comparação, de forma científica, entre os resultados de tomadas de decisão referentes a alternativas diferentes. Nessa comparação, as diferenças que marcam as alternativas devem ser expressas, tanto quanto possível, em termos quantitativos".

Outro fator interessante a ser destacado está expresso no exemplo ilustrativo que utilizamos. Note que a sugestão do pessoal de Marketing, e mesmo a defesa inicial proposta por você na reunião, descreve aquilo que Hummel e Taschner[1] denominam "uma decisão por sentimento, sem nenhuma pesquisa técnica preliminar", definindo, *a priori*, que é o novo equipamento que permite aos concorrentes um menor custo *(?!?!?)*, ou que a troca neste momento acarretará maiores custos para a empresa *(?!?!?)*.

O que os autores sugerem é que, antes de mais nada, deve ser feita "uma análise econômica" da situação, o que na verdade só é proposto por você, no exemplo, a partir do momento em que começa a contatar os fornecedores, a definir o cenário administrativo para a tomada de decisão, a assumir a TMA (Taxa Mínima de Atratividade) da empresa para referendar ou não o ganho esperado por sua empresa com as alternativas, etc.

Claro que não estamos afirmando aqui que a decisão proposta pelo pessoal de Marketing não seja a melhor e que, conseqüentemente, não deva ser escolhida, ou mesmo que você não tenha razão ao defender a manutenção do atual processo. O que estamos defendendo é que tanto a decisão do Marketing, de mudar, como a sua, de manter o processo atual, só deverão ser escolhidas a partir do momento em que uma delas se sustentar de maneira mais racional que a outra, ou seja, mediante o uso adequado dos métodos de análise de investimentos que consideram que "a alternativa mais econômica deve ser sempre escolhida após a verificação de que todas as variáveis que influem no sistema foram avaliadas"[2].

Bem, voltaremos a este exemplo no final do livro, quando faremos a análise passo a passo. Antes, porém, de nos dedicarmos aos Métodos Clássicos de Análise de Investimentos, é importante salientar que todos e quaisquer modelos matemáticos que possam ser montados para expressar a realidade de uma empresa, ou qualquer outra situação, por mais bem elaborados que sejam na tentativa de traduzir a realidade, nem sempre o conseguem com a exatidão que gostaríamos. Nesse sentido, Hummel e Taschner afirmam que alguns aspectos não devem ser esquecidos jamais ao se montar um modelo para tomada de decisão em Engenharia Econômica. Os autores identificam esses aspectos como sendo:

1 — Não existe decisão a ser tomada, considerando-se alternativa única

Isso significa que, para tomar qualquer decisão, devem ser analisadas todas as alternativas viáveis. As alternativas devem ser, no mínimo, duas, caso contrário, a decisão já estará tomada. Como exemplo podemos utilizar o caso de um produto e o seu posicionamento no ciclo de vida. Se ele começar a apresentar sinais de declínio, como opções, poderemos encontrar pelo menos estas três:

- Continuar com o produto atual no mercado, sem novas inversões de capital;
- Remodelar o produto atual, mudando embalagem ou mesmo algumas características técnicas, visando a revitalizá-lo;
- Lançar um novo produto, desde sua concepção, para substituir o atual.

---

1. Hummel & Taschner. *Análise e Decisão sobre Investimentos e Financiamentos*. Engenharia Econômica — Teoria e Prática. Atlas: São Paulo, 2000.
2. Ibidem.

2 — Só podem ser comparadas alternativas homogêneas, para se poder comparar o seu resultado

Isso significa que se estivermos analisando alternativas heterogêneas, não poderemos assumir qual delas é a melhor, a menos que possamos admitir alguns pressupostos que as tornem comparáveis. Por exemplo, imagine se lhes forem oferecidos dois apartamentos, para que você opte pelo melhor a comprar:

- Um apartamento em um bairro nobre por $350.000,00;
- Um apartamento em um bairro popular por $90.000,00.

Não será possível a comparação dessas alternativas se não conseguirmos a homogeneidade dos dados. Se pudermos admitir que os dois apartamentos têm a mesma metragem, a mesma qualidade de acabamento, os mesmos cômodos, a mesma disposição, considerando-se ainda que o índice de valorização de ambos os bairros é o mesmo e que não há vantagem em se morar em um bairro nobre ou em um bairro popular, então se pode dizer que a segunda alternativa é melhor que a primeira; de outro modo, não.

São também consideradas, ou principalmente consideradas, alternativas heterogêneas para a Engenharia Econômica, as ações que conduzem as vidas úteis diferentes, ou que possuam investimentos iniciais diferentes. No primeiro caso, podemos tomar como exemplo a situação em que desejamos implementar um novo processo industrial e descobrimos que existem duas alternativas à nossa disposição, uma com vida útil estimada de 5 anos e outra que possibilitará realizar a tarefa que necessitamos com as mesmas condições técnicas e que possui vida econômica de 7 anos.

No exemplo proposto fica evidente que, ao se esgotar a vida útil da primeira opção que possui vida útil de 5 anos, a outra alternativa de investimento, que possui vida útil de 7 anos, ainda continuará funcionando por outros 2 anos, gerando, conseqüentemente, receitas por um tempo maior. Logo, para efeito de uma análise econômica, são consideradas como heterogêneas e, portanto, necessitam ser trabalhadas de maneira específica, de tal forma a acomodar esta situação antes de proceder-se à análise. Este tipo de questão será discutido mais adiante no item "Método do Valor Atual para Vidas Úteis Economicamente Diferentes".

No segundo caso, quando estivermos analisando alternativas de ações que possuam investimentos iniciais diferentes, também estaremos tratando de alternativas heterogêneas, pois, como poderemos, sem tecnicamente acomodarmos a situação, optar por uma dentre duas alternativas que exijam, por exemplo, investimentos iniciais, respectivamente, de $100.000,00 e de $138.000,00, mesmo que as receitas e os custos inerentes a cada caso carreguem receitas líquidas maiores que o primeiro investimento.

Fica também evidenciado, nesse exemplo, que se trata de alternativas heterogêneas de ação, pois a diferença entre elas ($38.000,00) também poderá gerar receitas em outros lugares, em outros processos, em outras aplicações que, portanto, para poderem ser comparadas necessitam ser homogeneizadas. Trataremos da questão de investimentos iniciais diferentes no item "Método da TRI — Taxa de Retorno Incremental".

3 — Apenas as diferenças de alternativas são relevantes

Se todas as alternativas que estivermos analisando possuírem séries de custos ou receitas iguais, elas não serão importantes, ou necessárias, para decidirmos qual das alternativas é a melhor, uma vez que, existindo tais séries em todas elas, no mesmo momento, suas diferenças se anulam. Por exemplo, no caso proposto no item 1, onde se deve optar entre manter o produto atual no mercado como se encontra, substituí-lo pelo produto remodelado ou lançar um novo produto, se considerarmos que os custos associados a cada alternativa são idênticos, ou seja, que o fato de proceder a quaisquer das mudanças não acarretará maiores custos, para efeito de decisão, importarão apenas as diferenças de alavancagem das receitas.

Vale ressaltar que, embora sejam desnecessários os custos ou receitas idênticos para a tomada de decisão, se precisarmos saber qual o valor total do investimento, evidentemente que todos os custos e receitas devem ser incluídos, mesmo os idênticos.

4 — Os critérios para decisão de alternativas econômicas devem reconhecer o valor do dinheiro no tempo

Se estivermos analisando duas alternativas de ações, ou duas opções de investimentos: uma que chamaremos de "A", que pressupõe um investimento inicial de $100.000,00 para que possamos receber em 2 anos $220.000,00 e outra que chamaremos de "B", em que o investimento inicial proposto é de $200.00,00, prevendo um recebimento futuro de $400.000,00 em 5 anos.

Neste caso, não se pode afirmar que a alternativa "A" é melhor ou pior que a "B", isto porque existe uma defasagem de tempo entre as alternativas de ações. Dessa forma, como afirmamos no item 2, não se pode simplesmente escolher a alternativa "B" porque $400.000,00 é maior que $220.000,00. Para fazer a comparação, tem-se que igualar o tempo de vida, ou de utilização das alternativas. No exemplo, não se deve esquecer também, como salientamos no item 2, que os $220.000,00 resultantes do investimento "A" poderão ser reaplicados a uma taxa qualquer por mais 3 anos. Só dessa forma é que poderá ser reconhecida como lógica a análise das duas alternativas.

5 — Não devem ser esquecidos os problemas relativos ao racionamento de capital

De nada adianta existir uma alternativa de ação excepcionalmente rentável se o capital próprio, mais o capital que se conseguirá com terceiros, não for suficiente para cobrir as necessidades de capital dessa alternativa. Portanto, neste livro, sempre que uma alternativa de ação for proposta, estamos admitindo, *a priori*, que temos capacidade de investimento. Quando não for o caso, isso estará absolutamente explícito.

6 — Decisões separáveis devem ser tomadas separadamente

Este princípio requer que todos os problemas e alternativas econômicas de investimento sejam cuidadosamente avaliados para determinar qual o número, tipo e seqüência das decisões necessárias. Se não houver o cuidado de se tratar separadamente decisões separáveis, é possível que as soluções ótimas deixem de ser analisadas por se encontrarem obscurecidas no contexto geral. Como exemplo pode ser utilizado o do item 1, onde apontamos que um dos produtos comercializados por nossa empresa se encontra posicionado incomodamente na curva de seu ciclo de vida e propusemos sua alteração, ou a mudança completa do produto.

Numa primeira análise poderia ter passado despercebido que existia a alternativa de continuar com o produto em linha e que esta, eventualmente, poderia ser uma alternativa muito melhor que renová-lo, ou substituí-lo. Isto poderia ocorrer em função de que a alternativa de permanecer poderia representar, no contexto, um retrocesso, ou algo não considerável, já que o produto estaria caminhando para a obsolescência. Entretanto, nada impede, desde que respeitado o item 2 destes princípios (a questão da homogeneidade entre as alternativas de ação), que a alternativa de manter o produto em linha até esgotar completamente suas possibilidades de mercado seja, economicamente, melhor que qualquer outra.

7 — Deve-se sempre atribuir um certo peso para os graus relativos de incertezas associados às previsões efetuadas

Como em qualquer outro tipo de decisão que você irá tomar na empresa, e mesmo em sua vida pessoal, estarão presentes no cenário criado para a tomada de decisão, também em Engenharia Econômica, estimativas (de demandas, valores, conduta, prazos, etc.) em praticamente todas as variáveis que comporão o cenário criado, portanto, deve-se tomar a precaução de atribuir a cada um desses eventos certo grau de incerteza. A consideração formal do grau e do tipo de incerteza serve para assegurar que a qualidade da solução seja conhecida e reconhecida pelos responsáveis pelo processo de tomada de decisão na empresa.

O exemplo do produto e seu ciclo de vida, utilizado no item 1, se presta também para este caso. Imagine que ali, ao formatar a proposta de "criação de um novo produto", você não considerasse que poderia haver um certo atraso de tempo entre a sua cria-

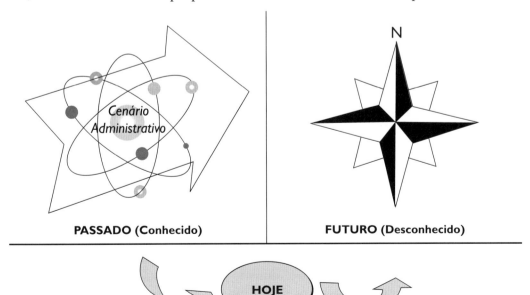

ção ou concepção, a elaboração do projeto do produto, a construção de seu protótipo, etc., o que nestes casos é previsível. É evidente que isso poderia comprometer toda a estrutura de custos e receitas associados, já que um atraso representaria mais custos além do conseqüente adiamento das entradas de receitas e modificação da qualidade dos resultados associados.

8 — As decisões devem levar também em consideração os eventos qualitativos não quantificáveis monetariamente

A seleção de alternativas requer que as possíveis diferenças entre alternativas sejam claramente especificadas. Sempre que possível, essas diferenças devem assumir uma unidade quantificável comum (geralmente unidade monetária), para fornecer uma base para a seleção dos investimentos. Os eventos não quantificáveis devem ser, entretanto, claramente especificados, a fim de que os responsáveis pela tomada de decisão tenham todos os dados necessários relacionados de forma a poder tomar sua decisão.

Em certos casos, a alternativa mais econômica não é a melhor solução em função dos dados não monetários, ou não quantificáveis. A título de exemplo, imagine que seu corpo de vendas tenha veículos cedidos pela empresa, que permaneçam em poder dos vendedores inclusive nos finais de semana, feriados, etc., e você resolva que isso deva mudar, que o vendedor deva vir todos os dias à empresa pela manhã para apanhar o carro e ao final da tarde para devolvê-lo. Se essa questão for analisada pelo prisma simplesmente econômico, provavelmente seja uma solução acertada para a redução dos custos, mas será que o moral dos vendedores continuará o mesmo? Será que o tempo perdido entre as tarefas de ida e volta à empresa não é um tempo em que eles poderiam estar atendendo algum cliente, prospectando um novo negócio, etc.? Essas são perguntas cujas respostas, com certeza, você não conseguirá aquilatar economicamente, mas que poderão "mascarar" a decisão mais acertada.

9 — Realimentação de informações

A realimentação dos dados para os técnicos responsáveis pelo estudo de acompanhamento de algumas alternativas é vital para o seu correto reajuste, pois, além de permitir o aumento do grau de sensibilidade, permitirão fazer a previsão de erros em decisões futuras. Aliás, o princípio do Planejamento e do Controle é a base da Administração, e a análise de investimentos não foge a esta regra, ela é realizada em função do Planejamento — decisões que incorrerão em ações e resultados futuros, que carecem ser acompanhados — e da função Controle, para sabermos se estamos ou não atingindo os resultados esperados. Esta retroalimentação do processo servirá, caso não estejamos atingindo os resultados almejados, para reconduzirmos "o trem para os trilhos" da maneira devida.

Os métodos de Análise de Investimentos funcionarão como um processo decisório, portanto, deverão ser acompanhados. Por exemplo, precisamos saber se a taxa de juros esperada para um determinado investimento em 5 anos está surtindo efeito, se está sendo atingida; para tanto, devemos acompanhá-lo mês a mês, ou ano a ano, para termos a certeza de que o projeto atingirá o retorno esperado.

10 — Dados econômicos/gerenciais

No estudo de alternativas, deve-se ter presente que os valores e os dados que nos interessam são sempre os econômicos e os gerenciais. Os dados contábeis só são importantes na avaliação após o Imposto de Renda. Dessa forma, embora contabilmente a vida de uma máquina seja de 10 anos, economicamente pode-se efetuar o estudo considerando sua vida econômica como sendo de 5 anos, ou seja, determina-se que a máquina deva ser paga em 5 anos. Assim como nada impede que uma máquina cuja vida contábil seja de 10 anos continue operando dentro de padrões aceitáveis para a empresa por outros 10, ou qualquer outro horizonte de tempo.

▪ Limitações do estudo

Conforme afirmamos anteriormente, os "Princípios Básicos da Engenharia Econômica" devem ser respeitados para que se tenha à disposição as alternativas de ação mais próximas possíveis da realidade, minimizando, conseqüentemente, o risco no processo decisório. É também igualmente evidente que, como todo modelo matemático que se possa criar para representar a realidade, existem restrições, ou limitações, que devem ser consideradas. Hummel e Taschner apontam principalmente as seguintes como as mais importantes a serem consideradas:

1 — Impossível transpor para o papel todas as considerações e variáveis encontradas na vida

A primeira limitação diz respeito ao modelo a ser adotado, uma vez que é praticamente impossível transpor para o papel todas as considerações e variáveis encontradas na vida real.

Deve-se, portanto, não só levar em consideração a situação mais abrangente do problema, como também caracterizar claramente quais são as premissas, as restrições e as limitações do modelo a ser estudado. Assim sendo, não só se pode ter certeza de que a melhor alternativa foi identificada e, conseqüentemente, escolhida, como também se poderá garantir que os recursos e benefícios estimados irão prevalecer no futuro.

2 — Taxas de retorno e taxas de juros, na realidade, não são as mesmas

Os modelos de Engenharia Econômica aqui estudados pressupõem, *a priori*, que as taxas de juros e taxas de retorno existentes no mercado são iguais. Isso significa que, se for possível emprestar dinheiro a 5% ao mês, também se poderá tomar emprestado esse dinheiro pela mesma taxa. Sabe-se que isso raramente é verdadeiro. Na prática, as taxas de captação de recursos, os juros a pagar por empréstimos, praticadas pelo mercado financeiro são, normalmente, maiores que as taxas conseguidas por pessoas físicas ou jurídicas nas aplicações. Os retornos sobre os investimentos advindos de aplicações financeiras normalmente são menores que o custo do dinheiro para captação no mercado financeiro.

Vale ressaltar que tais diferenças poderão ser expressas na ocasião da montagem da TMA (Taxa Mínima de Atratividade), que discutiremos mais adiante. Ainda assim restarão arestas a serem consideradas como limitações.

3 — O modelo pressupõe que as taxas de juros não variam durante a vida

O modelo pressupõe, ainda, que as taxas de juros, ou de retorno, não variam durante a vida econômica do investimento ou durante o horizonte de planejamento utilizado para as alternativas em questão, o que evidentemente também não é uma realidade.

Em função disso, devemos ressaltar que esta é uma limitação do modelo, uma vez que normalmente utilizamos uma taxa única como sendo nossa TMA, entretanto, se considerarmos necessário, com os estudos que aqui realizamos, poderemos criar modelos com diversas taxas de juros ao longo de uma determinada vida útil.

4 — O modelo pressupõe que o fluxo de caixa real final é sempre viável, de acordo com as condições econômicas e financeiras da empresa em pauta

Queremos ressaltar com isto que, se estamos analisando alternativas de ações que possuam investimentos iniciais e/ou parciais diferentes ao longo das suas vidas úteis, é porque poderemos arcar com os ônus de todas elas. Por exemplo, digamos que nos convidem para participar de um investimento que necessite de um aporte inicial de capital de $1.000.000,00. Se passarmos a analisá-lo, é porque temos capacidade financeira para tanto.

É evidente que nem sempre isto ocorre, o que caracteriza esta como mais uma limitação do modelo, mesmo assim, conforme será ressaltado novamente mais adiante, só analisaremos alternativas de ação para as quais tenhamos capacidade financeira.

5 — A complexidade do modelo a ser montado deve ser compatível com a confiabilidade dos dados assumidos

De nada adianta montarmos um modelo matemático extremamente complexo se os dados a serem analisados não puderem ser considerados preditores confiáveis do futuro. O que dará esta confiabilidade aos dados é a confiança que se tem no modelo de previsão, uma vez que qualquer decisão sempre ocorrerá com relação ao futuro. Portanto, nossa capacidade em montar cenários administrativos e o grau de certeza de sua efetivação no futuro compondo o "pano de fundo" do processo decisório constituirão, na verdade, condição indispensável para a qualidade da decisão.

Também é fácil concluir que, embora não seja absolutamente verdadeiro, decisões de curto prazo são, geralmente, mais facilmente concretizáveis que as de longo prazo, se não por outro motivo até pela proximidade da realidade futura. Portanto, como afirmamos nos "Princípios Fundamentais", deve-se sempre atribuir um certo peso aos graus de incerteza associados aos cenários montados e criar um modelo matemático compatível com estes.

Além dos importantes "Princípios e Limitações" destacados por Hummel e Taschner, que acabamos de enumerar, devem ser considerados, no momento da análise, outros dois **pré-requisitos, que consideraremos sempre, neste livro**. São eles:

1 — Só serão analisadas alternativas de ação tecnicamente viáveis

Esta hipótese pressupõe que, antes de procedermos à análise econômica de cada uma das alternativas de ação, já precedeu a esta análise uma outra, de caráter técnico, que posicionou as alternativas existentes como tecnicamente viáveis para o que se referem.

Isto se faz necessário, uma vez que a Engenharia Econômica se presta muito mais a investimentos de médio e longo prazos, que envolvem, via de regra, a aquisição de imobilizados como equipamentos, automóveis, imóveis e mesmo plantas industriais, que se prestam a determinados fins específicos, cuja decisão técnica pela aquisição compete ao profissional diretamente responsável pelo processo do qual fará parte.

É, portanto, ali, no seu ponto de uso, pelo profissional responsável pelo processo, que se definirá tecnicamente pela aprovação das opções, pelas alternativas de ações, cabendo posteriormente uma análise econômica do projeto, que envolverá aspectos de ordem econômica/administrativa, tais como o perfil de demanda esperada, os custos associados, os preços a serem praticados, a criação do cenário administrativo para obtenção da TMA apropriada a cada questão, etc.

2 — Só serão analisadas alternativas de ação para as quais tenhamos capacidade financeira

Este pré-requisito está associado ao 4º item das "Limitações do Estudo" impostas pelos modelos, qual seja, "O modelo pressupõe que o fluxo de caixa real final é sempre viável, de acordo com as condições econômicas e financeiras da empresa em pauta".

Estamos ressaltando tal limitação com o intuito de esclarecer que, para nós, **ter capacidade financeira** não significa, obrigatoriamente, ter dinheiro, mas, com certeza, tê-lo ou ter como obtê-lo, ou seja, não importa se os recursos a serem utilizados no negócio serão próprios ou de terceiros, uma vez que esta questão estará refletida na TMA por meio do custo de oportunidade. Importa, isto sim, que ao analisarmos determinada hipótese, ou determinada alternativa de ação, estaremos pressupondo que, se ela for a melhor dentre as alternativas que se apresentarem, e for a escolhida, teremos capacidade financeira para implementá-la conforme descrita.

MÉTODOS CLÁSSICOS DE ANÁLISE DE INVESTIMENTOS

Uma vez considerados esses dois pressupostos, bem como os demais conceitos destacados por Hummel e Taschner, conforme descritos anteriormente, para analisarmos investimentos deveremos ainda ordenar o processo de raciocínio na busca de uma solução lógica para a questão proposta, o que pode ser feito mediante os denominados Métodos Clássicos de Análise de Investimentos.

Basicamente são três os Métodos Clássicos de Análise de Investimentos que apresentaremos aqui, e que são equivalentes entre si, isto é, se forem aplicados de maneira correta conduzirão sempre à mesma alternativa de ação como sendo a melhor. São eles:

- **Método do Custo Anual Uniforme — CAU;**
- **Método do Valor Atual — VA;**
- **Método da Taxa de Retorno — TIR/TRI.**

Muito embora alguns autores optem por considerar também o *pay-back* (ou tempo de retorno), que consiste em dividir a somatória dos investimentos, custos e despesas pela somatória das receitas auferidas no projeto para saber em quanto tempo se dá o retorno do capital investido, não o faremos aqui. Isto porque, nestes casos, para se obter o *pay-back* considera-se a somatória de valores em datas diferentes; portanto, tal técnica não leva em consideração a regra fundamental da Matemática Financeira e da Engenharia Econômica, que é a questão do dinheiro no tempo.

Existe, entretanto, uma vertente do *pay-back*, conhecida como *pay-back descontado*. Trata-se de uma técnica mais racional e que leva em consideração o dinheiro no tempo. Este será também objeto de discussão deste livro na oportunidade em que tratarmos do Método da Taxa Interna de Retorno.

Todas essas técnicas ou métodos, lembram Hummel e Taschner, compõem a denominada Engenharia Econômica, que considera que qualquer metodologia a ser adotada no processo de análise, necessariamente, deverá incluir:

- valor e época dos pagamentos para cada uma das alternativas;
- taxa de retorno mínima que deve ser obtida com a aplicação do capital disponível em algum lugar;
- prazo durante o qual os efeitos de decisão serão analisados.

A rentabilidade de uma série de pagamentos é dada pela taxa de juros que permitiria ao capital empregado fornecer um certo retorno. Ao analisarmos um possível investimento, devemos considerar que este já deslocou capital passível de ser aplicado em outros investimentos que possibilitariam retornos. Portanto, esse investimento, para tornar-se atrativo, deverá render, no mínimo, a taxa de juros equivalente à rentabilidade das aplicações correntes e de pouco risco, ou seja, deverá ser definida uma taxa de juros suficientemente atrativa para o investimento analisado.

Discutiremos um pouco mais adiante a forma de obtenção de tal taxa, em "A Questão da TMA (Taxa Mínima de Atratividade)". Por ora, passaremos a relembrar de outros importantes conceitos propostos por Hummel e Taschner, que afirmam que a escolha entre alternativas será feita pela comparação dos efeitos que decorreriam da escolha de cada uma delas em separado. Para que essa comparação tenha algum sentido, é necessário que o efeito da decisão, no caso os fluxos de caixa decorrentes de cada alternativa, seja estimado para o mesmo período de tempo, denominado período de análise, o qual transcorre da data de decisão (data 0) até o horizonte de planejamento. Este horizonte de planejamento, por sua vez, é definido pela duração necessária dos serviços pretendidos das alternativas ou pelo limite futuro a partir do qual os erros de previsão se tornariam demasiadamente grandes.

Outro fator importante é o da questão das vidas econômicas referentes às diversas alternativas de ação. Nestes casos, podemos adotar três soluções possíveis:

- É razoável acreditar que todas as alternativas possam repetir-se, com o mesmo fluxo de caixa, indefinidamente. Isso equivale a definir um horizonte de planejamento infinito.
- A afirmação anterior não se aplica, mas é razoável supor a repetição com os mesmos custos até o mínimo múltiplo comum das durações das alternativas, e este passa a ser o horizonte de planejamento.
- Nenhuma das alternativas anteriores é válida. Neste caso, é necessário definir um horizonte de planejamento independente das durações das alternativas e projetar o fluxo de caixa de todas elas para este mesmo período de análise, mesmo que na primeira vida ou em algumas das repetições futuras haja alterações nos valores dos fluxos, ou mesmo truncamento da última vida.

Deve, por fim, ficar claro que as três soluções possíveis, advindas dos Métodos Clássicos, são equivalentes entre si, isto é, se adequadamente aplicadas, levam a soluções idênticas, não em termos de valores, é claro, mas em termos da escolha entre as alternativas.

▪ A questão da TMA (Taxa Mínima de Atratividade)

Se, como afirmarmos, as importâncias monetárias que se encontram em datas diferentes não podem ser somadas, subtraídas ou comparadas, para podermos analisar investimentos teremos que nos valer da Matemática Financeira, a qual, para deslocar o dinheiro no tempo, utiliza como ferramenta a taxa de juros.

Portanto, um fator extremamente importante a ser considerado é que todas as três técnicas, ou métodos clássicos, consideram na análise para a tomada de decisão uma taxa de juros denominada de Taxa Mínima de Atratividade (TMA) ou de Taxa de Expectativa. A taxa que identificaremos como TMA representa o mínimo que um investidor se propõe a ganhar quando faz um investimento, ou o máximo que um tomador de dinheiro se propõe a pagar ao fazer um financiamento. Ela é formada, basicamente, a partir de três componentes, que fazem parte do denominado "cenário administrativo", ou do cenário para tomada de decisão: o custo de oportunidade, o risco do negócio e a liquidez do negócio.

É evidente que, além desses três componentes, estará também ali embutido o perfil do próprio tomador de decisão, do investidor, que poderá ter um perfil mais arrojado ou mais conservador, refletindo-se diretamente na montagem do cenário administrativo e, conseqüentemente, na TMA.

Ainda acerca da composição da TMA, podemos firmar que o denominado **Custo de Oportunidade** é o seu ponto de partida, já que ele representa a remuneração que teríamos pelo nosso capital caso não o aplicássemos em nenhuma das alternativas de ação

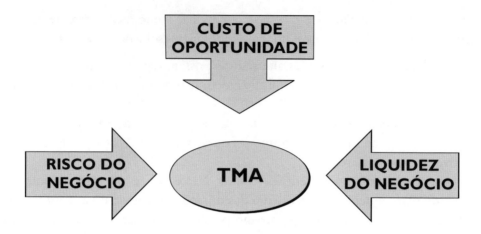

analisadas. Ele pode ser, por exemplo, a remuneração paga pela Caderneta de Poupança, ou por um Fundo de Investimentos, ou pelo ganho que poderemos obter com determinado processo produtivo já existente em nossa empresa, etc. Portanto, em função de onde aplicaríamos nosso dinheiro, se não o colocássemos no novo negócio analisado, começaríamos a montar nossa expectativa de ganho mínimo, ou de pagamento máximo — na hipótese de financiamentos a serem analisados.

O **Risco do Negócio** passa a ser, portanto, o segundo componente da TMA, já que o ganho tem que remunerar o risco inerente à adoção de uma nova ação. Por exemplo, se investirmos nosso dinheiro em uma Caderneta de Poupança, o risco associado será extremamente pequeno, praticamente nenhum, uma vez que no Brasil ela é garantida tanto pelo nosso banco, como pelo Governo Federal. Entretanto, é importante notarmos que sua remuneração é condizente com o risco, ou seja, também pequena. Logo, se resolvermos tirar nosso dinheiro da poupança para aplicá-lo em um negócio produtivo, o ganho deverá ser condizente com os riscos que iremos correr no mercado em que passarmos a operar.

A partir daí, poderemos definir critérios que possam mensurá-lo. Por exemplo, em um segmento de mercado menos concorrido, o risco, provavelmente, será menor. Em um segmento onde dominamos a tecnologia, conhecemos melhor as regras do jogo, possuímos conhecimento dos competidores, provavelmente também o seja. Igualmente, é bastante razoável supor que, nestes casos, a recíproca possa ser considerada verdadeira. Normalmente, mas não obrigatoriamente, poderemos nos valer da máxima de mercado que diz que "quanto maior o risco, maior a remuneração" ou, ainda, que "o ganho é proporcional ao risco".

A terceira componente da TMA é a **Liquidez**, que pode ser descrita como a facilidade, a velocidade com que conseguimos sair de uma posição no mercado para assumir outra. Por exemplo, se tivermos de investir em uma planta específica para aumento da capacidade produtiva de nossa organização, e se por qualquer motivo a demanda que se esperava obter não for alcançada, de tal forma que sejamos forçados a rever nossa posição inicial, é evidente que teremos problemas. Desativar uma planta montada nessas circunstâncias é tarefa das mais difíceis, e é provável que tenhamos de assumir o prejuízo quase que integral de sua desmobilização, sucateando-a, já que por ser uma planta específica ela só servirá à nossa empresa e aos nossos concorrentes diretos. Logo, o ganho associado a tal decisão deverá levar tal fato em consideração.

Todos esses componentes, portanto, fazem parte da **TMA**, que, em função do exposto, **pode ser considerada como pessoal e intransferível**. Este conceito de "pessoal e intransferível" deve ser considerado tanto de investimento para investimento, quanto de pessoa para pessoa, ou seja, o que pode ser considerado como um bom investimento para alguém, ou em um determinado momento, pode não sê-lo para outros, ou em outros. A explicação é simples. Desde o ponto de partida para a formação da TMA — o custo de oportunidade — até a propensão ao risco e mesmo a possibilidade de reversão do investimento a ser feito, ou a facilidade de mudança de posição, cada um é diferente para cada pessoa, para cada investimento e mesmo a cada momento.

Vale frisar que em função disso não existe um algoritmo, uma fórmula matemática, para elaboração da TMA. Por exemplo, se a possibilidade de colocação do dinheiro para uma pessoa é a Caderneta de Poupança, este é o ponto de partida para formação da TMA, enquanto um outro investidor que tenha a possibilidade de colocar seu dinheiro em uma outra aplicação com rendimento maior terá este rendimento como custo de oportunidade, ou ponto de partida, o que provavelmente, embora não obrigatoriamente, irá gerar uma TMA maior. A observação de que a TMA não será **obrigatoriamente maior** está associada aos outros componentes dessa taxa — o risco e a liquidez do negócio —, que poderão inclusive mais que compensar o ponto de partida diferente.

Portanto, o "Cenário Administrativo" do momento da tomada de decisão, onde estarão expressos o cenário econômico presente e futuro; os pontos fortes e fracos de minha organização; a posição de meus produtos no mercado, bem como a posição de meus concorrentes mais diretos; a possibilidade de entrada de novos concorrentes; a posição de meus produtos em seu ciclo de vida, etc. — tudo isso e outras variáveis específicas de cada caso e não expressas aqui — dará o respaldo necessário, servirá como "pano de fundo" para o processo decisório e para a conseqüente obtenção da TMA.

Uma vez definida a TMA, resta-nos organizar o processo de raciocínio associado a cada uma das alternativas de ação que se apresentarem. Essa atividade nos conduzirá à utilização dos Métodos Clássicos de Análise de Investimentos, que se prestam exatamente a este fim.

Entretanto, antes de nos dedicarmos à correta utilização de cada um dos Métodos Clássicos, vale a pena discutir mais uma vez, mesmo que *en passant*, três outros conceitos que poderão se apresentar como dúvidas para o leitor no decorrer deste livro. São eles:

- **O conceito de Taxa de Retorno e de Remuneração de Capital** — Embora já tenha sido citado anteriormente e seja inclusive a denominação de um dos Métodos Clássicos que iremos discutir mais adiante, devemos considerar sempre que o retorno se dá sobre o investimento, assim, a taxa de retorno refletirá o ganho de capital associado a

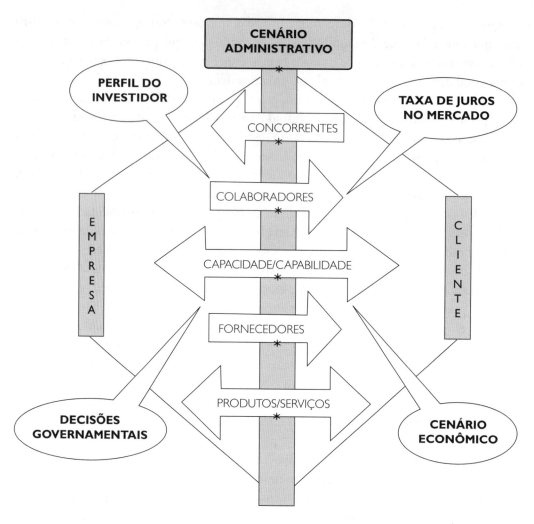

cada alternativa de ação analisada. Portanto, as taxas de retorno, que expressam a remuneração do capital, e a taxa mínima de atratividade (ou de expectativa) poderão ou não ser as mesmas, uma vez que o que o investimento paga pode ou não ser o que gostaríamos de obter como ganho mínimo no negócio que estivermos analisando.

- **O conceito de Recuperação de Capital** — Se todo retorno se dá sobre o investimento, é evidente que para que este retorno exista faz-se necessário que o capital investido seja recuperado. Assim sendo, a recuperação de capital expressa a forma como as entradas de caixa irão ocorrer para que possamos recuperar integralmente, ao longo do tempo, o capital investido e, a partir de então, comecemos a auferir retornos na forma de juros pagos, ou devidos, conforme o caso — investimentos ou empréstimos.
- **Os métodos de análise devem ser dinâmicos** — Eventualmente, pela forma como descrevemos os "Princípios e as Limitações" da Engenharia Econômica, pode ter ficado para o leitor a falsa idéia de que a tomada de decisão é um processo estático, que, uma vez definida a alternativa de ação a adotar, o processo se encerra. Se porventura ficou tal imagem, faz-se necessário ressaltar que toda decisão é um processo e que os

métodos de análise de investimentos devem funcionar como um processo dinâmico. Por exemplo, ao implementarmos determinada decisão em função de uma taxa esperada para determinado investimento em um determinado horizonte de tempo, por exemplo, 5 anos, ele deve ser avaliado período a período, no caso ano a ano, ou mesmo mês a mês, para termos maior certeza de que o projeto atingirá o retorno esperado. Como salientamos, a função controle é um dos alicerces da Administração e é ela a responsável pela retroalimentação do sistema, ou seja, é quem garante que estamos atingindo o patamar esperado.

Em função do exposto até este momento, acreditamos que o leitor já esteja apto a estudar uma a uma a forma como devemos utilizar cada um dos Métodos Clássicos de Análise de Investimentos, que são a base da Engenharia Econômica e que podem ser identificados como: Método do CAU (Custo Anual Uniforme); Método do VA (Valor Atual) e Método da TIR (Taxa Interna de Retorno).

Por fim, cabe relembrar que a Engenharia Econômica se destina a ordenar o processo de raciocínio que nos permita optar pela melhor dentre as várias alternativas de investimentos existentes, portanto, o que é bom ou ruim é o investimento e não o método, logo, qualquer das metodologias adotadas no processo de análise, se for corretamente empregada, nos conduzirá sempre à mesma solução como sendo a melhor. Para que todos os métodos possam ser considerados corretamente aplicados deverão incluir, necessariamente:

- Valor e época dos pagamentos para cada uma das alternativas — aqui expressos pelos fluxos gráficos e algébricos de caixa;
- Taxa de retorno mínima aceitável para cada alternativa — aqui representada pela TMA que deve considerar os aspectos discutidos no capítulo sobre o assunto;
- Prazo durante o qual o efeito das decisões será analisado — considerando-se para tanto as possibilidades discutidas na questão das vidas econômicas.

CAPÍTULO 7

O Método do Custo Anual Uniforme (CAU)

O processo de operacionalização do Método do Custo Anual Uniforme (CAU) consiste em distribuir ao longo da vida útil todos os valores existentes no fluxo de caixa, transformando-os em uma **única Série Uniforme (R)** de pagamentos e/ou recebimentos.

Para que se possam distribuir todos os valores uniformemente ao longo da vida útil, far-se-á uso da TMA (Taxa Mínima de Atratividade) e como resultado, evidentemente desde que estejam envolvidas na análise receitas e despesas, poderemos obter um CAU+ (positivo), um CAU — (negativo) ou um CAU nulo. Em termos de escolha entre alternativas de ação, serão consideradas interessantes as alternativas cujos CAUs sejam positivos ou nulos, sendo tanto mais interessante quanto maior o CAU positivo (+). Isso significa que as receitas são suficientes, ou mais que suficientes, para cobrir as despesas, quando sujeitas àquela taxa de juros, quando estes estão sujeitos àquela TMA.

Nos casos em que os investimentos se tornem obrigatórios, como, por exemplo, quando se fizer necessário substituir parte de um processo existente por exaustão, ou mesmo quando determinado fornecedor romper seu compromisso com a empresa, devendo, dessa forma, ser substituído por outro. Estarão envolvidos na análise apenas custos ou despesas, portanto o resultado do CAU a ser obtido será sempre negativo (–) e, desde que o investimento tenha que obrigatoriamente ser feito, a escolha entre as alternativas de ação deverá recair sobre aquela que apresentar o CAU mais próximo de zero, ou seja, aquela que possuir o menor custo possível.

Portanto, embora a denominação do método seja Custo Anual Uniforme, poderá também ser utilizado para analisar receitas, Custo Anual Uniforme + (positivo), bem como para qualquer outra unidade de tempo, indiferentemente de ser anual, desde que a periodicidade assumida seja sempre uniforme. Dessa forma, obtém-se um custo (ou receita) mensal uniforme, bimestral uniforme, semestral uniforme, conforme o caso, que chamaremos genericamente de CAU.

Outro fator que é extremamente importante deixar registrado é que, no caso do método do Custo Anual Uniforme, a **questão das vidas úteis pode ser considerada como implicitamente solucionada**, desde que nos valhamos para solucionar o problema das vidas úteis diferentes de uma das duas soluções propostas na discussão sobre a questão das vidas úteis — a das vidas perpétuas, ou a do MMC (Mínimo Múltiplo Comum) entre as vidas. Isso ocorre em função de que em todos os casos se espera que os fluxos futuros se repitam de maneira idêntica ao inicial, portanto, ao distribuirmos os valores uniformemente ao longo de cada uma das vidas úteis, o CAU encontrado em cada um dos fluxos seguinte voltará a ter o mesmo valor do fluxo inicial.

Em função do exposto, voltaremos a discutir a questão das vidas úteis quando estivermos trabalhando com o método do Valor Atual — VA. Este, sim, precisa deixar explícita a forma como tratou a questão de vidas úteis diferentes. Quanto ao CAU, considerando o exposto, para demonstrarmos a sistemática de cálculo vamos nos valer do explicitado no exemplo a seguir.

EXEMPLO 23 — Determinada empresa deseja substituir a frota de veículos a serem utilizados para o trabalho de seus vendedores. Em uma reunião com o pessoal de Marketing, ficou definido que o veículo mais apropriado seria um carro popular e que para o serviço a que se prestaria poderia ser utilizado tanto um veículo zero quilômetro, como um com até 5 anos de vida. Estudos preliminares realizados pelo setor operacional determinaram que os custos das manutenções anuais, de acordo com o tempo de vida do veículo, a serem realizadas ao longo do ano e alocadas ao seu final, seriam os expressos na tabela a seguir, bem como a cotação dos veículos, desde que em perfeito estado de conservação.

Final do	Cotação	Custo manutenção
0 km	$15.000,00	0
1 ano	$12.500,00	$2.500,00 / ano
2 anos	$10.200,00	$2.800,00 / ano
3 anos	$8.500,00	$3.500,00 / ano
4 anos	$7.000,00	$3.000,00 / ano
5 anos	$6.200,00	$3.700,00 / ano

Considerando-se que a empresa em questão utiliza para esse tipo de investimentos uma TMA de 10% ao ano, defina qual a melhor dentre as estratégias: comprar um carro "zero" e trocá-lo a cada 2 anos ou comprar um carro com 1 ano de vida e substituí-lo a cada 3 anos?

Para o exemplo proposto, temos duas opções de soluções que podem ser descritas como:

OPÇÃO 1 — COMPRAR UM CARRO "ZERO" E TROCÁ-LO A CADA 2 ANOS

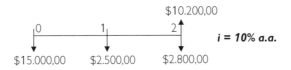

OPÇÃO 2 — COMPRAR UM CARRO COM 1 ANO DE VIDA E TROCÁ-LO A CADA 3 ANOS

Percebe-se claramente pela montagem das representações gráficas dos fluxos de caixa que a comparação pura e simples dos dois fluxos, que representam graficamente as duas alternativas de ação propostas, não pode ser feita de maneira direta, uma vez que estamos aqui tratando de alternativas heterogêneas de ação. Não pelo fato de um carro ser "zero" e o outro usado, pois, conforme nossos pré-requisitos para análise, as duas alternativas são tecnicamente capazes, tanto que a capacitação para o trabalho das opções foi discutida não só com o pessoal de Marketing, mas também com o da área Operacional. Tampouco essa heterogeneidade está associada ao fato de os investimentos iniciais serem diferentes, pois, se estamos analisando a possibilidade de comprarmos um carro "zero", é porque temos, pelo menos, os $15.000,00 necessários à sua aquisição na data "0" e o dinheiro dos custos de manutenção como capital disponível.

Na verdade, o que transforma as duas alternativas de ação em heterogêneas é o fato de que com a Opção 1 nossos vendedores poderão trabalhar com o carro pelo período de 2 anos, enquanto a Opção 2 supre tais necessidades pelo período de 3 anos. Esta questão das diferenças entre as vidas úteis, pelo Método do CAU, como afirmamos, fica solucionada de maneira implícita, pois encontraremos aqui o custo necessário para utilizarmos as opções 1 e 2 por ano, e, uma vez encontrados os valores, assumiremos que eles se repetirão de maneira idêntica por tanto tempo quanto nos dispusermos a manter aquela estrutura em funcionamento. Aí, portanto, poderão ser comparados. A estrutura dos cálculos para obtenção do CAU de cada alternativa ficará da seguinte forma:

$$CAU_{(Opção\ 1)} = -\$2.500,00 - \$15.000,00\ (P \rightarrow R)^2_{10\%} + \$9.900,00\ (S \rightarrow R)^2_{10\%}$$

$$CAU_{(Opção\ 1)} = -\$2.500,00 - \$8.642,86 + \$4.714,29 \quad \longleftarrow \quad \boxed{-\$6.428,57}$$

Na montagem do fluxo algébrico da Opção 1 consideramos que –$2.500,00 já se caracterizam como um CAU, pois se repete nominalmente desde o período de ordem 1 até o período de ordem "n" (data 2). Na seqüência distribuímos os –$15.000,00 referentes à compra do carro "zero" a partir da data "0" dentre os 2 períodos da vida útil e, por fim, distribuímos os +$9.900,00 (obtidos pela diferença entre os +$10.200,00 referentes à venda do automóvel com 2 anos de uso e os –$300,00 referentes à diferença entre os –$2.800,00 dos custos anuais de manutenção e os –$2.500,00 que assumimos que já se configuram como um CAU). Por analogia, montaremos a Opção 2 assumindo que –$2.800,00 já se configuram como um CAU e distribuindo os demais valores. Acompanhe:

$$CAU_{(Opção\ 2)} = -2.800,00 - [700,00\ (S \to P)^2_{10\%} + 12.500,00]\ (P \to R)^3_{10\%} + 6.800,00(S \to R)^3_{10\%}$$

$$CAU_{(Opção\ 2)} = -2.800,00 - [\ 578,51 + 12.500,00\ ]\ (P \to R)^3_{10\%} + 2.054,38$$

$$CAU_{(Opção\ 2)} = -2.800,00 - 5.259,06 + 2.054,38 \longleftarrow \boxed{-\$6.004,68}$$

Os resultados demonstram que se tivermos o equivalente a –$6.428,57 por ano (o sinal negativo identifica que estamos tratando de um custo), teremos dinheiro suficiente para mantermos a estrutura de comprar um carro "zero", pagarmos seus custos de manutenção no final do 1º ano de uso, pagarmos seus custos de manutenção no final do 2º ano de uso e vendê-lo ao preço de mercado naquela oportunidade, para então comprarmos novamente um carro "zero", pagarmos seus custos de manutenção por 2 anos, vendê-lo pelos mesmos valores do fluxo inicial, e novamente comprarmos um carro "zero", pagarmos seus custos de manutenção... E assim sucessivamente, por quanto tempo desejarmos.

Por sua vez, com o equivalente a –$6.004,68 por ano (novamente, o sinal negativo identifica que estamos tratando de um custo), teremos dinheiro suficiente para mantermos a estrutura de comprar um carro com 1 ano de uso, pagarmos seus custos de manutenção no final do 1º ano de uso, pagarmos seus custos de manutenção no final do 2º ano de uso, pagarmos sua manutenção no 3º ano de uso e vendê-lo ao preço de mercado naquela oportunidade, para então comprarmos novamente um carro com 1 ano de uso, pagarmos seus custos de manutenção durante os 3 anos em que estivermos de posse dele, vendê-lo a preço de mercado, tudo considerando-se os mesmos valores do fluxo inicial, e novamente comprarmos um carro com 1 ano, pagarmos seus custos de manutenção... E assim sucessivamente, por quanto tempo desejarmos.

Ora, se em ambas as alternativas de ação teremos possibilidade de atender às necessidades de transporte do corpo de vendas e se com a Opção 1 (carro "zero") temos um custo de **–$6.428,57 por ano**, contra um custo de **–$6.004,68 por ano** com a Opção 2 (comprar um carro com 1 ano de uso), sempre considerando que cada uma das estruturas poderá se manter com tais valores por quanto tempo desejarmos, é evidente que a solução deverá recair sobre a Opção 2 (comprar um carro com 1 ano de uso e trocá-lo a cada 3 anos, que possui um custo anual menor).

Note que nosso padrão de análise se estabeleceu em função de quanto se gasta por ano para se manter cada uma das estruturas em funcionamento, por quanto tempo desejarmos, considerando-se, portanto, a possibilidade de que investimentos idênticos ao inicial se repetirão quantas vezes julgarmos necessárias. E é só em função disso que pudemos fazer a escolha, optando pelo menor custo anual. Imaginem para estes mesmos dados a situação do exemplo a seguir.

EXEMPLO 24 — Se, ao analisarmos os resultados alcançados com o pessoal de Marketing, essa equipe indagasse se, em função da proximidade entre os custos das duas opções, não haveria possibilidade de comprarmos um carro "zero", mesmo que para isto não o vendêssemos com apenas 2 anos de uso, ou seja, mesmo que os vendedores tivessem de ficar com o mesmo carro por um período maior, então, para a solução desse problema, devemos considerar as seguintes opções: comprar um carro "zero" e trocá-lo a cada 1-2 anos (que já calculamos), 3 anos, 4 anos e, finalmente, 5 anos. A Opção 1 corresponde a trocar o carro a cada 2 anos de uso, enquanto as demais soluções podem ser descritas da seguinte forma:

OPÇÃO 2 — COMPRAR UM CARRO "ZERO" E TROCÁ-LO A CADA 1 ANO

$$CAU_{(Opção\ 1)} = -2.500,00 - 15.000,00\ (P \rightarrow R)^1_{10\%} + 12.500,00\ (S \rightarrow R)^1_{10\%}$$

CAU = –$6.500,00

OPÇÃO 3 — COMPRAR UM CARRO "ZERO" E TROCÁ-LO A CADA 3 ANOS

$$CAU_{(Opção\ 3)} = -2.500,00 - [15.000,00 + 300,00(S \rightarrow P)^2_{10\%}](P \rightarrow R)^3_{10\%} +$$
$$+ 12.500,00(S \rightarrow R)^3_{10\%}$$

CAU = –$6.365,56

OPÇÃO 4 — COMPRAR UM CARRO "ZERO" E TROCÁ-LO A CADA 4 ANOS

Nos fluxos algébricos até aqui montados para as opções 1, 2 e 3, bem como na opção de comprar um carro com 1 ano de uso, partimos do princípio de que determinada quantidade de dinheiro já se configurava como um CAU, uma importância monetária que se repetia nominalmente igual desde o período de ordem 1 até o período de ordem n (–$2.500,00 nas opções do carro "zero" e –$2.800,00 na opção do carro usado) e, a partir daí, distribuímos os valores referentes aos investimentos iniciais e os referentes às vendas dos veículos, bem como as demais importâncias pela diferença entre o CAU (–$2.500,00 e –$2.800,00) e os valores existentes em cada data. Na montagem da Opção 4, vamos primeiramente levar todos os valores até a data "0" e na Opção 5 até a data n (5º ano), para depois distribuí-los.

$$CAU_{(Opção\ 4)} = -[15.000,00 + 2.500,00(S \to P)^1_{10\%} + 2.800,00(S \to P)^2_{10\%} +$$
$$+ 3.500,00(S \to P)^3_{10\%} + -4.000,00\ (S \to P)^4_{10\%}\ ]\ (P \to R)^4_{10\%} \Rightarrow$$

$$\Rightarrow CAU_{(4)} = -\$19.484,32\ (P \to R)^4_{10\%} \quad \boxed{CAU = -\$6.146,73}$$

Esta montagem da Opção 4, bem como a da Opção 5, tem o objetivo de demonstrar que para se chegar ao valor do CAU basta distribuir uniformemente todos os valores existentes no fluxo de caixa desde o período 1 até o período de ordem n, havendo, para isso, muitas possibilidades de cálculo, desde que o ponto de partida dos valores desiguais seja uma das duas pontas do fluxo, "0" ou n.

OPÇÃO 5 — COMPRAR UM CARRO "ZERO" E TROCÁ-LO A CADA 5 ANOS

$$CAU_{(Opção\ 5)} = -[15.000,00(P \to S)^5_{10\%} + 2.500,00(P \to S)^4_{10\%} + 2.800,00(P \to S)^3_{10\%} +$$
$$+3.500,00\ (P \to S)^2_{10\%} + 3.000,00\ (P \to S)^1_{10\%} - 2.500,00\ ]\ (S \to R)^5_{10\%}$$

Considerando-se, para tanto, uma TMA de 10% ao ano, teremos que:

$$CAU_{(Opção\ 5)} = -\$36.759,70\ (S \rightarrow R)_{10\%}^{5} \quad \longleftarrow \boxed{CAU = -\$5.991,66}$$

Portanto, a melhor alternativa de ação economicamente continua sendo comprar um carro com 1 ano de vida e trocá-lo a cada 3 anos, claro que se considerando contra essa opção apenas a de comprar um carro "zero", uma vez que o CAU da **opção de comprar o carro usado** é equivalente a –$6.004,68 por ano, contra um CAU de –$5.991,66 conseguido com a **opção de comprar um carro "zero" e trocá-lo a cada 5 anos** (as demais opções para o carro novo montaram um CAU de – $6.500,00 por ano para trocá-lo a cada ano; –$6.428,57 por ano para trocá-lo a cada 2 anos; –$6.365,56 por ano para a opção de trocar a cada 3 anos e –$6.146,73 para trocá-lo a cada 4 anos).

É evidente que podemos transferir a decisão, até mesmo pela pequena distância entre as duas alternativas mais econômicas, para o campo qualitativo, porém, decidindo economicamente, a melhor opção para os veículos destinados ao corpo de vendas é a de comprar um carro com 1 ano de uso e trocá-lo a cada 3 anos, em função de ter um menor custo anual e, finalmente, lembrando mais uma vez: a periodicidade dos valores poderia ser qualquer outra além da anual (mensal, bimestral, semestral, etc.).

Uma última observação importante a ser registrada é a de que, se em nosso processo de decisão tivéssemos receitas incluídas nas opções a serem estudadas, deveríamos optar por aquela que nos levasse ao maior CAU positivo — se houvesse —, caso contrário, nas situações em que estão incluídas receitas, se todas as alternativas nos levassem a CAUs negativos, deveríamos descartá-las e sair em busca de outra alternativa, ou outras, que nos conduzisse à situação de receitas excedendo aos custos, que resultariam em CAU positivo (+), sempre considerando a nossa TMA.

▪ Exercícios de aplicação

71. Os gastos anuais para operação e manutenção de certo tipo de caminhão são de $6.000,00 para o primeiro ano e, sob certas condições específicas de operação que existem para esta empresa, sofrem um acréscimo de $1.000,00 por ano nos primeiros 5 anos de operação. O custo inicial do caminhão é de $80.000,00. O valor de revenda estimado para o veículo após 4 anos de uso será de $40.000,00 e, após 5 anos, de $32.000,00. Considerando-se uma TMA de 20% ao ano, decida, pelo método do CAU, qual será a melhor opção: manter o caminhão por 4 ou por 5 anos?

72. Suponha que uma empresa, cuja Taxa de Expectativa (ou TMA) seja de 25% ao ano, esteja pensando em adquirir uma nova loja para vender seus produtos. Existem dois locais prováveis: Região Central e Multishop. Os custos e receitas associados a cada uma das alternativas podem ser descritos da seguinte forma:

Local	Região Central	Multishop
Investimento	$250.000,00	$180.000,00
Vida útil	10 anos	10 anos
Valor residual e de mercado	$100.000,00	$20.000,00
Receitas anuais	$200.000,00	$230.000,00
Custos operacionais anuais	$160.000,00	$180.000,00

Considerando-se os dados propostos, responda:
a) Qual o CAU de cada alternativa?
b) Qual dos dois locais é o melhor?
c) O investimento deverá ser feito neste local? Justifique.

73. Uma empresa do ramo alimentício, querendo substituir seu sistema de seleção e processamento de frutas, defronta-se com as seguintes opções:

Estrutura	X	Y
Custo inicial dos equipamentos	$450.000,00	$350.000,00
Vida útil	20 anos	10 anos
Valor de revenda no final da vida útil	$50.000,00	$40.000,00
Despesas anuais de conservação	$5.000,00	$10.000,00

Considerando-se que a taxa de juros pretendida pela empresa seja de 10% ao ano, qual a melhor alternativa pelo método do CAU?

74. Uma fábrica necessita aumentar suas instalações e estuda as duas alternativas abaixo. Considerando-se ser de 20% ao ano a TMA, qual a melhor alternativa?
Galpão em concreto armado ao preço de $50.000,00 e com vida útil de 40 anos. A sua demolição custará $12.940,00 e o custo anual de manutenção será de $1.500,00.
Galpão em alvenaria ao preço de $40.000,00 com vida útil de 20 anos e um valor residual de $10.000,00. O custo anual de manutenção será de $3.000,00.

75. Os gastos anuais para operação e manutenção de certo processo produtivo são de $56.000,00 para o primeiro ano; sob certas condições específicas de operação que existem para esta empresa, sofrerão um acréscimo de $8.000,00 por ano nos primeiros 6 anos de operação. O custo inicial é de $800.000,00. Seu valor de mercado estimado após 5 anos será de $420.000,00 e, após 6 anos, de $357.000,00. Sendo a taxa de juros de 20% ao ano, compare os custos anuais para o processo, sendo vendido após 5 anos e após 6 anos de uso.

76. Uma empresa está pensando em produzir um novo artigo, cuja demanda está estimada em apenas 6 anos. Espera-se que o custo de introdução do produto seja de $100.000,00. Qual o equivalente a essa despesa inicial, em termos de série uniforme de custos de fim de ano, se a taxa de juros é de 15% ao ano?

77. Um automóvel novo da marca X custa $18.495,00 apresentando as cotações de mercado a seguir relacionadas. São fornecidas também as despesas prováveis, desde que em bom estado de conservação, que variam conforme o ano de fabricação do veículo:

Ano	Cotação	Despesas ao final do ano
0	$18.495,00	–
1	$15.250,00	$1.500,00
2	$10.000,00	$2.000,00
3	$9.150,00	$2.500,00
4	$8.225,00	$3.000,00
5	$7.700,00	$3.500,00

Uma pessoa costuma comprar um carro novo e trocá-lo a cada 2 anos, outra costuma trocá-lo de 3 em 3 anos. Sendo a taxa de 20% ao ano, pergunta-se: a) Quem tem menor despesa anual com o carro? b) Com que intervalo deveria ser trocado o carro "zero" quilômetro para se obter o CAU mínimo?

78. Com base nos dados do Exercício 77, como ficariam os custos anuais uniformes para as opções de comprar um carro seminovo, com 1 ano de uso, e trocá-lo todos os anos por outro igual? E este carro seminovo sendo trocado a cada 2 anos? O tempo de uso seria o equivalente ao de comprar um carro "zero" e trocá-lo a cada 2 anos e a cada 3 anos do exercício anterior. Seus custos compensariam?

79. Como administrador de uma indústria, você se deparou com o seguinte problema:
1. Aumentar a produção anual em 40% com um investimento de $480.000,00 em um **novo equipamento**, que possui vida útil de 10 anos, valor de revenda de $80.000,00 ao final da vida útil e com gastos de manutenção de $35.000,00 por ano.
2. Aumentar a produção em 25% com a aquisição de um **equipamento usado**, que custa $120.000,00 e tem vida estimada de 5 anos, ao final dos quais não haverá valor de revenda, mas cuja manutenção será de $45.000,00.
Sabendo-se que:

- o capital disponível hoje para a compra é de $600.000,00;
- a indústria possui reserva de mercado para 40 anos;
- a produção atual é de 500.000 unidades por ano;
- cada unidade é vendida com margem de lucro de $1,70;
- a taxa mínima de atratividade é de 25% ao ano;
- a empresa pode gastar anualmente até $150.000,00 com manutenção;
- o excedente de capital pode ser investido à mesma TMA.

Pergunta-se:
a) Qual equipamento possui menor CAU, não considerando a receita?
b) Considerando-se o percentual de aumento da produção proporcionado por tipo de equipamento em comparação com o seu custo, qual a melhor escolha?
c) Das combinações possíveis de equipamentos, qual delas proporciona maior lucro? (Respeitando-se as limitações de capital disponível e de gastos de manutenção.)

80. Uma empresa, cuja Taxa de Expectativa é de 15% ao ano, está pensando em adquirir uma nova loja para vender seus produtos. Existem dois locais possíveis:

Local	X	Y
Investimento inicial	$350.000,00	$450.000,00
Vida útil	30 anos	30 anos
Valor residual e de mercado	$100.000,00	$350.000,00
Receitas anuais	$400.000,00	$600.000,00
Custos anuais	$330.000,00	$520.000,00

Pergunta-se:

a) Qual é o CAU de cada local?
b) Qual é a melhor alternativa?
c) O investimento deve ser aprovado?

CAPÍTULO 8

Método do Valor Atual (VA) ou Valor Presente Líquido (VPL)

O Método do Valor Atual (VA) permite que conheçamos as nossas necessidades de caixa, ou os ganhos de certo projeto, em termos de dinheiro de hoje. Isso porque normalmente se considera a somatória na data 0 dos valores existentes no fluxo de caixa como o seu Valor Atual, ou Valor Presente Líquido (VPL), isto é, a somatória dos valores existentes no fluxo de caixa já descontados os juros embutidos em cada um dos valores existentes nas demais datas do fluxo. Portanto, consideraremos a data 0 do fluxo de caixa como a data atual — o momento da tomada da decisão — e para o método de análise que passaremos a discutir utilizaremos a denominação de Método do Valor Atual (VA).

Na verdade, a característica essencial deste método é a análise das alternativas de ação existentes, considerando-se para efeito de comparação um valor único colocado em uma data arbitrária, normalmente a data 0, como o Valor Presente (P) equivalente a cada um dos fluxos de caixa representativos de cada uma das opções. Se considerarmos, como de fato ocorre, que os valores entram e saem dos fluxos de caixa nas mais diversas datas, em função de cada negócio específico, novamente estaremos tratando aqui da necessidade do deslocamento do dinheiro no tempo — no caso, para a data 0 do fluxo.

Portanto, para podermos proceder à somatória dos diversos fluxos na data 0, teremos que deslocar o dinheiro no tempo, sendo que para isso, novamente, faremos uso da TMA. Assim como já demonstramos no Método do CAU, também pelo Método do VA poderemos obter como resultado da somatória desses fluxos um VA positivo (+), um VA negativo (–) ou um VA "nulo" (0), evidentemente que desde que tenhamos envolvidas no negócio receitas e despesas, entradas (+) e saídas (–) de caixa.

Em termos de análise serão consideradas interessantes as alternativas de ação cujos Valores Atuais sejam positivos ou nulos, sendo tanto mais interessante quanto maior for o VA positivo. Isso porque esse valor positivo representará a quantidade de dinheiro que teremos ganho, em dinheiro de hoje, além da expectativa. Um resultado de VA negativo para um fluxo de caixa que tenha receitas e despesas envolvidas significará que aquele negócio possui uma remuneração aquém da expectativa, ou, ainda, que aquele negócio paga aquela quantidade de dinheiro, em dinheiro de hoje, a menos do que gostaríamos, enquanto um resultado nulo para a somatória dos valores na data 0 demonstrará que aquele investimento paga exatamente a TMA, portanto, também poderá ser considerado um investimento interessante.

É evidente que se utilizarmos este método para analisarmos projetos que envolvam apenas custos, o que normalmente ocorre em função da obrigatoriedade de sua implantação, ou mesmo em função de que as receitas para todas as alternativas de ação sejam exatamente as mesmas — não influenciando, dessa forma, a escolha do melhor investimento —, as alternativas de ação que nos interessarão serão aquelas que nos levarem mais próximo de um custo zero. Em termos de cálculos, deveremos proceder como demonstraremos a seguir.

EXEMPLO 25 — Suponha que uma empresa que possua uma Taxa de Expectativa (TMA) de 5% ao mês esteja pensando em abrir uma loja para venda direta de seus produtos aos consumidores, e que para esse fim existam duas oportunidades — abrir uma loja na rua ou uma loja no *shopping* e que, para tanto, levantou as variáveis envolvidas com cada uma das opções cujos custos e receitas associados podem ser expressos conforme seguem:

Itens	Loja de rua	Loja de shopping
Investimentos iniciais	$230.000,00	$270.000,00
Tempo de utilização	5 anos	5 anos
Valor residual e de mercado	$50.000,00	$130.000,00
Receitas mensais	$35.000,00	$50.000,00
Custos mensais	$24.000,00	$36.000,00

Para o exemplo proposto, temos duas opções de solução que podem ser descritas como:

OPÇÃO 1 — ABRIR LOJA DE RUA

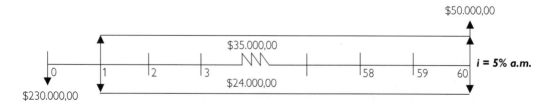

OPÇÃO 2 — ABRIR LOJA DE SHOPPING

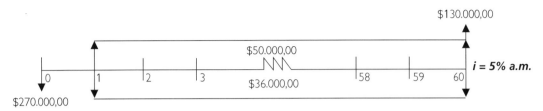

Como afirmamos, pelo Método do VA teremos que deslocar todos os valores envolvidos no fluxo de caixa para a data 0 fazendo uso da TMA, o que significa, na prática, extrair dos valores que não se encontram na data 0 os juros neles embutidos. Por exemplo, o valor de $130.000,00 referente ao Valor Residual (**que por enquanto estamos considerando como o valor de venda do bem ao final da vida útil**), na data 0, corresponde a 130.000,00 $(S \rightarrow P)^{60}_{5\%}$ que será o equivalente a +$6.959,62. Assim sendo, o Valor Atual das duas opções existentes **para a TMA de 5% ao mês** será:

$$VA_{(Loja\ de\ Rua)} = -230.000,00 + 11.000,00\ (R \rightarrow P)^{60}_{5\%} + 50.000,00\ (S \rightarrow P)^{60}_{5\%}$$

$$VA_{(Loja\ de\ Rua)} = -230.000,00 + 208.222,18 + 2.676.78 \quad \longleftarrow \boxed{-\$19.101,04}$$

$$VA_{(Loja\ de\ Shopping)} = -270.000,00 + 14.000,00\ (R \rightarrow P)^{60}_{5\%} + 130.000,00\ (S \rightarrow P)^{60}_{5\%}$$

$$VA_{(Loja\ de\ Shopping)} = -270.000,00 + 265.010,05 + 6.959,61 \quad \longleftarrow \boxed{+\$1.969,67}$$

Os resultados de VAs obtidos de **–$19.101,04 para a Loja de Rua** e **+ $1.969,67 para a Loja de Shopping** representam, na prática, que, embora se obtenha lucro com a "Loja de Rua", ela não oferece aos investidores a remuneração mínima aceitável — a TMA, ou seja, ela oferece um ganho de (–) **$19.101,04** em dinheiro de hoje, em dinheiro da data 0, **aquém da expectativa — o sinal negativo significa que os custos suplantaram as receitas em $19.101,04 quando sujeitos à TMA da empresa, que é de 5% ao mês**, não se configurando um investimento interessante. Por sua vez, a "Loja de Shopping" oferece uma remuneração em dinheiro de hoje, da data 0, de (+) **$1.969,67 além da expectativa — o sinal positivo significa que as receitas suplantaram os custos em $1.969,67 quando sujeitos à TMA da empresa, que é de 5% ao mês, ou ainda que este investimento paga além dos 5% ao mês desejados mais $1.969,67 em dinheiro de hoje**, configurando-se um investimento interessante, que poderá ser aceito.

Vale ressaltar que, se tivéssemos utilizado na análise o Método do CAU, teríamos chegado à mesma conclusão encontrada — um CAU negativo para a "Loja de Rua" e um CAU positivo para a "Loja de Shopping". Assim, podemos apontar como sendo a grande vantagem do Método do VA a sensibilidade para a análise dos valores envolvidos com cada uma das alternativas de ação, já que os resultados obtidos são em dinheiro de hoje, portanto, muito mais próximos da realidade do tomador de decisão. Isso permite que desdobremos nossa análise. Para o Exemplo 25, poderíamos imaginar a situação do exemplo a seguir.

EXEMPLO 26 — Admitamos que a empresa do **Exemplo 25** tenha chegado aos valores de Investimentos Iniciais desembolsados à vista, na data 0 de cada uma das duas alternativas analisadas, pela somatória dos valores envolvidos com o pagamento do ponto comercial, da reforma da loja, das instalações necessárias a seu funcionamento, etc., e resolva que se obtivesse o ganho mínimo aceitável para a empresa — 5% ao mês —, abriria também a Loja de Rua. Em função disso, resolveu indicá-lo para discutir com os atuais proprietários do ponto a viabilização do negócio. Responda:

a) Considerando-se as mesmas taxa e valores da opção inicialmente analisada, de quanto teria que ser o pagamento máximo a ser feito na data 0 pela empresa, a título de luvas e demais itens de custos que compõem o Investimento Inicial, de tal forma a viabilizar também a alternativa de abrir a "Loja de Rua"?
b) Se os investimentos realmente fossem excludentes, de quanto teria que ser o desconto obtido na Opção 1 para que ela seja equivalente à Opção de abrir uma "Loja no Shopping", considerando-se que as demais variáveis não se alterem?

Note que, como trabalhamos no momento da análise com o Método do VA, já sabemos que essa Opção 1 paga –$19.101,04, estando aquém da expectativa. Portanto, para viabilizar o negócio teríamos de conseguir esse valor a título de desconto, fazendo com que o investimento inicial máximo na "Loja de Rua", que assim como o VA da opção analisada também ocorre na data 0, seja de:

a) Investimento inicial máximo para que a "Opção 1" se torne interessante

$230.000,00 – $19.101,04 ← $210.898,96

*Indica que com um investimento inicial de **$210.898,96** a "Opção 1" passa a pagar exatamente a TMA de 5% ao mês!*

$$VA_{(Loja\ de\ Rua)} = -210.898,96 + 11.000,00\ (R \to P)_{5\%}^{60} + 50.000,00\ (S \to P)_{5\%}^{60}$$

$$VA_{(Loja\ de\ Rua)} = -210.898,96 + 208.222,18 + 2.676,78 \qquad \boxed{VA = 0}$$

b) Investimento inicial máximo para que as "Opções 1 e 2" se tornem indiferentes

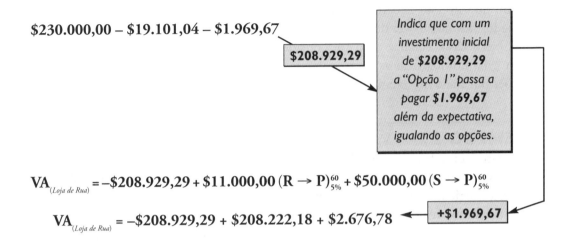

$$VA_{(Loja\ de\ Rua)} = -\$208.929,29 + \$11.000,00\ (R \to P)_{5\%}^{60} + \$50.000,00\ (S \to P)_{5\%}^{60}$$

$$VA_{(Loja\ de\ Rua)} = -\$208.929,29 + \$208.222,18 + \$2.676,78 \quad \leftarrow\ +\$1.969,67$$

▪ Método do Valor Atual para alternativas de ação com vidas úteis economicamente diferentes

Diferentemente do Método do CAU, em que afirmamos que a questão das vidas úteis se encontrava solucionada de maneira implícita na análise, ou seja, **"que os resultados obtidos a título de CAU se repetiriam por quanto tempo desejássemos"**, logo, se admitirmos que todas as alternativas irão operar por um tempo de vida idêntico, para todos os casos, a questão das vidas passaria a estar solucionada, no caso do **Método do Valor Atual (VA)**, esta questão da **homogeneidade das vidas úteis** das diversas alternativas de ação deve ser tratada antes de iniciarmos a análise, ou seja, **deve-se fazer presente de maneira explícita**. Para tanto, existem basicamente duas técnicas que poderão ser utilizadas: a do MMC e a da Capitalização Infinita.

▪ A Técnica do MMC (Mínimo Múltiplo Comum)

Ao utilizarmos a técnica do MMC (Mínimo Múltiplo Comum) para análise de alternativas de ação que possuam vidas úteis diferentes, estamos considerando que todos os valores correspondentes ao primeiro fluxo de caixa de todos os investimentos se repetirão, de maneira idêntica, tantas vezes quantas forem necessárias para cobrir um tempo de vida comum dentre todas as alternativas e que esse tempo será igual ao MMC dos tempos referentes às vidas úteis de cada alternativa.

Para operacionalizarmos essa técnica, devemos encontrar o MMC entre os tempos de vida das alternativas em questão e, como salientamos, considerar a repetição do investimento integralmente, de maneira idêntica, ao longo do tempo referente ao MMC das vidas. Ou seja, imagine que para o Exemplo 23 — no qual utilizamos o Método do CAU ao decidirmos sobre a melhor alternativa para aquisição dos carros destinados aos nossos vendedores —, quiséssemos trabalhar com o Método do Valor Atual. Neste caso, a análise teria que considerar, *a priori*, algumas questões com o intuito de tornar homogêneas as alternativas de ação propostas. Vamos discutir estas considerações por meio do Exemplo 27.

EXEMPLO 27 — Vejamos a situação do Exemplo 23: "Determinada empresa deseja substituir a frota de veículos a serem utilizados para o trabalho de seus vendedores. Em uma reunião com o pessoal de Marketing ficou definido que o veículo mais apropriado seria um carro popular e que para o serviço a que se prestaria poderia ser utilizado tanto um veículo zero quilômetro, como um com até 5 anos de vida. Estudos preliminares realizados pelo setor Operacional determinaram que os custos das manutenções anuais, de acordo com o tempo de vida do veículo, a serem realizadas ao longo do ano e alocadas ao final de cada ano, são os expressos na tabela a seguir, bem como a cotação dos veículos, desde que em perfeito estado de conservação."

Final do	Cotação	Custo manutenção
0 km	$15.000,00	0
1 ano	$12.500,00	$2.500,00 / ano
2 anos	$10.200,00	$2.800,00 / ano
3 anos	$8.500,00	$3.500,00 / ano
4 anos	$7.000,00	$3.000,00 / ano
5 anos	$6.200,00	$3.700,00 / ano

Imagine, agora, que quiséssemos decidir pelo Método do VA acerca de qual seria a melhor opção dentre as duas propostas, a de "comprar um carro 'zero' e trocá-lo a cada 2 anos" e a de "comprar um carro com 1 ano de vida e substituí-lo a cada 3 anos", considerando-se para tanto a mesma TMA de 10% ao ano. Como deveríamos proceder?

Note que a análise prevê tempos de vida diferentes para cada uma das alternativas de ação ali apresentadas, portanto, não poderíamos simplesmente deslocar os valores existentes no fluxo de caixa de cada alternativa diretamente para a data 0 e lá procedermos à comparação dos valores, pois com isso estaríamos analisando alternativas heterogêneas, contrapondo-nos a um dos principais princípios da Engenharia Econômica.

Isto é facilmente perceptível. Verifique que uma das opções era a de se trabalhar com o carro por 2 anos, enquanto a outra era a de comprar um carro com 1 ano de vida e trabalhar com ele por mais 3 anos antes de vendê-lo. Ora, é evidente que uma vez esgotada a vida útil da primeira alternativa, a segunda ainda continuaria possibilitando aos vendedores trabalharem com o carro fornecido pela empresa por mais 1 ano, logo, se encontrássemos o VA, diretamente, de cada uma das alternativas de ação obteríamos:

OPÇÃO 1 — COMPRAR UM CARRO "ZERO" E TROCÁ-LO A CADA 2 ANOS

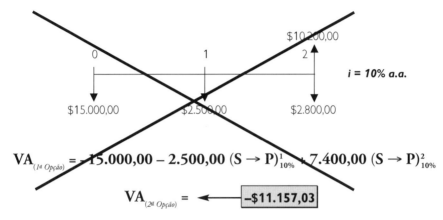

$$VA_{(1^a\,Opção)} = -15.000,00 - 2.500,00\,(S \to P)^1_{10\%} + 7.400,00\,(S \to P)^2_{10\%}$$

$$VA_{(2^a\,Opção)} = \boxed{-\$11.157,03}$$

OPÇÃO 2 — COMPRAR UM CARRO COM 1 ANO E TROCÁ-LO A CADA 3 ANOS

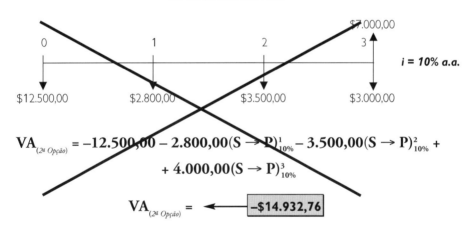

$$VA_{(2^a\,Opção)} = -12.500,00 - 2.800,00(S \to P)^1_{10\%} - 3.500,00(S \to P)^2_{10\%} +$$
$$+ 4.000,00(S \to P)^3_{10\%}$$

$$VA_{(2^a\,Opção)} = \boxed{-\$14.932,76}$$

Riscamos os cálculos aqui elaborados pois, embora a Opção 1 apresente um VA de custo menor que o da Opção 2 (–$11.157,03 contra –$14.932,76), **a forma de análise não permite a escolha da alternativa**, uma vez que, como salientamos, a partir do final do 2º ano a Opção 2 continuará em uso, enquanto a Opção 1 deixará de prestar os serviços necessários. Isso torna ambas as opções **Heterogêneas e, portanto, não comparáveis**.

É importante lembrar ainda que, na solução apresentada para o caso no Método do CAU, a melhor das alternativas era exatamente a outra (Opção 2) — a compra de um carro com 1 ano de uso para a venda depois de 3 anos — e, se os métodos não modificam a qualidade do investimento, pois o que é bom ou ruim é o investimento, evidentemente que a solução apresentada não está correta.

A maneira de resolvermos o problema é deixar explícito o tratamento que daremos às vidas úteis em questão, no caso 2 e 3 anos para opções 1 e 2, respectivamente, que com a utilização da técnica do MMC deverá cobrir um tempo de vida comum de 6 anos, ou seja, a Opção 1 deverá se repetir de maneira idêntica por três vezes consecutivas (três investimentos de 2 anos), enquanto a Opção 2 deverá se repetir de maneira idêntica por duas vezes consecutivas para cobrir o tempo de vida comum igual a 6 anos, que é o MMC das vidas (duas vezes 3 anos), ficando sua representação gráfica do fluxo de caixa da seguinte forma:

OPÇÃO 1 — COMPRAR UM CARRO "ZERO" E TROCÁ-LO A CADA 2 ANOS

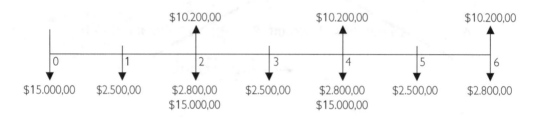

Em termos de cálculo, basta deslocarmos todos os valores existentes nesse "novo fluxo", pela TMA, para a data 0 e lá procedermos à sua somatória que obedeceria à seguinte representação "algébrica":

$$VA_{(1^a\,Opção)} = -\$15.000,00 - \$2.500,00(S \to P)^1_{10\%} - \$7.600,00(S \to P)^2_{10\%} +$$

$$-\$2.500,00(S \to P)^3_{10\%} - \$7.600,00(S \to P)^4_{10\%} - \$2.500,00(S \to P)^5_{10\%} +$$

$$+ \$7.400,00(S \to P)^6_{10\%}$$

$$VA_{(1^a\,Opção)} = -\$15.000,00 - \$2.272,73 - \$6.280,99 - \$1.878,28 - \$5.190,90 +$$

$$- \$1.552,30 + \$4.177,10 \;\longleftarrow\; \boxed{-\$27.998,09}$$

O resultado obtido para o VA da **1ª Opção, de –$27.998,10**, indica que para que possamos manter em funcionamento a alternativa de comprar um carro "zero" e trocá-lo a cada 2 anos, por um período de 6 anos ininterruptos, são necessários em dinheiro de hoje, em dinheiro da data 0, –$27.998,10. Esse resultado, quando comparado ao dinheiro gasto com a "2ª Opção" para operar este mesmo horizonte de tempo, poderá indicar-nos a melhor alternativa de ação, uma vez que ambas passarão a cobrir um mesmo tempo de vida útil, um mesmo tempo de serviço. Vamos ao VA da "2ª Opção":

OPÇÃO 2 — COMPRAR UM CARRO COM 1 ANO E TROCÁ-LO A CADA 3 ANOS

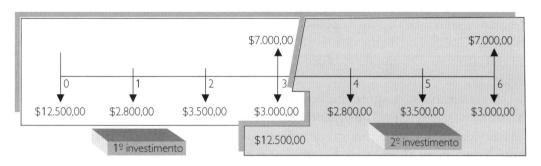

Note que na representação gráfica do fluxo de caixa acima temos dois investimentos absolutamente idênticos, em que o primeiro tem seu início na data 0 e o segundo na data 3. Se quisermos, poderemos proceder à montagem do "fluxo algébrico" e aos cálculos correspondentes a ele, como fizemos na 1ª Opção, ou seja, deslocar cada um dos valores existentes nas datas 1 até 6 de $(S \to P)$, sempre considerando a TMA de 10%, e somar os resultados com o valor que já se encontra na data 0. Outra possibilidade seria a de assumir que se o primeiro fluxo, deslocado para a data 0 a uma taxa de 10% ao período, equivale a –$14.932,76, o segundo igualmente equivale ao mesmo valor, só que 3 anos depois. Portanto, se quisermos saber qual o VA do fluxo considerando 6 anos de vida útil, basta deslocar os **–$14.932,76 do segundo fluxo** para a data 0 pelo fator $(S \to P)^3_{10\%}$ e somar o resultado obtido com os –$14.932,76 já existentes na data 0, correspondentes ao 1º fluxo, o que resultará em:

$$VA = -\$14.932,76 + -\$14.932,76(S \to P)^3_{10\%} \Rightarrow VA = -\$14.932,76\,[1 + (S \to P)^3_{10\%}]$$

→ OU PROCEDERMOS COMO NO PRIMEIRO CASO ←

$$VA_{(2^a\,Opção)} = -\$12.500,00 - \$2.800,00\,(S \to P)^1_{10\%} + \$3.500,00\,(S \to P)^2_{10\%} +$$

$$-\$8.500,00(S \to P)^3_{10\%} - \$2.800,00(S \to P)^4_{10\%} - \$3.500,00(S \to P)^5_{10\%} +$$

$$+ \$4.000,00(S \to P)^6_{10\%}$$

> É EVIDENTE QUE AMBAS AS MONTAGENS DE FLUXOS ALGÉBRICOS
> PROPOSTOS PARA A "OPÇÃO 2" RESULTARÃO
> EM UM MESMO VALOR ATUAL DE –$26.151,95.

Em função de os resultados obtidos para ambas as alternativas de ação destinadas a cobrir um tempo de vida comum de 6 anos serem de um **VA de –$27.998,10 para a 1ª Opção**, contra um **VA de –$26.151,95 para a 2ª Opção**, e considerando-se que resultados negativos para o Método do Valor Atual identificam os custos associados a cada alternativa, se ambas constituírem-se em alternativas excludentes de ação, **deveremos optar pela alternativa 2, que proporciona um menor Valor Atual de custo**. Resgata-se, com isso, a opção de ação a ser adotada apontada anteriormente pelo Método do CAU, diferentemente dos resultados obtidos de maneira equivocada, sem levar em consideração o tempo de vida útil das alternativas que encontramos e riscamos na pág. 111.

É extremamente importante lembrarmos que sempre que estivermos analisando investimentos, deveremos, **obrigatoriamente**, trabalhar antes dos cálculos com a questão das vidas úteis das alternativas de ação propostas, lembrando que **vidas úteis diferentes constituem alternativas heterogêneas e não comparáveis**!

Portanto, para o Método do CAU, conforme discutimos naquela oportunidade, esta questão pode ser tratada de maneira implícita (o CAU encontrado, ao longo da vida útil, repetir-se-á por quanto tempo desejarmos). Já para o **Método do VA, a questão das vidas úteis deve ficar absolutamente explícita**, e, para efeito de comparação e análise entre alternativas de ação economicamente diferentes, estamos propondo aqui duas formas de solução: a **Técnica do MMC**, que se apresentou como uma saída para o problema do **Exemplo 27**, e a **Técnica da Capitalização Infinita**, que constitui uma outra possibilidade para solucionar a questão das vidas úteis diferentes e que será nosso objeto de trabalho a seguir.

▪ Técnica da Capitalização Infinita

A Técnica da Capitalização Infinita se apresenta como mais uma possibilidade de ação a ser implementada para solucionar a questão de vidas úteis diferentes no Método do Valor Atual. Ela parte dos mesmos princípios adotados na Técnica do MMC, ou seja, considera que os investimentos iniciais de cada uma das alternativas de ação irão se repetir de maneira idêntica, com todos os custos e receitas associados a eles, porém, em vez de limitarmos o tempo de repetição das vidas úteis ao MMC das vidas, admitimos que ela se repetirá infinitas vezes, ou seja, as vidas úteis dos investimentos em questão serão consideradas perpétuas, logo, terminado o tempo de vida útil do primeiro investimento, este continuará se repetindo, de maneira idêntica, infinitamente. Para sua operacionalização, devemos:

> - Encontrar o CAU de cada alternativa de ação ao longo da vida útil;
> - Considerar que o CAU encontrado será um R que se repetirá perpetuamente de maneira idêntica;
> - Trazer o R encontrado para o presente a partir do **fator $(R \to P)_i^\infty$**

É importante ressaltar que o Fator (P → R), quando tende ao infinito, tende a ser igual à própria taxa (*i*); por sua vez, o Fator (R → P), quando tende ao infinito, tende a ser igual a 1 sobre a taxa, ou o inverso da taxa (1/i):

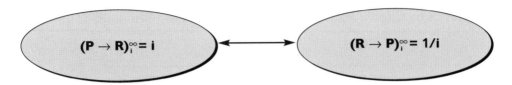

Como exemplo, veja, no apêndice, a tabela *"Taxa de juros por período de capitalização I = 50%"*, como isso ocorre de maneira bastante clara. Lá, com pouco mais de 20 períodos já temos, respectivamente, os fatores (R → P) e (P → R) tendendo ao infinito, pois o Fator (P → R)$_{50\%}^{20}$ já aparece como **Fator (P → R)** $_i^\infty$, uma vez que o coeficiente apurado pelos cálculos é de **0,5000**.

Isto também acontece, de maneira inversa, com o Fator (R → P), pois o 21º período já aparece como um **Fator (R → P)** $_i^\infty$, uma vez que o resultado alcançado pelos cálculos é de 1/i, ou: **1/0,50 = 2,000**.

Na grande maioria dos casos, as Técnicas do MMC e da Capitalização Infinita poderão ser utilizadas indistintamente para comparar alternativas excludentes de ação. Entretanto, é importante ressaltar que os resultados numéricos alcançados com uma e com outra técnica não serão os mesmos, já que no primeiro caso o VA representará a quantidade de dinheiro, em dinheiro de hoje, da data 0, envolvido com o negócio analisado para cobrir um tempo de vida predefinido igual ao MMC das vidas, enquanto no segundo caso o resultado alcançado se refere ao dinheiro necessário para a perpetuidade do negócio.

Portanto, a menos que o MMC das vidas em questão conduzam o caso analisado para a perpetuidade, os resultados serão diferentes, mas a melhor alternativa não se modificará, mantendo o conceito de que bom é o negócio e não o modelo de análise. Vamos utilizar os Exemplos 28 e 29 para explorar as duas situações. No Exemplo 28 vamos resolver o mesmo caso dos automóveis para o corpo de vendas solucionado pela Técnica do MMC; no Exemplo 27 e no Exemplo 29, proporemos um novo caso.

EXEMPLO 28 — Se quiséssemos solucionar pelo Método do VA o **Exemplo 23** que, como já verificamos, possui alternativas heterogêneas de ação e, portanto, não passíveis de comparação, teríamos que dar algum tratamento às opções apresentadas antes de procedermos à análise. No **Exemplo 27** nos valemos da Técnica do MMC para solucionar a questão, agora pretendemos recorrer à Técnica da Capitalização Infinita. Os dados do exercício são os seguintes: "Determinada empresa deseja substituir a frota de veículos a serem utilizados para o trabalho de seus vendedores. Em uma reunião com o pessoal de Marketing ficou definido que o veículo mais apropriado seria um carro popular e que para o serviço a que se prestaria poderia ser utilizado tanto um veículo zero quilômetro, como um com até 5 anos de vida. Estudos preliminares realizados pelo setor Operacional determinaram que os custos das manutenções anuais, de acordo com o tempo de vida do veículo, a serem realizadas ao longo do ano e alocadas ao seu final, estão expressos na tabela a seguir, bem como a cotação dos veículos desde que em perfeito estado de conservação".

Final do	Cotação	Custo manutenção
0 km	$15.000,00	0
1 ano	$12.500,00	$2.500,00 / ano
2 anos	$10.200,00	$2.800,00 / ano
3 anos	$8.500,00	$3.500,00 / ano
4 anos	$7.000,00	$3.000,00 / ano
5 anos	$6.200,00	$3.700,00 / ano

OPÇÃO 1 — COMPRAR UM CARRO "ZERO" E TROCÁ-LO A CADA 2 ANOS

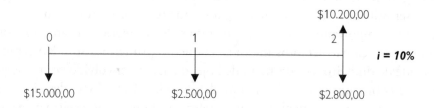

$$VA_{(1^a\ Opção)} = [-\$15.000,00\ (P \to R)^2_{10\%} - \$2.500,00 + \$9.900,00\ (S \to R)^2_{10\%}]\ (R \to P)^\infty_{10\%}$$

CAU

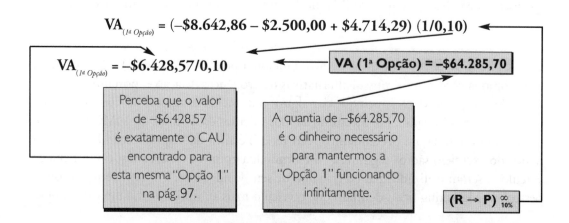

OPÇÃO 2 — COMPRAR UM CARRO COM 1 ANO E TROCÁ-LO A CADA 3 ANOS

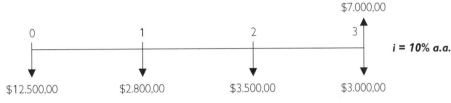

$$VA_{(2^a\ Opção)} = \{[-\$12.500,00 - \$2.800,00\ (S \to P)^1_{10\%} - \$3.500,00\ (S \to P)^2_{10\%} +$$
$$+ \$4.000,00\ (S \to P)^3_{10\%}\ ]\ (P \to R)^3_{10\%}\}\ (R \to P)^\infty_{10\%}$$

$$VA_{(2^a\ Opção)} = \{[-\$12.500,00 - \$2.545,45 - \$2.892,56 + \$3.005,26]\ (P \to R)^3_{10\%}\}\ (1/0,1)$$

$$VA_{(2^a\ Opção)} = [-\$14.932,76\ (P \to R)^3_{10\%}\ ]\ (1/0,10)$$

$$VA_{(2^a\ Opção)} = -\$6.004,68/0,10 \qquad VA_{(2^a\ Opção)} = -\$60.046,80$$

O valor de –$14.932,76 é exatamente o VA encontrado para esta mesma "Opção 2" na pág. 111, que ressalta que não poderia ser comparado. Aqui ele foi distribuído ao longo dos 3 anos para encontrarmos o CAU.

–$6.004,68 é exatamente o valor de CAU encontrado para esta mesma "Opção 2" na pág. 98.

–$60.046,80 é o dinheiro necessário para manter a "Opção 2" funcionando infinitamente.

Em função de os resultados obtidos para ambas as alternativas de ação, para cobrirem um tempo de vida comum, perpétua, serem de um **VA de –$64.285,70 para a 1ª Opção**, contra um **VA de –$60.046,80 para a 2ª Opção**, e considerando-se que resultados negativos para o Método do VA identificam os custos associados a cada alternativa de ação, caso se constituam em alternativas excludentes, **devemos escolher a 2ª Opção, que proporciona um menor Valor Atual de custo** — a mesma opção já encontrada em CAU e em VA por MMC.

EXEMPLO 29 — Uma fábrica dispõe de duas alternativas para solucionar seu problema de produção. Ambas podem solucionar o problema e ainda aumentar a produção atual, que é de 1.000 unidades por mês, insuficientes para atender à demanda. No caso da primeira alternativa a produção mensal será alavancada em 200 peças; por sua vez, a segunda possibilitará um aumento na produção atual em 250 unidades. Considerando-se que cada peça poderá ser vendida por $300,00 e que os custos a seguir serão os incrementais de cada alternativa, a uma TMA de 20% a.a., demonstre qual das duas é a melhor opção:

a) Comprar uma máquina com 5 anos de uso ao preço de $1.000.000,00 à vista, com custos adicionais de mão-de-obra de $3.000,00 por mês, custos extras de energia de $8.000,00 mensais e gastos adicionais de matéria-prima de $13.000,00 mensais, considerando-se que após 5 anos de uso seu valor residual e de mercado será nulo?

→ **OU** ←

b) Comprar uma máquina nova ao preço de $2.000.000,00, com custos adicionais de mão-de-obra de $3.000,00 por mês? Considerar que neste caso os custos mensais de manutenção, energia e matéria-prima serão acrescidos respectivamente em $2.000,00, $6.000,00 e $16.250,00 e que após 10 anos o equipamento possuirá um valor residual e de mercado de $500.000,00.

Note que para solucionar o problema proposto no exemplo alguns aspectos devem ser considerados:

1º) Tanto a TMA como a vida útil das duas alternativas possuem unidade de medida anual, enquanto os custos e a produção são medidos mensalmente. Isso nos obriga a compor a taxa de juros e a vida útil para mensais, ou a produção e os custos para anuais. No caso, vamos optar por transformar nossa unidade de medida em mensal, o que proporcionará um horizonte de planejamento de 60 meses para a máquina usada e de 120 meses para a nova, bem como a taxa de juros anual que, composta para mensal, passará a ser de: **i(mensal)** = $[(1,20)^{1/12}] - 1 \Rightarrow 1,0153095 - 1 =$ 0,0153095, ou **1,531% a.m**.

2º) As alternativas em questão podem ser analisadas por qualquer dos métodos estudados até o momento, ou seja, tanto pelo Método do CAU como pelo Método do VA. Entretanto, se optarmos pelo segundo caso, teremos que utilizar ou a Técnica do MMC, ou a Técnica da Capitalização Infinita, já que as vidas úteis são de 5 e 10 anos, ou 60 e 120 meses, para as opções a e b. No caso, o MMC entre as vidas em questão seria de 120 meses.

3º) Para esta análise só devem ser consideradas as diferenças de custos e receitas, já que as receitas existentes são sustentadas pelos custos existentes, portanto, só será importante para análise aquilo que exceder o processo atual, tanto em termos de custos, como em termos de receitas. No caso, teremos:

OPÇÃO A — MÁQUINA USADA

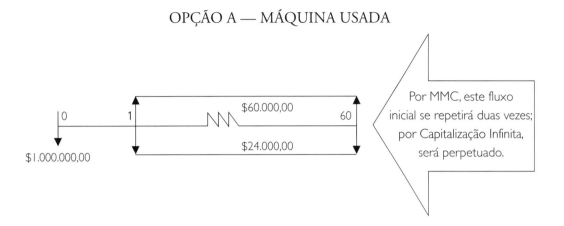

Por MMC, este fluxo inicial se repetirá duas vezes; por Capitalização Infinita, será perpetuado.

POR MMC PARA 120 ANOS

$$VA_{(Opção\ A)} = [-\$1.000.000,00 + \$36.000,00\ (R \to P)^{60}_{1,531\%}]\ [1+ (S \to P)^{60}_{1,531\%}]$$

$$VA_{(Opção\ A)} = [-\$1.000.000,00 + \$1.406.457,22]\ (1 + 0,401865) \longleftarrow \boxed{+\$569.798,15}$$

OPÇÃO B — MÁQUINA NOVA

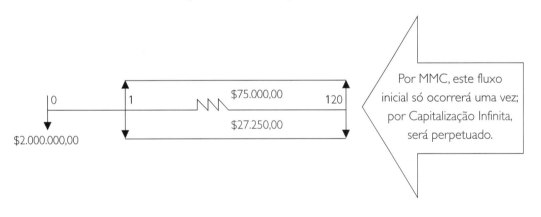

Por MMC, este fluxo inicial só ocorrerá uma vez; por Capitalização Infinita, será perpetuado.

POR MMC PARA 120 ANOS

$$VA_{(Opção\ B)} = -\$2.000.000,00 + \$47.750,00\ (R \to P)^{120}_{1,531\%} +$$
$$+ \$500.000,00\ (S \to P)^{120}_{1,531\%}$$

$$VA_{(Opção\ B)} = -\$2.000.000,00 + \$2.615.192,10 + \$80.747,73 \longleftarrow \boxed{+\$695.939,83}$$

Os resultados do $VA_{(Opção\ A)}$ = +\$569.798,15 contra o $VA_{(Opção\ B)}$ = +\$695.939,83 para um horizonte de planejamento de 120 meses, respectivamente, para os equipamentos usado e novo, demonstram que ambas as opções de ação são interessantes e podem ser implementadas. Entretanto, se forem mutuamente excludentes, a **opção deverá recair sobre o equipamento novo, que possui um VA positivo maior**, possibilitando, portanto, em valores da data 0, um ganho maior, além das expectativas de 20% a.m.

É evidente que se utilizarmos na análise o Método do CAU, ou do VA pela técnica da Capitalização Infinita, os valores alcançados não serão os mesmos, mas a melhor opção não se alterará, continuará sendo o novo. Vejam, para os mesmos fluxos gráficos pelo Método do CAU, como ficariam as representações algébricas e os resultados de cálculos:

$$CAU_{(Opção\ A)} = -\$1.000.000,00\ (P \rightarrow R)^{60}_{1,531\%} + \$36.000,00 \rightarrow \boxed{CAU_{(Opção\ A)} = +\$10.403,77}$$

$$CAU_{(Opção\ B)} = -\$2.000.000,00\ (P \rightarrow R)^{120}_{1,531\%} + \$500.000,00\ (S \rightarrow R)^{120}_{1,531\%} +$$

$$+ \$47.750,00 => CAU_{(Opção\ B)} = -\$36.517,39 + \$1.474,35 + 47.750,00\ \boxed{+\$12.706,96}$$

Como afirmamos, os resultados do Método do CAU não modificaram a decisão, eles indicaram um $CAU_{(Opção\ A)}$ = +\$10.403,77 contra um $CAU_{(Opção\ B)}$ = +\$12.706,96, demonstrando que o equipamento novo (*Opção B*) possibilitará um ganho mensal maior, além da expectativa de 1,531%, no caso de \$12.706,96.

Para obter o VA por Capitalização Infinita, ou seja, para saber qual a quantidade de dinheiro que cada uma das opções de ação irá gerar em dinheiro de hoje, data 0, caso sejam utilizadas pelo resto da vida (perpetuamente), bastará deslocar o CAU encontrado para a data 0 a partir do **Fator $(R \rightarrow P)^{\infty}_{1,531\%}$**. As notações ou representações algébricas e resultados, para cada caso, serão os seguintes:

$$VA_{(Opção\ A)} = +\$10.403,77\ (R \rightarrow P)^{\infty}_{1,531\%} \Rightarrow VA_{(Opção\ A)} = +\$10.403,77\ (1/0,01531)$$

$$VA_{(Opção\ A)} = +\$10.403,77/0,01531 \Rightarrow VA_{(Opção\ A)} \longrightarrow \boxed{VA_{(Opção\ A)} = +\$679.540,82}$$

$$VA_{(Opção\ B)} = +\$12.706,96\ (R \rightarrow P)^{\infty}_{1,531\%} \Rightarrow VA_{(Opção\ B)} = +\$12.706,96\ (1/0,01531)$$

$$VA_{(Opção\ B)} = +\$12.706,96/0,01531 \Rightarrow VA_{(Opção\ B)} \longrightarrow \boxed{VA_{(Opção\ B)} = +\$829.977,79}$$

Portanto, ficou constatado mais uma vez que o que é bom ou ruim é o investimento, independentemente do Método de Análise utilizado, pois, se os utilizarmos de maneira correta, a melhor opção não se alterará. No caso, a Opção B, o equipamento novo, continuou sendo sempre a melhor alternativa de ação.

Exercícios de aplicação

81. Uma empresa decidiu obter os serviços de uma rede de computadores. Os equipamentos poderão ser comprados ou alugados. Dada a natureza da instalação necessária, o aluguel mensal deverá alcançar $12.200,00 (esse valor inclui o custo de manutenção). Se o computador for comprado, poderá ser firmado um contrato de manutenção com o fabricante no valor de $20.000,00 por ano. O custo de preparação do local a ser ocupado pelo computador é o mesmo para as duas alternativas. Do mesmo modo, qualquer que seja a alternativa escolhida, ocorrerão custos iguais de programação, pessoal operacional, etc. Estima-se em 3 anos a vida útil dos equipamentos caso sejam comprados. Considerando-se uma TMA de 3% ao mês, qual o valor máximo que a empresa deverá pagar hoje pelos equipamentos para que ambas as alternativas se tornem iguais?

82. Uma escola está considerando dois planos alternativos para a construção de um ginásio de esportes. Um engenheiro fez as seguintes estimativas de custo para cada um deles:
    Alternativa 1 — Construir uma arquibancada de concreto ao custo inicial de $70.000,00 e com custo anual de manutenção de $4.000,00, cuja vida útil é infinita.
    Alternativa 2 — Construir uma arquibancada de madeira a um custo inicial de $24.000,00. Se optar por esta solução, será necessária uma pintura a cada 3 anos a um custo de $4.000,00; novos assentos deverão ser trocados a cada 12 anos a um custo de $12.600,00 e uma nova estrutura no valor de $18.000,00 será necessária a cada 36 anos para perpetuar sua vida útil.
    Considerando-se uma TMA de 25% ao ano, qual o VA para cada alternativa? Qual delas deverá ser escolhida?

83. Uma companhia está estudando as possibilidades de solução para um problema de isolamento de canos condutores de vapor. Duas são as alternativas existentes:
    a) utilizar isolamento com espessura de 1";
    b) utilizar isolamento com espessura de 2".
    As perdas anuais de vapor, deixando-se o encanamento sem isolamento, atingiriam $9,00 por metro de encanamento. O isolamento de 1" de espessura reduzirá tais perdas em 89% e custará $1,96 por metro linear de encanamento. O isolamento de 2" de espessura reduzirá as perdas em 92% e custará $3,04 por metro.
    Levante os custos atuais de isolamento para 10.000 metros de tubulação (incluindo os custos relativos às perdas de vapor) para os dois tipos propostos, levando-se em consideração uma vida útil de 10 anos para a tubulação, uma TMA de 20% ao ano e valor residual nulo após esse período.

84. Levando-se em consideração uma Taxa de Atratividade de 15% ao ano, compare os valores das máquinas X e Y, conforme solicitado a seguir:

Máquina	X	Y
Investimento inicial	$130.000,00	$140.000,00
Vida estimada	5 anos	6 anos
Valor de revenda ao final da vida útil	$50.000,00	$30.000,00
Gastos anuais	$7.000,00	$4.000,00

a) Qual o VA das duas máquinas pela técnica do MMC?
b) Qual a melhor alternativa?
c) Qual o CAU de cada alternativa?
d) A melhor continua sendo a obtida em "b"?
e) Qual a necessidade de dinheiro hoje para manter ambas as alternativas infinitamente?

85. Suponha que uma empresa, cuja Taxa de Expectativa seja de 25% ao ano, esteja pensando em adquirir uma nova loja para vender seus produtos. Existem dois locais prováveis: Região Central e Multishop. Os custos e receitas associados a cada uma das alternativas podem ser descritos da seguinte forma:

Local	Região Central	Multishop
Investimento	$250.000,00	$180.000,00
Vida útil	10 anos	10 anos
Valor residual e de mercado	$100.000,00	$20.000,00
Receitas anuais	$200.000,00	$230.000,00
Custos operacionais anuais	$160.000,00	$180.000,00

Considerando-se os dados propostos, responda:
a) Qual o VA de cada alternativa?
b) Qual o CAU de cada alternativa? (ver Exercício 72).
c) Qual dos dois locais é melhor?
d) O investimento deverá ser feito no local indicado em "c"? Justifique.
e) Para as respostas encontradas em "a", admitindo-se que os investimentos inciais se referem a pagamento de "luvas", reformas e instalações, que tipo de negociação poderia ser feita com o proprietário para viabilizar ambos os negócios?
f) Caso a vida útil da "Região Central" fosse de 15 anos, como ficaria a resposta? Justifique.

86. Certa companhia está estudando a compra de um caminhão. Existem duas propostas em estudo que podem ser descritas como sendo:
a) um caminhão usado com motor a óleo diesel;
b) um caminhão novo com motor a gasolina.

A companhia tem intenção de utilizar o caminhão por um prazo de 7 anos, considerando-se os dados do quadro a seguir e uma Taxa de Expectativa de 15% ao ano; pelo método do VA, qual a melhor opção para a companhia?

Caminhão	Diesel	Gasolina
Custo inicial	$124.000,00	$103.000,00
Valor de mercado após 7 anos	$43.000,00	$30.000,00
Gasto com combustível no 1º ano	$2.400,00	$4.800,00
Aumento anual de combustível	$120,00	$240,00
Gastos anuais com reparos	$800,00	$1.000,00

87. Uma empresa do ramo alimentício, querendo substituir seu sistema de seleção e processamento de frutas, defronta-se com as seguintes opções:

Estrutura	X	Y
Custo inicial dos equipamentos	$450.000,00	$350.000,00
Vida útil	20 anos	10 anos
Valor de revenda no final da vida útil	$50.000,00	$40.000,00
Despesas anuais de conservação	$5.000,00	$10.000,00

Considerando-se que a TMA pretendida pela empresa seja de 10% ao ano, pelo método do VA, qual a melhor alternativa? Compare os resultados com o Exercício 73.

88. Uma fábrica necessita aumentar suas instalações e estuda as duas propostas a seguir. Considerando-se uma TMA de 20% ao ano, qual a melhor alternativa pelo VA?
    a) **Galpão em concreto armado** ao preço de $50.000,00 e com vida útil de 40 anos. A sua demolição custará $12.940,00 e o custo anual de manutenção será de $1.500,00.
    b) **Galpão em alvenaria** ao preço de $40.000,00, com vida útil de 20 anos e valor residual de $10.000,00. O custo anual de manutenção será de $3.000,00.

89. A prefeitura de uma pequena cidade de Mato Grosso precisa construir uma ponte sobre um riacho e tem que decidir entre estas alternativas: construir uma ponte de madeira ou uma ponte de concreto, cujos custos associados se encontram a seguir.

Ponte	Madeira	Concreto
Investimento inicial	$26.000,00	$30.000,00
Vida estimada	15 anos	50 anos
Valor residual e de mercado	$4.000,00	–
Despesas anuais com manutenção	$300,00	$120,00

Considerando-se uma taxa de 20% ao ano, qual seria a melhor alternativa?

90. Na construção de um aqueduto para o abastecimento de água em uma cidade é necessário um túnel. A fim de determinar a conveniência da construção desse túnel para a capacidade final do aqueduto, procedeu-se a uma previsão de demanda de água em função da capacidade do túnel. Os túneis de qualquer capacidade possuem vida útil infinita e são suficientes para abastecer a cidade, conforme quadro a seguir:

Túneis com	Adequado para atender à demanda	Custo de construção
Capacidade de 1/3	Por 10 anos*	$200.000,00
Capacidade de 1/2	Por 20 anos*	$240.000,00
Capacidade de 2/3	Por 35 anos*	$270.000,00
Capacidade de 3/3	Infinita	$340.000,00

*Após esse período, há a necessidade de se construir um outro túnel que complete a sua capacidade, sendo infinita a vida útil dos túneis de qualquer capacidade.

Os custos anuais com bombeamento para os túneis de menor capacidade serão maiores do que os custos de bombeamento para o túnel de capacidade total, e foram estimados conforme segue:

Túneis com	Custos extras de bombeamento ($)		
	1 túnel	2 túneis	3 túneis
Capacidade de 1/3	1.100,00	2.200,00	3.300,00
Capacidade de 1/2	1.000,00	2.000,00	-o-
Capacidade de 2/3	800,00	-o-	-o-

Considere que as diferenças de custos de bombeamento entre os túneis de capacidade total e de menor capacidade se aplicam a partir da data em que o túnel entra em serviço. Estabeleça as cinco alternativas possíveis para o caso em questão. Compare as alternativas, levando em consideração os Custos Capitalizados do Serviço Permanente, utilizando juros de 5% ao período e supondo que os preços em questão não venham a se alterar no futuro, e responda: qual das cinco alternativas é a mais econômica e deve ser a escolhida?

CAPÍTULO 9

O Método da Taxa de Retorno (TIR/TRI)

■ A Taxa Interna de Retorno (TIR)

O Método da Taxa Interna de Retorno (TIR) é aquele que nos permite encontrar a remuneração do investimento em termos percentuais. Encontrar a TIR de um investimento é o mesmo que encontrar sua potência máxima, o percentual exato de remuneração que o investimento oferece.

Em termos práticos, encontrar a TIR é encontrar a taxa de juros que permite igualar receitas e despesas na data 0, transformando o Valor Atual do investimento em 0. Isto porque, ao deslocarmos os valores existentes no fluxo de caixa referentes a determinado investimento para a data 0, estamos, na verdade, extraindo daqueles valores os juros neles embutidos desde a data 0 até seu vencimento efetivo; dessa forma, se tivermos, por exemplo, um valor de $10.000,00 previsto para vencer dentro de um período e se submetermos esse valor a uma taxa de juros qualquer, ao deslocarmos o valor para a data 0 estaremos extraindo dele o valor correspondente a um mês de juros, referente à taxa a que ele estiver sujeito. Se essa taxa fosse de 10%, por exemplo, os $10.000,00 referentes ao período 1 equivaleriam a $10.000,00 (S → P)$_{10\%}^{1}$, ou $10.000,00/1,10 = $9.090,91 quando deslocados para a data 0.

Portanto, quando estivermos calculando a TIR de determinado investimento e/ou financiamento, estaremos extraindo dele o percentual de ganho que ele oferece ao investidor, já que todas as entradas e saídas de caixa serão deslocadas para a data 0, de tal forma que não sobre ou falte dinheiro, de tal maneira que a somatória dos valores na data 0 monte a 0; logo, esta será a remuneração efetiva daquele negócio analisado.

Se nos reportarmos ao momento em que discutimos o Método do Valor Atual, ali afirmamos que, ao deslocarmos os valores existentes no fluxo de caixa para a data 0 pela Taxa Mínima de Atratividade (TMA), desde que tivéssemos no fluxo a presença de receitas e despesas, os resultados obtidos poderiam ser de um VA positivo, negativo ou nulo, sendo, em termos de análise, considerados interessantes os investimentos que possuíssem como resultado um VA positivo ou nulo, e tanto mais interessante quanto maior fosse o VA positivo. Isso porque aquele valor encontrado no VA, quando descontada do fluxo a TMA, representa o resíduo que o fluxo paga a mais (VA positivo), ou deixa de pagar, paga a menos (VA negativo), em dinheiro da data 0, descontada a expectativa de ganho mínimo (a TMA).

Ainda por ocasião do momento em que discutimos o Método do VA, quando descontada do fluxo a TMA, sempre considerando-se que nele existam entradas e saídas de caixa, e o VA tinha como resultado 0, afirmamos que se tratava também de um investimento interessante porque, neste caso, ele estaria pagando exatamente a TMA, ou seja, este é o único momento em que a Taxa de Remuneração do Investimento — a TRI — e a Taxa de Expectativa — a TMA — são idênticas.

Portanto, para efeito de análise, devemos comparar a TIR encontrada com a TMA. Se a TIR for maior ou igual à TMA, o investimento deve ser aceito; se for menor, deve ser recusado.

Vale ressaltar que, embora implicitamente, já estejamos tratando, neste caso, assim como no do Método do CAU, da questão da homogeneidade das alternativas de ação no que tange às suas vidas úteis, visto que a TIR encontrada no primeiro período de vida será sempre a mesma para os demais períodos em que porventura viermos a repetir o investimento de maneira idêntica. Por exemplo, se imaginarmos que estamos investindo hoje $10.000,00 para recebermos em certo período $11.000,00, obteremos um ganho de $1.000,00 por um período, logo, a taxa envolvida no negócio será de $1.000,00/10.000,00 = 0,10, ou 10% ao período. Quantas vezes repetirmos esse investimento, tantas vezes sua remuneração será a mesma; no exemplo, 10%.

Para o Método da Taxa de Retorno (TIR), outro fator também torna os investimentos heterogêneos. Trata-se da questão dos investimentos iniciais, que serão discutidos logo a seguir sob o título Taxa de Retorno Incremental (TIR), assim que demonstrarmos, por meio do **Exemplo 30**, a forma de cálculo da TIR.

EXEMPLO 30 — Determinada empresa está estudando a possibilidade de substituir parte de seu processo produtivo atual por um mais moderno, que permitirá sua operação por um único empregado, proporcionando uma economia anual de mão-de-obra da ordem de $15.000,00. Sabe-se que para colocar o novo processo em funcionamento deverá ser feita a aquisição de uma nova máquina no valor de $60.000,00, bem como de equipamentos complementares no valor de $25.000,00. Ambos os desembolsos serão feitos à vista, na data 0. Se a empresa insistir em um retorno de 15% ao ano, considerando-se que o processo poderá operar por 15 anos e que após esse período a máquina poderá ser vendida por $25.000,00, o investimento deverá ser feito? Decidir pelo Método da TIR.

O Método da Taxa de Retorno (TIR/TRI) • 127 •

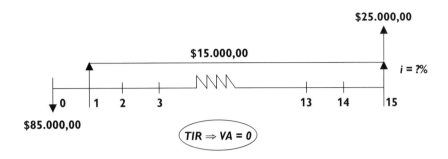

VA = –$85.000,00 + $15.000,00 *(R → P)$_{1\%}^{15}$ + $25.000,00 *(S → P)$_{1\%}^{15}$

Se submetermos o fluxo à TMA pretendida pela empresa, de 15%, já saberemos que o investimento vale a pena, pois o VA obtido será positivo, ou seja:

Para i = 15% ⇒ VA = –$85.000,00 + $87.710,55 + $3.072,36 ⇒ ***VA = +$5.782,91***

Pelos cálculos acima sabemos que **se trata de um bom investimento e que ele nos interessa**, pois paga $5.782,91 a mais que os 15% ao ano pretendidos pela empresa, mas não sabemos qual a sua remuneração ao período em termos de taxa de juros. Para saber qual a TIR, a taxa interna de retorno do investimento, deveremos encontrar uma taxa de juros que, deslocando os valores do fluxo para a data 0, resulte em um VA = 0.

Por exemplo, se sabemos que o investimento paga mais de 15% ao ano, será que sua remuneração é maior que 20%? Para confirmar, basta deslocarmos os valores a essa taxa, ou seja: **VA = –$85.000,00 + $15.000,00 *(R → P)$_{20\%}^{15}$ + $25.000,00 *(S → P)$_{20\%}^{15}$**

Para i = 20% ⇒ VA = –$85.000,00 + $70.132,09 + $1.622,63 ⇒ ***VA = –$13.245,28***

Pelos cálculos executados, passamos a saber que o investimento paga mais de 15% ao ano ***(+$5.782,91)*** e menos de 20% ao ano ***(–$13.245,28)***, portanto, paga uma taxa entre 15% e 20% ao ano. Este processo que estamos demonstrando é conhecido como processo de varredura, no qual para encontrar a TIR deveríamos continuar testando taxas até encontrar uma que igualasse receitas e despesas, ou utilizarmo-nos da técnica de interpolação linear para encontrar uma taxa de juros aproximada. O processo de interpolação linear nada mais é que uma regra de três composta, ou onde:

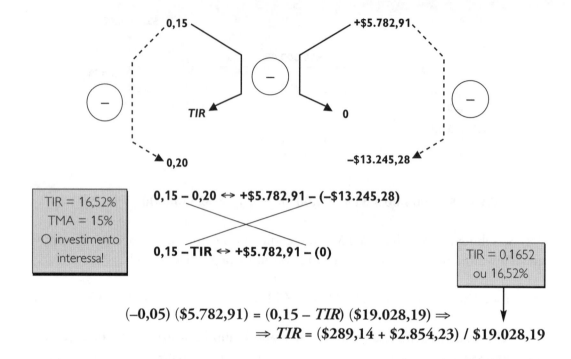

$$(-0,05)\ (\$5.782,91) = (0,15 - TIR)\ (\$19.028,19) \Rightarrow$$
$$\Rightarrow TIR = (\$289,14 + \$2.854,23)\ /\ \$19.028,19$$

É evidente que a técnica da varredura não é a única a ser utilizada para se obter a TIR de determinado investimento e/ou financiamento. No Capítulo 5, quando tratamos da Matemática Financeira, demonstramos que os cálculos podem ser feitos, por exemplo, com calculadoras financeiras e utilizamos a HP-12C para demonstrar as possibilidades de cálculos. Mais uma vez, a título de ilustração, vamos demonstrar qual seria o procedimento para encontrarmos a TIR pela calculadora.

Na HP-12C os cálculos podem ser feitos ou utilizando-se das teclas financeiras (n, i, PV, PMT, FV, CHS), seguindo-se o mesmo procedimento adotado até aqui, ou seja, introduzindo os dados que temos e solicitando o que queremos, ou pelas teclas azuis (CF_0, CFj, Nj), que identificam a ordem de entradas e saídas de dinheiro no fluxo de caixa.

Essa ferramenta tem pelo menos duas vantagens sobre o processo de varredura da forma que demonstramos: a primeira é que, embora a máquina cumpra exatamente o mesmo procedimento que demonstramos no processo de varredura, testa-se uma taxa, verifica-se o resultado (cada vez que o visor da máquina apresenta um RUNNING, ela está testando uma taxa), até encontrar uma taxa que leve a um VA = 0, ela o faz de maneira muito mais rápida; a segunda é que ela proporciona a TIR exata do investimento e não a TIR aproximada que obtivemos no exemplo. Para quem ainda não está suficientemente familiarizado com a calculadora, o procedimento para o Exemplo 30, passo a passo, é o seguinte:

85.000,00 [CHS] [PV] 15.000,00 [PMT] 15 [n] 25.000,00 [FV] 15 [n] [i]

Com esse procedimento informamos à máquina que possuímos uma saída de caixa de $85.000,00 na data 0 (daí a necessidade de termos que pressionar também a tecla CHS, além da PV, para que o valor de $85.000,00 seja introduzido como negativo, saída de caixa); informamos que temos também 15 entradas de caixa de $15.000,00 (PMT) das datas 1 até 15; que temos, ainda, uma entrada de caixa de $25.000,00 (FV) isolada na data 15 e que desejamos saber qual é a taxa de juros (i) do negócio. Como resposta ela irá fornecer, depois de testar várias taxas (RUNNING), a taxa de 16,32% ao período (ao ano).

Pelo fluxo de caixa (teclas azuis e amarelas), o resultado será exatamente o mesmo (16,31579%); entretanto, o procedimento para introduzir os dados, passo a passo, é o seguinte:

A diferença entre os 16,52% ao ano calculados pelos processos de varredura e de interpolação linear, contra os 16,31579% encontrados pela máquina, deve-se ao fato de que ao fazermos a interpolação tratamos a taxa de juros como se fosse linear, quando sabemos que na verdade ela é uma exponencial, que é como a máquina a trata, ou seja, a TIR da máquina é muito mais precisa. Graficamente, o que fizemos foi o seguinte:

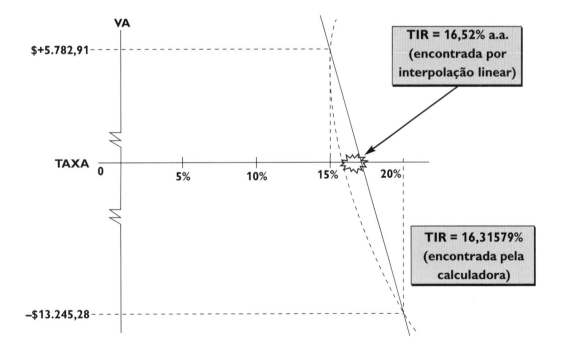

CAPÍTULO 10

Método da Taxa de Retorno Incremental (TRI)

■ O Método da TIR para a análise de alternativas de ação excludentes e que possuam investimentos iniciais diferentes

O Método da Taxa de Retorno Incremental (TRI) é uma variante da Taxa Interna de Retorno (TIR) e **deve ser utilizado sempre que estivermos comparando alternativas de ação que possuam investimentos iniciais diferentes**, já que, se for este o caso, essas alternativas serão consideradas como heterogêneas. A TRI nada mais é do que a TIR referente ao incremento de receita de um investimento em relação a outro, considerando-se para tanto o investimento incremental para obtê-la. Para trabalharmos com a TRI devemos:

1º) Ordenar de maneira crescente, em função dos investimentos iniciais, todas as alternativas de ação existentes.

2º) Encontrar a TIR da alternativa que possua o menor investimento inicial e:
- Se a taxa interna de retorno do investimento analisado **for menor que a TMA**, rejeitar o investimento e analisar, ainda pelo Método da TIR, a alternativa de ação seguinte, e assim sucessivamente, até que alguma delas seja aceita.
- Se a TIR encontrada **for maior ou igual à TMA**, aceitar o investimento e analisar a viabilidade de se fazer a mudança desse investimento para aquele que, por ordem crescente de investimento inicial, constituir-se como o investimento seguinte, analisando-se a mudança em função do incremento de investimento necessário à sua implantação e do incremento de receita que possibilitará a mudança, ou seja, calcular a TRI.

3º) Agir da mesma maneira com relação à TRI, ou seja, calcular a TRI, comparar com a TMA; se TRI < TMA, rejeitar a mudança e analisar a viabilidade da mudança desta opção para a alternativa de ação seguinte; se a TRI ≥ TMA, aceitar a mudança e analisar a viabilidade de se mudar desta nova posição assumida para a alternativa de ação seguinte. E assim sucessivamente, até que se esgotem as alternativas de ação possíveis.

EXEMPLO 31 — A Companhia Distribuibem S/A está estudando a possibilidade de adquirir um dentre os três processos de distribuição a seguir, que lhe foram oferecidos. Decida-se pelo melhor por meio do Método da Taxa de Retorno, considerando-se: uma TMA de 6% ao ano, um horizonte de tempo para análise perpétuo e que, embora a companhia tenha disponibilidade de recursos para adquirir qualquer dos três processos, só irá implantar um.

Itens	Processo "A"	Processo "B"	Processo "C"
Investimento inicial	$130.000,00	$200.000,00	$100.000,00
Receitas líquidas	$13.800,00	$18.000,00	$11.200,00
Vida útil	Infinita	Infinita	Infinita

Note que, se não levássemos em consideração que estamos lidando com investimentos diferentes, portanto, heterogêneos, e passássemos a analisá-los apenas pela TIR, teríamos:

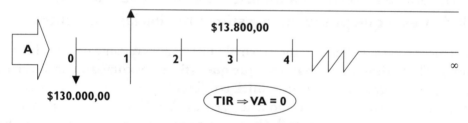

$$VA = -\$130.000,00 + \$13.800,00 \ (R \to P)_i^\infty$$

Lembrando mais uma vez que o conceito de Capitalização Infinita pressupõe que o valor de $13.800,00 referente às parcelas de receitas anuais constitui apenas juros, já que a capitalização infinita não prevê o pagamento do principal, teremos:

$$TIR_{(A)} = \$13.800,00 \ / \ \$130.000,00 \Rightarrow \boxed{TIR_{(A)} = 0,1061538 \text{ ou } 10,61538\% \text{ a.a.}}$$

$$VA = -\$200.000,00 + \$18.000,00 \ (R \to P)_i^\infty$$

$TIR_{(B)} = \$18.000,00/\$200.000,00 \Rightarrow \boxed{TIR_{(B)} = 0,09 \text{ ou } 9\% \text{ a.a.}}$

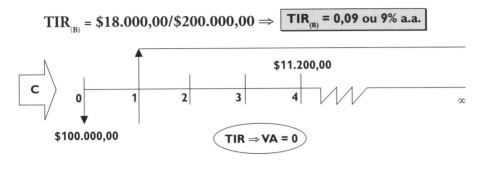

$$VA = -\$100.000,00 + \$11.200,00 \ (R \to P)^{i})_{i}^{\infty}$$

$TIR_{(C)} = \$11.200,00/\$100.000,00 \Rightarrow \boxed{TIR_{(C)} = 0,112 \text{ ou } 11,2\% \text{ a.a.}}$

Portanto, desconsiderando-se de forma **errônea** que estamos analisando **alternativas de ação heterogêneas, em função dos diferentes investimentos iniciais**, como resultado da análise diríamos que todas as três alternativas de ação são consideradas interessantes, já que todas possibilitam uma TIR maior que a expectativa, ou seja, 10,61538% a.a. para o investimento "A", 9% a.a. para o "B" e 11,2% para o "C", contra uma TMA de 6% ao ano desejada pela empresa e, provavelmente, optaríamos por "C". Esta é uma **decisão incorreta**, pois as alternativas de ação são excludentes, ou seja, só faremos um investimento, ou em "A", ou em "B, ou em "C", o que nos obriga a buscar a melhor alternativa de aplicação para a empresa e não a que apresenta uma maior TIR.

Embora as Taxas Internas de Retorno de cada uma das três alternativas de ação estejam absolutamente corretas, **a análise está errada**. Estamos insistentemente afirmando isso porque ela não pode ser feita dessa forma, pois quando os investimentos iniciais são diferentes, para compará-los temos que, obrigatoriamente, utilizar a Taxa de Retorno Incremental, como segue:

POR ORDEM CRESCENTE DE INVESTIMENTO INICIAL: "C", "A" e "B":

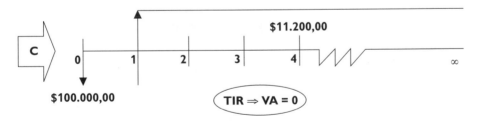

Lembrando mais uma vez que o conceito de Capitalização Infinita pressupõe que o valor de $11.200,00 referente às parcelas anuais constitui apenas juros, já que a capitalização infinita não prevê o pagamento do principal, assim como fizemos anteriormente, teremos:

$$VA = -\$100.000,00 + \$11.200,00 \ (R \to P))_{i}^{\infty}$$

$TIR_{(C)} = \$11.200,00/\$100.000,00 \longrightarrow \boxed{TIR_{(C)} = 0,112 \text{ ou } 11,2\% \text{ a.a.}}$

Considerando-se que, para este tipo de investimento, a empresa definiu uma TMA de 6% ao ano e que o investimento "C" paga 11,2% ao ano, o investimento interessa e, portanto, deve ser aceito, passando-se a analisar as demais alternativas pela TRI, como segue:

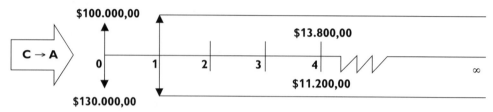

A mudança do investimento "C", que possui o menor investimento inicial, para o investimento "A", que possui o segundo menor investimento inicial, pressupõe que tenhamos que investir um incremento de $30.000,00 ($130.000,00 contra $100.000,00) para que possamos receber $2.600,00 a mais por ano durante infinitos períodos, já que a mudança irá gerar um incremento de receitas dessa ordem. Portanto, a Taxa de Retorno Incremental, a TRI de C → A, que nada mais é que a Taxa Interna de Retorno (TIR) do incremento de receitas em função do incremento do investimento, será de:

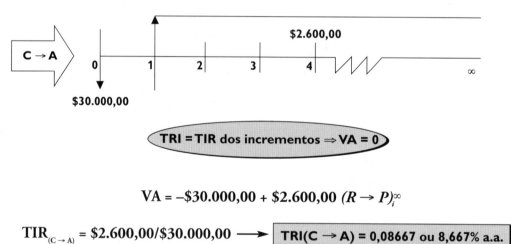

$$VA = -\$30.000,00 + \$2.600,00 \ (R \to P)_i^\infty$$

$TIR_{(C \to A)} = \$2.600,00/\$30.000,00 \longrightarrow$ $\boxed{TRI(C \to A) = 0,08667 \text{ ou } 8,667\% \text{ a.a.}}$

Uma vez que obtivemos uma TRI de C → A de 8,667% ao ano, contra uma TMA de 6% ao ano, o investimento do incremento interessa; portanto, a mudança se justifica. Logo, para otimizarmos o ganho, a mudança deve ser feita, pois embora o investimento "A" pague 10,61538% a.a., contra uma remuneração de 11,2% prevista para o investimento "C", para a Cia. Distribuibem S/A o investimento "A" é mais interessante que o "C" e deve ser a opção da empresa, pelo menos até que analisemos a viabilidade de mudança de A → B, que deve ser feita como segue.

A mudança do investimento "A" — que possui o segundo menor investimento inicial e foi assumido por nós como melhor que "C" para a empresa, em função da TRI — para o investimento "B", a terceira e última alternativa a ser analisada em função do investimento inicial, pressupõe que tenhamos que investir um incremento de $70.000,00 ($200.000,00 contra $130.000,00) para que possamos receber a mais $4.200,00 por ano durante infinitos períodos, já que a mudança irá gerar um incremento de receitas dessa ordem. Portanto, a Taxa de Retorno Incremental, a TRI de A → B, que nada mais é que a Taxa Interna de Retorno (TIR) do incremento de receitas em função do incremento do investimento, será de:

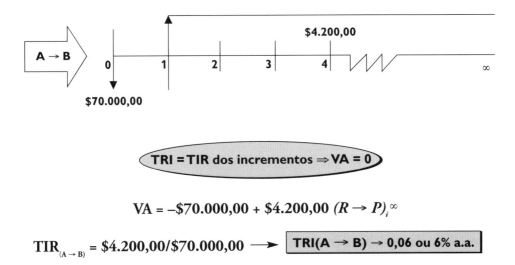

$$VA = -\$70.000,00 + \$4.200,00 \ (R \to P)_i^\infty$$

$$TIR_{(A \to B)} = \$4.200,00/\$70.000,00 \longrightarrow \boxed{TRI(A \to B) \to 0,06 \text{ ou } 6\% \text{ a.a.}}$$

Em função de a TRI encontrada ser de 6% ao ano, exatamente igual à TMA da empresa que também é de 6%, a mudança se justifica e deve ser feita, ou seja, embora todas as três alternativas de ação sejam interessantes, como são mutuamente excludentes, pelos cálculos ficou demonstrado que a melhor delas é a alternativa "B".

Vale ressaltar que **a alternativa "B", escolhida como a melhor**, paga uma taxa de juros anual de 9%, contra 10,6153% ao ano oferecida por "A" e 11,2% ao ano por "C".

Se nos reportarmos a algumas páginas anteriores, quando começamos a discutir o Método da Taxa de Retorno e propusemos o Exemplo 31, constataremos que afirmamos que lá estávamos decidindo de maneira errônea por não considerarmos a TRI. Isto pode ter passado a impressão de que o investimento "C" seria o melhor, no entanto, na verdade, ficou demonstrado que "B" é muito mais interessante para a empresa.

É fácil justificar essa decisão. Quando afirmamos que iremos optar pela alternativa "B", estamos, na verdade, afirmando que embora como um todo seremos remunerados a uma taxa de 9% ao ano sobre os $200.000,00 investidos em "B", seria como se sobre $100.000,00 desses $200.000,00 estivéssemos recebendo 11,2% a.a., sobre $30.000,00 dos $200.000,00 estivéssemos recebendo 8,667% a.a. e sobre os $70.000,00 restantes, 6% a.a., que montariam, dessa forma, aos 9% a.a. propostos pelo investimento.

Em outras palavras, imagine que se você investisse $100.000,00 em "C", como a empresa tem disponível $200.000,00 para aplicação, sobrariam outros $100.000,00 para os quais a empresa sairia em busca de uma remuneração mínima de 6% ao ano (conforme TMA) e, ao encontrar, teria como remuneração por infinitos períodos

$100.000,00 × 0,06 ou $6.000,00. Se adicionarmos os $6.000,00 de remuneração do excedente de capital aos $11.200,00 oferecidos pela opção "C", a empresa passaria a receber $17.200,00 contra os $18.000,00 oferecidos pela alternativa "B". Alguma dúvida do que "B" que paga $18.000,00 é melhor? Esta mesma sistemática de análise se aplica às demais alternativas.

É importante ressaltar aqui que, cada vez que tivermos uma inversão no fluxo de caixa — saídas de caixa contra entradas de caixa ou vice-versa —, teremos uma raiz e, conseqüentemente, uma taxa de juros. Isso significa afirmar que teremos tantas raízes quantas forem as inversões do fluxo de caixa, e que apenas uma delas corresponde à taxa real de juros praticada naquele negócio, sendo as demais consideradas falsas.

Assim sendo, nos casos de **raízes múltiplas** recomenda-se para a análise do investimento a adoção de um dos Métodos Clássicos que não o da taxa de retorno, ou, ainda, que ao se proceder aos cálculos para sua obtenção, principalmente se como ferramenta forem utilizadas calculadoras financeiras, proceda-se também aos testes necessários para comprovar sua veracidade. Lembre-se: a TIR ⇒ VA = 0, portanto, submetendo-se o fluxo de caixa do investimento às taxas encontradas para uma delas, seu Valor Atual deverá resultar em 0. Esta será a verdadeira TIR.

▪ Exercícios de aplicação

91. Uma companhia oferece terrenos ao preço de $70.000,00 por lote, devendo ser pagos $10.000,00 como entrada e mais 4 parcelas de $15.000,00 ao final dos próximos 4 anos (sem cobrança de juros). Analisando a possível compra, você descobre que pode comprar o terreno pelo preço de $45.000,00 à vista. Fica sabendo também que, comprando à prestação, haverá uma cobrança de $1.000,00 na data do fechamento do negócio, referente às despesas com os serviços contratuais. Qual a taxa de juros realmente paga se o terreno for comprado à prestação (25% e 30%)?

92. Foi proposto um investimento de $30.000,00 para reduzir em $5.000,00 ao ano as despesas com mão-de-obra de uma empresa durante 15 anos, que é o período estimado para sua vida econômica. Sabendo-se que não há valor residual:
    a) Qual a taxa de retorno do investimento antes da tributação? (Usar 10% a 15%.)
    b) Considerando-se um valor de mercado de $5.000,00 ao final da vida útil para o investimento em questão, como ficaria a TIR?
    c) Caso a empresa possuísse uma TMA de 13% ao ano, o investimento deveria ser aceito?

93. Ainda acerca do Exercício 92, como ficaria a TIR caso tivéssemos uma economia crescente de mão-de-obra de $1.000,00 ao ano a partir do 2º ano, inclusive, ou seja: $6.000,00 no 2º ano, $7.000,00 no 3º ano, $8.000,00 no 4º ano, e assim sucessivamente até o 15º ano, inclusive?

94. As joalherias do Shopping Ibirapuera, em São Paulo, assim como praticamente as de todos os outros, normalmente oferecem seus produtos em 4 ou 5 pagamentos

mensais, "sem juros" (sendo o primeiro pago no ato, como entrada). Entretanto, para pagamentos à vista é comum, quando solicitado, fornecerem aos seus clientes descontos que variam de loja para loja, podendo chegar a até 25%, dependendo da negociação. Analise o caso real de duas delas: uma com **nome de origem japonesa**, que oferece descontos de 15% para pagamento à vista — contra 4 pagamentos mensais, "sem juros" — e outra com **nome de origem italiana**, cujos descontos podem alcançar até 25% — contra 5 pagamentos mensais, "sem juros". Nos dois casos a primeira parcela é sempre paga no ato e o primeiro pagamento 1 mês após a data da compra. Qual a taxa de juros mensal embutida em cada um dos negócios para compra de um mesmo conjunto de anel, pulseira e brincos no valor de $2.000,00?

95. Para os dados a seguir, encontre a TIR de cada alternativa:

Alternativa	A	B	C
Investimento inicial	$100.000,00	$80.000,00	$50.000,00
Receitas anuais	$40.000,00	$38.000,00	$24.000,00
Despesas anuais	$22.800,00	$26.000,00	$14.000,00
Vida útil	Infinita	Infinita	Infinita

96. Ainda com base nos dados do Exercício 95, considerando-se que os investimentos A, B e C são mutuamente excludentes e que só se pode realizar um único investimento de cada vez, pergunta-se:
    a) Para uma TMA de 5% ao ano, qual das três alternativas deveria ser a escolhida?
    b) Se a TMA fosse de 8% ao ano, você mudaria sua resposta?
    c) Se a TMA fosse de 15% ao ano, qual seria a melhor opção?
    d) Se a TMA fosse de 21% ao ano, qual seria a resposta?

97. Uma organização industrial está pensando em ampliar seus negócios com a aquisição de uma nova planta. Existem três locais possíveis para a sua instalação que podem ser descritos conforme seguem:

Local	X	Y	Z
Investimento inicial	$340.000,00	$380.000,00	$360.000,00
Valor revenda após 25 anos	$300.000,00	$340.000,00	$320.000,00
Rendas anuais	$300.000,00	$330.000,00	$320.000,00
Custos operacionais	$240.000,00	$260.000,00	$255.000,00
Vida útil	25 anos	25 anos	25 anos

Para uma TMA de 12% ao ano, pergunta-se:
a) Qual é a taxa interna de retorno de cada alternativa?
b) Qual é a melhor alternativa?
c) De quanto deveria ser o investimento inicial das alternativas de menor taxa de retorno para que fossem equivalentes à de maior taxa de retorno?

98. Uma empresa, cuja Taxa de Expectativa é de 15% ao ano, está pensando em adquirir uma nova loja para vender seus produtos. Existem dois locais possíveis:

Local	X	Y
Investimento inicial	$350.000,00	$450.000,00
Vida útil	30 anos	30 anos
Valor residual	$100.000,00	$350.000,00
Receitas anuais	$400.000,00	$600.000,00
Custos anuais	$330.000,00	$520.000,00

Pergunta-se:
a) Qual é o CAU de cada um dos locais? (ver Exercício 80 do Método do CAU.)
b) Qual é a melhor alternativa?
c) Qual é a taxa interna de retorno de cada alternativa?
d) A taxa mais econômica continua sendo a já encontrada em "b"? Por quê?
e) Deverá ser feito um investimento nesse local? Por quê?

99. Um cidadão, desejando comprar um televisor colorido, realizou uma pesquisa em diversas lojas e separou as duas propostas que mais lhe agradaram e que podem ser descritas como seguem:
Loja 1 — O televisor Sonia 29' ao custo de $990,00 à vista, podendo ser financiado em "n" pagamentos mensais de $99,46, vencendo o primeiro 1 mês após a data da compra, perfazendo um total de $1.193,52.
Loja 2 — Oferece o mesmo televisor Sonia de 29' em cores, contudo o financiamento é composto de uma entrada de $100,00 e mais 12 prestações de $92,00, perfazendo um total de $1.204,00.
Uma vez definida a TIR embutida no negócio, sendo a taxa de juros a mesma para ambas as alternativas, em qual das lojas se deve comprar o televisor?

100. Para os dados do Exercício 99, faça um gráfico onde conste para diversas taxas de juros os Valores Atuais correspondentes, demonstrando dessa forma se há alguma taxa de indiferença para o negócio.

CAPÍTULO 11

O efeito do Imposto de Renda (IR) na análise de investimentos

Na "Introdução" deste livro, afirmamos que iríamos discutir os conceitos e técnicas associados à Matemática Financeira e à Engenharia Econômica de acordo com *"um ambiente 'perfeito', ou seja, sem a presença de aspectos particulares de cada economia, como, por exemplo, a inflação, que será embutida na análise assim que o leitor se familiarizar com as técnicas"* e que o mesmo ocorreria *"no que tange ao efeito dos impostos na análise de investimentos, como o Imposto de Renda"*, que seria *"igualmente estudado logo após a familiarização por parte do leitor com os Métodos Clássicos de Análise de Investimentos"*.

Pois bem, uma vez apresentados os conceitos teóricos de acordo com o ambiente perfeito a que nos propusemos, e após o leitor ter elaborado alguns exercícios necessários à fixação e sedimentação do conhecimento adquirido, pretendemos a partir de agora conduzi-lo a um ambiente de análise mais elaborado, mais condizente com o "cenário administrativo" que será encontrado no cotidiano das empresas. Inicialmente, vamos apresentar um modelo de análise para empresas que sofrem a influência do Imposto de Renda (IR) e, na seqüência, introduziremos um modelo para se trabalhar sob o efeito da inflação.

Antes mesmo de entrarmos na metodologia de trabalho para esses casos, vale relembrar que, como afirmamos no Capítulo 6, "Princípios fundamentais de Engenharia Econômica", estaremos admitindo aqui que a Taxa Mínima de Atratividade (TMA) refletirá sempre *"o mínimo que um investidor se propõe a ganhar quando faz um investimento, ou o máximo que um tomador de dinheiro se propõe a pagar quando faz um financiamento"* e que, nesse contexto, entendemos que quando definimos que uma TMA é de determinado valor, embutidas nessa taxa deverão estar todas as nuanças que cercam um determinado "cenário administrativo" que deu origem a ela, inclusive a forma de relacionamento da empresa com o Fisco.

Dessa forma, se a empresa estiver sujeita a determinada alíquota de IR, estaremos admitindo que os impostos devidos ao Estado deverão estar incluídos no próprio negócio analisado, ou seja, seria como se assumíssemos que **a TMA se refere a uma expectativa de ganho mínimo após o IR** e que os "encaixes" e "desencaixes" provenientes da análise do novo cenário se constituem em "entradas" e "saídas" de caixa decorrentes da implementação do novo processo.

Tal afirmação se faz necessária, pois o leitor poderá encontrar autores que assumam que ao se analisarem investimentos após o IR deve-se descontar da TMA proposta a alíquota a que a empresa estiver sujeita. Por exemplo, quando afirmam que a empresa está sujeita a uma alíquota de IR de 30% e que pretende uma TMA de 20% ao ano, para a análise após o IR essa TMA deverá ser reduzida multiplicando-a por (1 − alíquota do IR), o que resultaria em $0,20 \times (1 - 0,30)$, ou $(0,20) \times (0,70) = 0,14$ ou 14% ao ano. Isso não significa dizer que uma outra posição esteja errada; na verdade, é uma questão de conceito, da forma como o autor assume que a TMA foi montada. No nosso caso, uma vez que defendemos que o foco da Engenharia Econômica é a análise de investimentos produtivos, investimentos de longo prazo, não faz sentido pensar nesse tipo de análise antes dos impostos, pois, invariavelmente, a menos que estejamos trabalhando com empresas isentas de tributação, a análise antes do IR estará distorcida da realidade da empresa. Isso porque, com a implantação de um novo projeto, a forma de relacionamento da empresa com o Fisco irá forçosamente modificar-se.

Aliás, é importante que deixemos suficientemente claro que, se ao analisarmos investimentos não levarmos em consideração o efeito do IR, poderemos aprovar investimentos que não deveríamos, ou rejeitar aqueles que seriam bons. Isso se deve ao fato de que todos os valores que entram e saem do fluxo de caixa, referentes à análise de novos processos, modificarão o relacionamento da empresa com o Fisco. Em função disso, para efeito didático, iremos assumir que todos os valores existentes no fluxo de caixa deverão ser "tributados" de maneira direta ou indireta, pois acabarão por gerar "encaixes" ou "desencaixes" de impostos que modificarão a análise inicial.

Note que no parágrafo anterior, propositadamente, colocamos a palavra "tributados" entre aspas, pois é evidente que sabemos que despesas e custos não são tributados, mas apenas o lucro. Entretanto, para efeito didático, estamos propondo que para a análise de investimentos que sofram a influência do IR seja utilizada a metodologia que apresentaremos a seguir. Isso porque é a que consideramos mais simples e segura, principalmente para quem não esteja totalmente habituado a tal situação. Ela consiste na montagem de um fluxo, separado do original que vem sendo montado até então, que identificaremos como fluxo contábil, no qual iremos registrar a influência do IR sobre o investimento analisado.

Em um dos parágrafos anteriores afirmamos que todos os valores serão "tributados" de maneira direta ou indireta. Essa afirmação está associada ao fato de que investimentos de capital, para o Fisco, não podem reduzir o imposto a pagar de maneira direta, no momento de seu desembolso; isto só poderá ser feito ao longo da vida útil do bem adquirido, a partir de sua depreciação. Por exemplo, se uma empresa adquirir um automóvel e pagar por ele $20.000,00 à vista, isso não a habilitará a abater esse valor do lucro tributável de uma só vez, de forma integral, no momento da compra. Ela só poderá fazê-lo ao longo de sua vida útil que, pela legislação vigente do IR, é de 5 anos, portanto, poderá ser abatida do lucro tributável a razão de $20.000,00 / 5 = $4.000,00 por ano. Esse valor será lançado anualmente como despesas com depreciação que reduzirão o lucro tributável e gerarão um "encaixe", uma economia de imposto, correspondente ao produto entre a depreciação e a alíquota de IR a que a empresa estiver sujeita.

Na metodologia que propomos, ao "Fluxo Contábil" que criaremos em virtude do novo investimento, em que estarão registrados os encaixes e desencaixes de impostos, será adicionado aquele que estamos montando até então, que denominaremos de "Fluxo Econômico" e que apresenta os valores de entradas e saídas de caixa provenientes do projeto a ser analisado nas datas em que elas efetivamente ocorrem, exatamente da mesma maneira que estamos apresentando até o momento, gerando, dessa forma, com a soma de ambos um novo fluxo que denominaremos de "Fluxo Completo", sobre o qual recairá a análise. Portanto, para fazermos a análise de investimento após o IR, devemos:

1º) **montar o Fluxo Econômico** — assentar as entradas e saídas de dinheiro nas datas em que estas efetivamente ocorram, conforme viemos fazendo ao longo deste livro;

2º) **montar o Fluxo Contábil** — em que estarão expressas todas as "economias" ou "deseconomias", os "encaixes" e "desencaixes" provenientes dos valores existentes no fluxo econômico;

3º) **montar o Fluxo Completo** — onde estará expressa a somatória dos fluxos econômicos e contábil e sobre o qual recairá a análise.

EXEMPLO 32 — Vamos utilizar, para demonstrar a influência do IR na análise de investimentos, o mesmo caso do **Exemplo 30**, verificando o que ocorreria caso a empresa estivesse sujeita a uma alíquota de IR de 35% sobre o lucro.

Assim, temos que determinada empresa está estudando a possibilidade de substituir parte de seu processo produtivo atual por um mais moderno, que poderá ser operado por um único empregado, proporcionando assim uma economia anual de mão-de-obra da ordem de $15.000,00. Sabe-se que para colocar o novo processo em funcionamento será preciso adquirir uma nova máquina no valor de $60.000,00 e equipamentos complementares na ordem de $25.000,00. Ambos os desembolsos serão feitos à vista, na data 0, e depreciados linearmente ao longo da vida útil. Se a empresa insistir em um retorno de 15% ao ano, considerando-se que o processo poderá operar por 15 anos e ser vendido por $25.000,00 após esse período, o investimento deverá ser feito? Decidir pelo Método da TIR, considerando-se uma alíquota de IR de 35%.

(Vale lembrar que a TIR antes do IR, calculada no Exemplo 30, foi de 16,31579%.)

Para a análise após o IR devemos inicialmente montar o "Fluxo Econômico", que é exatamente o mesmo montado para a solução do Exemplo 30, ou seja:

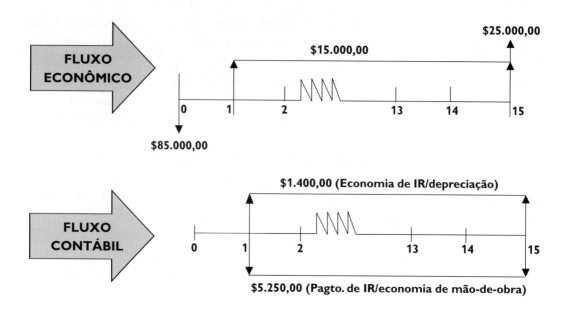

Antes de somarmos os dois fluxos (econômico + contábil), dando origem àquele que identificaremos como "Fluxo Completo", e calcularmos com base neste a TIR após o IR, é importante compreendermos como obtivemos os valores que se encontram alocados no "Fluxo Contábil". O processo utilizado foi o seguinte:

1) **Pagamento de IR proveniente da economia de mão-de-obra**: Se assumirmos que o novo processo irá gerar economia de mão-de-obra e considerarmos que as receitas não irão se alterar em função do novo processo, a diferença entre os custos anteriores e os novos custos reduzidos em $15.000,00 gerará um aumento no lucro na mesma proporção, portanto teremos que recolher o IR correspondente ao novo lucro, ou seja, $15.000,00 (0,35) = **$5.250,00/ano**.
2) **Economia de IR proveniente da depreciação do novo processo**: Se assumirmos que o novo processo é formado por equipamentos que montam a $85.000,00 e serão depreciados ao longo da vida útil de 15 anos, e considerarmos que após esse prazo eles poderão ser vendidos por $25.000,00, poderíamos assumir pelo menos duas opções:
    • A primeira, a que utilizamos na montagem do exemplo, considerou que iremos resguardar uma parte da depreciação do bem ($25.000,00) a título de valor residual para o momento da venda e, conseqüentemente, depreciaremos a diferença entre o valor do bem e o valor residual ao longo da vida útil gerando, no caso, uma depreciação de $4.000,00 por ano, ou seja, $85.000,00 − $25.000,00 = $60.000,00/15 = 4.000,00 por ano.

Esclarecendo a quem não esteja habituado com a terminologia aqui utilizada, de maneira bastante pragmática, sem a preocupação com a precisão da terminologia mais contábil, já que este que não é nosso objetivo, pode-se considerar que a depreciação e o valor residual são figuras contábeis, ou seja, não são entradas ou saídas de dinheiro, tanto que o valor da depreciação de $4.000,00 por ano, utilizado no exemplo e demonstrado anteriormente, não aparece em nenhum dos fluxos, nem mesmo no "Fluxo Contábil", pois constitui apenas lançamentos contábeis para prestação de contas ao Fisco. O que nos interessa, **em termos gerenciais conforme o nosso enfoque**, é o fato de que despesas com depreciações reduzem contabilmente os lucros e, conseqüentemente, geram encaixes de impostos. Por sua vez, o valor residual que se constitui no valor contábil do bem ao final da vida útil, ou no momento de sua venda, é o valor reconhecido pelo Fisco para aquele bem naquele momento. Ainda, o encaixe ou desencaixe de impostos ocorrerá em função do lucro ou prejuízo na venda de ativo, já que o valor de venda do bem que reflete o seu valor de mercado naquele mesmo momento poderá ser maior, menor ou igual ao valor contábil, sendo que a apuração se dará da seguinte forma:

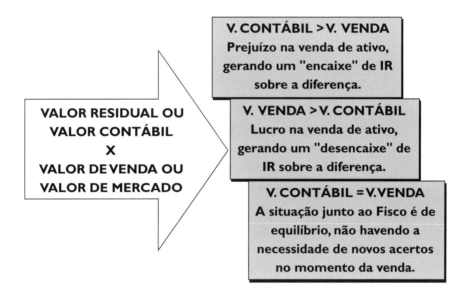

- Como uma segunda opção poderíamos, em vez de ter optado por depreciar apenas o valor de $60.000,00, conforme fizemos, ter depreciado integralmente o valor do bem no total de $85.000,00, o que proporcionaria uma depreciação linear de $5.666,67 por ano, $85.000,00/15, e um encaixe de IR de $5.666,67(0,35) = $1.983,33 para um valor residual nulo. Neste caso, ao final da vida útil, ao vendermos o equipamento por $25.000,00 e se assumirmos um valor residual nulo, teremos um desencaixe de IR referente ao lucro na venda de ativo, calculado em função da alíquota a que a empresa estiver sujeita, ou seja:

(Valor Residual = 0) − (Valor de Mercado de $25.000,00) = $25.000,00 de Lucro na Venda de Ativo ⇒ Desencaixe de IR = $25.000,00 (0,35) = $8.750,00.

Portanto, no Fluxo Contábil teríamos anualmente um "encaixe" de IR de $5.666,67 referente à depreciação e um desencaixe de IR de 8.750,00 ao final da vida útil, ao término do 15º ano, modificando com isso a análise, pois quando assumimos um Valor Residual para o bem, resguardando esse valor para o momento da venda, estamos, na prática, postergando um direito a uma economia de IR. Deve-se principalmente a isso o fato de as empresas normalmente depreciarem integralmente seus ativos ao longo da vida útil, não resguardando nenhum valor residual para o seu final.

Voltemos aos cálculos que iniciamos para o Exemplo 31 e logo a seguir demonstraremos como ficaria a análise para esta 2ª opção. Reproduziremos, a seguir, os dois fluxos montados na pág. 142 (o Econômico e o Contábil) e, a partir deles, o Fluxo Completo em que resultaram e sobre o qual irá recair a análise:

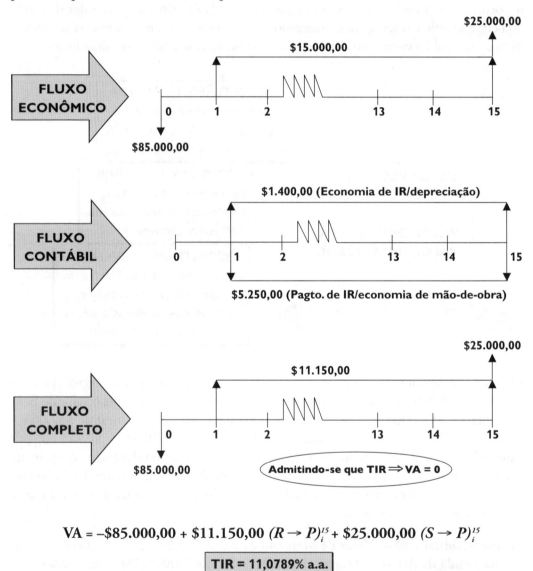

$$VA = -\$85.000,00 + \$11.150,00 \; (R \to P)_i^{15} + \$25.000,00 \; (S \to P)_i^{15}$$

TIR = 11,0789% a.a.

Portanto, para esta 1ª opção, a TIR é de 11,0789%. Vamos demonstrar agora como teria ficado a análise, para este mesmo exemplo, caso ela tivesse sido elaborada em função do que denominamos de 2ª opção, ou seja, se tivéssemos depreciado integralmente o bem para um valor residual nulo e feito sua venda por $25.000,00 (valor de mercado) ao final da vida útil. Neste caso, o Fluxo Econômico não se modifica, pois os valores de entradas e saídas de caixa continuam sendo absolutamente os mesmos e ocorrendo nas mesmas datas. O que se modificará é o relacionamento da empresa com o Fisco, gerando com isso diferentes encaixes e desencaixes de IR e, conseqüentemente, uma nova expectativa de ganho, uma nova TIR para o projeto. Ou seja:

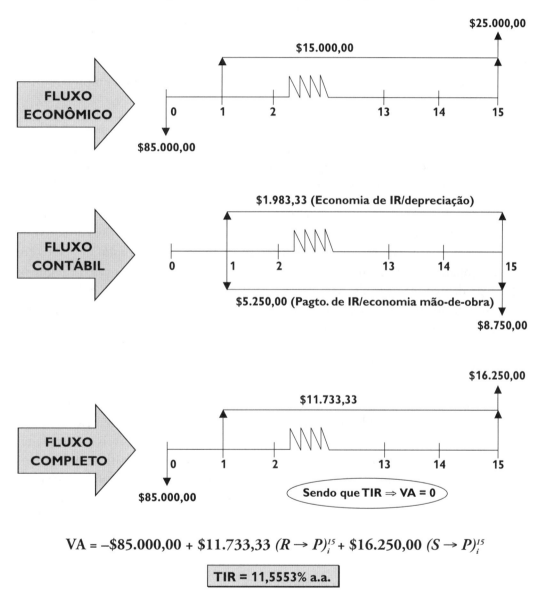

$$VA = -\$85.000,00 + \$11.733,33 \ (R \to P)_i^{15} + \$16.250,00 \ (S \to P)_i^{15}$$

TIR = 11,5553% a.a.

Note que, como afirmamos, a TIR do investimento passou de 11,0789% para 11,5553% ao ano apenas em função da forma como optamos, para este novo investimento, de nos relacionarmos com o Fisco. Claro que a mobilidade nesse sentido é pequena, mas ela existe e é uma decisão gerencial. Assumindo uma ou outra posição, o que deveremos fazer para aceitar ou não o investimento é comparar a TIR com a TMA da empresa.

Aqui entra o conceito que discutimos na pág. 89, ou seja, se assumirmos que para este investimento necessitamos de uma TMA de 15% ao ano é porque, de acordo com esta expectativa de ganho mínimo, devem estar inclusos todos os custos e receitas envolvidos com o projeto, inclusive impostos e taxas. Portanto, se a tivéssemos comparado com o ganho de 16,31579% a.a., obtidos antes do IR, estaríamos aceitando um investimento que não proporcionaria à companhia um ganho líquido condizente com suas expectativas. Isso porque sua TIR, após o IR, seria de 11,0789% a.a. ou de 11,5553% a.a., em função da forma escolhida para nos relacionarmos com o Fisco, embora ambas as formas conduzam a uma TIR bem abaixo da TMA pretendida pela empresa.

> **Em função do exposto, pode-se concluir que, como a TIR é menor que a TMA, o investimento proposto não atinge o ganho mínimo necessário, portanto não interessa para a empresa em pauta e deverá ser descartado!**

Existem inúmeras situações específicas em que deve ser utilizada, obrigatoriamente, a análise após o IR. Essas situações estão sempre associadas a alternativas de ação que não possuam os mesmos critérios de dedução fiscal como, por exemplo, nos casos em que se compara um equipamento novo com outro já existente, ou nos casos em que os valores de depreciação anuais, bem como os valores residuais contábeis e de mercado sejam significativamente diferentes, ou mesmo quando se analisam as opções entre comprar ou alugar um determinado bem.

Vamos, a seguir, adaptar algumas situações práticas específicas a fim de demonstrar como tratar as peculiaridades existentes para alguns casos particulares de análise. Ressalte-se, aqui, que é impossível abordar em uma única obra todos os diferentes tipos de investimentos existentes. Apenas a título de ilustração, para o Exemplo 31 que acabamos de discutir foram consideradas duas premissas distintas que nos levaram a dois resultados diferentes e que, com certeza, não são as únicas suposições possíveis a serem feitas para o caso, mesmo porque uma rápida pesquisa acerca de uma classificação dentre os diversos tipos de investimentos poderá nos levar a inúmeras diferentes nomenclaturas utilizadas por diversos autores, inclusive para identificar situações de análise muitas vezes idênticas. As mais comumente encontradas podem ser classificadas como decisões de:

- investimentos de substituição;
- investimentos de expansão;
- investimentos de modernização ou inovação;
- investimentos estratégicos.

Entretanto, o leitor perceberá ao final da discussão que a essência da análise, o eixo central, permanece inalterado podendo ser utilizado em qualquer situação.

Investimentos de substituição

Os investimentos de substituição, que levam em consideração a substituição de um equipamento novo por um envelhecido, quer pelo uso, quer pela obsolescência, são os mais numerosos e mais freqüentes. Esta situação comporta, em geral, um menor grau de incerteza por conhecermos o processo e podermos determinar, mesmo que em parte, as conseqüências de tal substituição. Essa substituição poderá ser levada a termo, quer em função de fatores internos, como o desgaste que acaba por aumentar o custo de produção e manutenção, quer por fatores externos, como, por exemplo, a obsolescência em função de progresso técnico não previsto no projeto original.

Um caso típico dessa situação é o que acabamos de analisar no Exemplo 31, em que foi proposta a substituição do equipamento atual em busca de um novo que trouxesse uma diminuição dos custos de mão-de-obra. O Exemplo 22 que descrevemos na pág. 77 como *"Um caso típico de Engenharia Econômica"* é outra situação igualmente interessante para ilustrar um investimento de substituição, pois apresenta um grande número de variáveis a serem consideradas, tornando-se em função disso um exemplo rico em detalhes e que será nosso objeto de discussão a seguir, no Exemplo 33, sob o título de:

> **Problemas de substituição de equipamento usado, mas com vida remanescente, por um equipamento diferente, reconhecendo erros do passado.**

EXEMPLO 33 — "Nossa empresa adquiriu 2 anos atrás um equipamento por $1.000.000,00 para fazer parte do processo de transformação de determinado componente necessário à elaboração de nosso produto final. O objetivo era utilizá-lo por um período de 10 anos. A compra foi indicação sua, entretanto, na última reunião de diretoria inúmeras reclamações demonstraram que o desempenho do processo não estava sendo o esperado. Em função disso, foi-lhe dado um ultimato para que você decida quanto à substituição do equipamento atual por outro mais moderno, que poderá se adaptar melhor ao processo, ou justifique o porquê de manter o equipamento atual em uso, apesar das queixas existentes.

Na tentativa de defender sua opinião acerca de manter em funcionamento o atual processo, você argumentou, de pronto, que a substituição do equipamento neste momento acabaria acarretando mais custos à empresa e, portanto, não deveria ser feita, já que o processo atual vem se mostrando tecnicamente capaz, ou seja, atendendo perfeitamente às especificações técnicas propostas pelo projeto do produto.

Por sua vez, o pessoal de Marketing, o maior defensor da substituição, argumentou que os concorrentes possuem equipamentos mais modernos — o que, segundo essa equipe, é o que lhes permite custos menores no momento da negociação com os clientes. Nesse momento, o pessoal de Finanças entrou na discussão alegando que a empresa já havia gasto muito dinheiro nesse processo e que considerava um desperdício investir em algo que já funciona adequadamente.

A reunião foi encerrada com o presidente fechando a discussão ao afirmar que pior do que gastar mais dinheiro é perder clientes e que, portanto, deveríamos fazer uma análise verificando se a decisão tomada há 2 anos deveria ou não ser mantida. Para tanto solicitou-lhe que seja apresentado, na próxima reunião, um estudo comparativo justificando se deve ser mantido ou não o atual equipamento em funcionamento. Ficou estabelecido também que o valor gasto com a aquisição do equipamento seria considerado uma perda já ocorrida, devendo, portanto, ser ignorado em termos de análise, e que teríamos de decidir a partir de agora se devemos, ou não, adquirir um novo equipamento, com a conseqüente venda do atual.

Depois de mais alguma discussão, ficou definido que para essas análises deverão ser utilizadas a taxa mínima de atratividade da companhia — que para este tipo de investimento é da ordem de 10% ao ano — e a incidência do imposto de renda a que a empresa está sujeita, cuja alíquota é de 35% sobre o lucro.

Terminada a reunião, você foi a campo em busca de informações para comparar as alternativas de ações existentes. O resultado da pesquisa mostrou que, se a empresa mantiver a atual política de manutenção, a máquina atual poderá continuar operando normalmente nos próximos 10 anos, desde que seja feita uma revisão geral no seu 5º ano de vida. Isso acarretará, além dos custos anuais normais do processo, um custo extra de $60.000,00. Entretanto, em função dessa revisão, embora esteja previsto para ela depreciação linear em 10 anos com valor residual 0, a empresa poderá ao final desse período obter no mercado um valor de revenda de $150.000,00 para a máquina atual.

Foram levantados outros dados, como, por exemplo, o custo de peças sobressalentes trocadas no equipamento que é de $30.000,00 por ano, além de seus custos operacionais e de manutenção (cerca de $2.500,00 por mês). Existem também outros custos indiretos que perfazem hoje cerca de $2.500,00 mensais.

Ao contatar os fornecedores do equipamento apontado pelo pessoal de Marketing, você ficou sabendo que, se a empresa adquirir este novo processo, que foi orçado hoje em $1.100.000,00, poderá colocar no negócio o equipamento atual como parte do pagamento, recebendo por ele, na troca, $400.000,00, permanecendo como saldo uma diferença a ser paga no ato. Este novo processo também deverá ser depreciado linearmente ao longo de 10 anos, possuindo um valor residual e de mercado ao final da vida útil de $100.000,00.

As estimativas apontam que os custos diretos de produção, tanto para consumo de energia como para matéria-prima e demais insumos, serão os mesmos para ambas as alternativas, mas que os custos anuais de manutenção e operação deverão cair com a nova máquina para $2.000,00 por mês. Quanto aos outros custos indiretos, também terão uma redução de $500,00 mensais, perfazendo um total de $2.000,00 por mês.

Para o novo equipamento, poderá ser feito um seguro de garantia integral estendida que custará $20.000,00 por ano. Entretanto, se ao longo dos 10 anos for necessária qualquer revisão geral, esta correrá por conta e risco do fornecedor.

Considerando-se que o cenário administrativo não se alterará nesse meio-tempo, nem mesmo no que tange à inflação prevista para o período, que deve se manter no mesmo patamar de hoje, faça suas considerações à diretoria verificando se é possível, depois da análise dos dados, continuar defendendo a permanência do equipamento atual comprado há 2 anos por $1.000.000,00 e em funcionamento, ou se ele deve ser substituído pelo novo equipamento proposto pelo pessoal de Marketing."

O PRIMEIRO ASPECTO A SOLUCIONAR É A QUESTÃO DA PERIODICIDADE:

TAXA ANUAL DE 10% => $i_{mensal} = (1{,}10)^{1/12} - 1 \Rightarrow i_{mensal} = 0{,}7974\%$ ao mês

EQUIPAMENTO ATUAL

CUSTOS MENSAIS = \$5.000,00 $\Rightarrow$ **ANUAIS = \$5.000,00** $(R \rightarrow S)^{12}_{0{,}7974\%}$ = = \$62.702,63

OBSERVAÇÃO: Para efeito de IR, teremos: \$5.000,00(12) = \$60.000,00/ano.

NOVO EQUIPAMENTO

CUSTOS MENSAIS = \$4.000,00 $\Rightarrow$ **ANUAIS = \$4.000,00** $(R \rightarrow S)^{12}_{0{,}7974\%}$ = = \$50.162,11

OBSERVAÇÃO: Para efeito de IR, teremos: \$4.000,00(12) = \$48.000,00/ano.

SATISFEITA ESTA QUESTÃO, TEREMOS:

- os demais custos são anuais;
- o horizonte de planejamento a ser considerado será de 10 anos;
- a primeira opção a ser analisada será manter o equipamento atual;
- a segunda opção será substituir o equipamento atual por um novo.

• *Manter o equipamento atual*

FLUXO ECONÔMICO

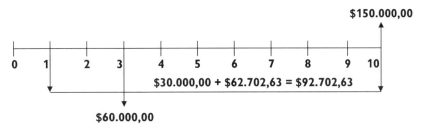

FLUXO CONTÁBIL

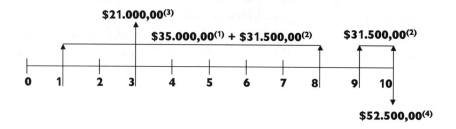

(1) Economia de IR proveniente da depreciação do equipamento pelos próximos 8 anos: $1.000.000,00 / 10 = $100.000,00/ano (0,35) = $35.000,00.
(2) Economia de IR proveniente de custos diversos: $90.000,00 (0,35) = $31.500,00.
(3) Economia de IR proveniente da revisão geral do processo no 5º ano de vida.
 O processo atual já está com 2 anos de uso $\Rightarrow$ $60.000,00 (0,35) = $21.000,00.
(4) Pagamento de IR proveniente da venda de ativo com lucro, visto que no 10º ano de uso ele já estará totalmente depreciado, portanto, ao final do 10º ano, a partir de hoje, já estará com 12 anos de uso, logo, com Valor Residual = 0.
 Valor de Mercado: $150.000,00 $\Rightarrow$ Lucro = $150.000,00 (0,35) = $52.500,00.

FLUXO COMPLETO

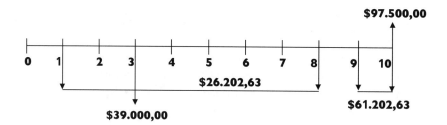

$$VA_{(USADO)} = -\$26.202,63(R \to P)^8_{10\%} - \$39.000,00(S \to P)^3_{10\%} -$$
$$- \$61.202,63(S \to P)^9_{10\%} + \$36.297,37(S \to P)^{10}_{10\%} \Rightarrow$$

$$VA_{(USADO)} = -\$139.789,10 - \$29.301,28 - \$25.955,89 + \$13.994,21$$

$$\boxed{VA = -\$181.052,06}$$

• **Substituir o equipamento atual pelo novo**

FLUXO ECONÔMICO

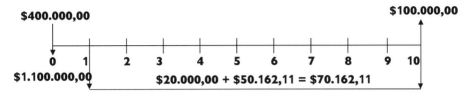

FLUXO CONTÁBIL

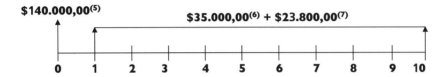

(5) Economia de IR proveniente da Venda de Ativo com Prejuízo, visto que hoje, em seu 2º ano de uso, o equipamento atual foi depreciado em $100.000,00/ano, possuindo um Valor Residual de $1.000.000,00 − $200.000,00 = $800.000,00 e um Valor de Mercado de $400.000,00 ⇒ Prejuízo = $400.000,00 (0,35) = $140.000,00.

(6) Economia de IR proveniente da depreciação do equipamento ao longo da vida útil para um valor residual de $100.000,00 ao final da vida útil, onde:
$(1.100.000,00 − $100.000,00) / 10 = $100.000,00/ano (0,35) = $35.000,00.

(7) Economia de IR proveniente de custos diversos, onde $68.000,00 (0,35) = $23.800,00.

FLUXO COMPLETO

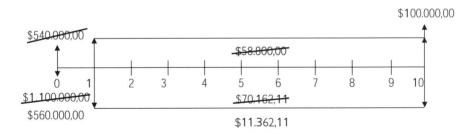

$$VA_{(NOVO)} = -\$560.000,00 - \$11.362,11 \ (R \rightarrow P)_{10\%}^{10} + \$100.000,00 \ (S \rightarrow P)_{10\%}^{10}$$

$$VA_{(NOVO)} = -\$560.000,00 - \$69.815,25 + \$38.554,33$$

$$\boxed{VA_{(NOVO)} = -\$591.260,92}$$

Portanto, considerando-se um horizonte de análise de 10 anos e que a TMA desejada pela empresa é de 10% ao ano, já embutidos inclusive todos os valores de impostos e taxas, e considerando-se ainda que este equipamento é parte integrante de um processo maior, conduzindo em função disso a análise a uma comparação entre custos associados a cada uma das alternativas de ação, onde a alternativa de manter o equipamento atual em uso gerou um $VA_{(USADO)}$ de $-\$181.052,06$ contra um $VA_{(NOVO)}$ de $-\$591.260,92$ correspondente à hipótese de adquirir o equipamento novo em substituição ao atualmente em uso, pode-se concluir que manter o equipamento atual em uso é para a empresa, neste momento, mais vantajoso e deve ser a solução sugerida à presidência na próxima reunião.

É evidente que esta posição poderá gerar contra-argumentação por parte do pessoal de Marketing. Por exemplo, a equipe poderia questionar acerca dos negócios perdidos, fato que seria facilmente refutado em função da capabilidade do processo, ou seja, a empresa consegue atender hoje adequadamente ao cliente e a troca de equipamentos não traria benefícios neste sentido; se o fizesse, estes deveriam ter sido considerados na análise. Por exemplo, se o novo processo possibilitasse novos negócios, as receitas advindas destes deveriam estar presentes nos fluxos, o que efetivamente não ocorreu.

▪ Investimentos de expansão

Aqui estarão situados os investimentos que permitirão aos administradores fazer frente ao desenvolvimento do segmento de mercado em que atuam, quer em função de um consumo crescente de seus produtos ou serviços, quer em função da necessidade da adição de novos produtos ou serviços à gama já existente.

Pode-se considerar que estes casos, embora possam ser discutidos sob a ótica dos investimentos de substituição, onde apareceria a possibilidade de se substituir um equipamento em uso por outro de maior capacidade, devem ser vistos muito mais como a possibilidade de assegurar a produção, ou renunciar a ela. Nestes casos, é a atividade em si que está em discussão; trata-se de saber se é rentável desenvolvê-la.

É evidente que o problema pode tornar-se muito mais complexo, e sua solução mais incerta, na medida em que as estimativas de crescimento das despesas e receitas associadas a cada situação possam ser mais difíceis de se estimar. Estarão aqui presentes, dentre outras, situações associadas com a expansão das instalações atuais, a criação de novas instalações, a terceirização de atividades, a criação de novos turnos de trabalho, ou mesmo a decisão entre manter ou tirar um determinado produto ou serviço de linha.

Exemplos típicos associados a investimentos de expansão são os problemas em que não ocorrerá substituição de equipamentos. Nesses casos, o que está em discussão é saber quando é mais econômico tirar o produto ou serviço de linha, algo como definir economicamente em que momento de seu ciclo de vida o produto, ou o serviço, deve ser descartado. Sabe-se que no cotidiano das empresas esta é uma das decisões mais complicadas de serem tomadas, pois a prática mostra que, normalmente, a opção recai em deixar a demanda pelo produto, ou pelo serviço, simplesmente se extinguir, o que costuma resultar em enormes estoques finais que se prestam exclusivamente para inchar estoques de produtos acabados, peças semiprocessadas e matérias-primas sem expectativa de utilização, sem perspectiva de comercialização.

As decisões desse tipo que não recebem um tratamento econômico tendem a se multiplicar e se constituem em excelente fonte de abastecimento para lojas de "pontas de estoque", ou de "produtos de 2ª linha" vendidos, conseqüentemente, a preços muito inferiores aos praticados no mercado convencional. Esse é o caso a ser discutido por meio do exemplo a seguir.

EXEMPLO 34

— Determinada empresa possui um produto já tradicional no mercado com 16 anos de vida e, para sua elaboração, adquiriu há 6 anos um novo equipamento por $2.000.000,00 que tem dado o retorno esperado em termos de desempenho técnico. Entretanto, a empresa percebeu que nos últimos anos o mercado não tem respondido como antigamente em termos de demanda pelo produto. Os esforços da área de Marketing para reverter o quadro mostraram-se infrutíferos; assim, a empresa deve decidir se mantém ou não o produto no mercado e até quando. Para dar embasamento à decisão, foi feito um levantamento dos dados históricos, chegando-se a uma estimativa de retorno, custos operacionais e valor de mercado para o equipamento em atividade que, como afirmamos, por ocasião da análise possui 6 anos de uso e cuja vida restante prevista é de mais 4 anos. Sendo a Taxa Mínima de Atratividade da empresa de 10% ao ano, a alíquota do IR de 35% e a depreciação linear para 10 anos com valor residual zero ao final do período, a questão que se apresenta é: devemos manter a linha em funcionamento até o final da vida útil? Ou, ainda, até quando devemos mantê-la?

Ano	Retorno esperado	Custos operacionais esperados	Valor de mercado do equipto. no fim do ano
6	0	0	$750.000,00
7	$2.500.000,00	$1.200.000,00	$600.000,00
8	$2.000.000,00	$1.250.000,00	$500.000,00
9	$1.500.000,00	$1.300.000,00	$300.000,00
10	$1.000.000,00	$1.350.000,00	$100.000,00

Para verificar qual das alternativas é a melhor, utilizaremos o Método do VA, embora valha relembrar que qualquer dos métodos clássicos que empregarmos nos conduzirá à mesma opção, indicando a mais interessante economicamente. Dessa forma, teremos:

1) Vender já:
Valor de Mercado $750.000,00
Valor Residual $1.000.000,00 → ($2.000.000,00 – $1.000.000,00)
Prejuízo na Venda de Ativo $250.000,00
Encaixe de IR $250.000,00*(0,35) = $87.500,00

$$VA_{(Vender\,já)} = \$750.000,00 + 87.500,00 \Rightarrow VA_{(Vender\,já)} = \boxed{\$837.500,00}$$

2) Vender com 7 anos de uso

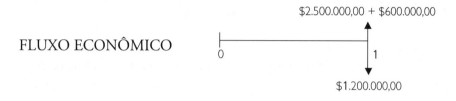

FLUXO ECONÔMICO

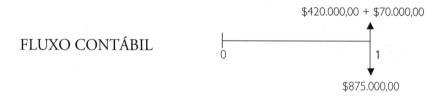

FLUXO CONTÁBIL

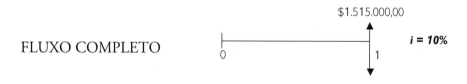

FLUXO COMPLETO $i = 10\%$

$$VA_{(7\,anos)} = \$1.515.000,00\ (S \to P)^1_{10\%} = \boxed{\$1.377.272,70}$$

Observação: Os valores obtidos no fluxo contábil refletem os "encaixes" e "desencaixes" provenientes desta nova decisão → $2.500.000,00 (0,35) = $875.000,00; $1.200.000,00 (0,35) = $420.000,00; Valor Residual $1.200.000,00 – Valor de Mercado $600.000,00 = Prejuízo na Venda de Ativo $200.000,00 (0,35) = $70.000,00.

3) Vender com 8 anos de uso

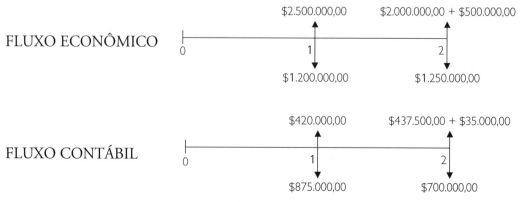

FLUXO ECONÔMICO

FLUXO CONTÁBIL

$$VA_{(8\,anos)} = \$845.000,00\ (S \to P)^1_{10\%} + \$1.022.500,00\ (S \to P)^2_{10\%}$$

$$\boxed{VA_{(8\,anos)} = \$1.613.223,14}$$

4) Vender com 9 anos de uso

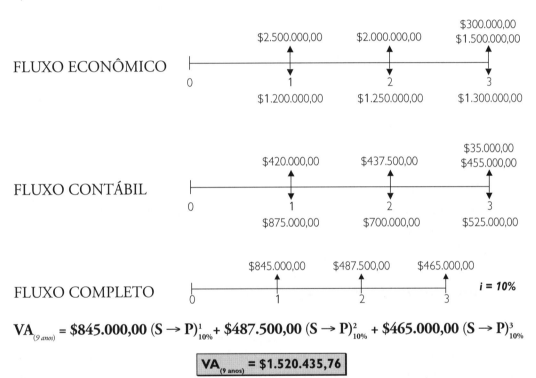

$$VA_{(9\,anos)} = \$845.000,00\ (S \to P)^1_{10\%} + \$487.500,00\ (S \to P)^2_{10\%} + \$465.000,00\ (S \to P)^3_{10\%}$$

$$\boxed{VA_{(9\,anos)} = \$1.520.435,76}$$

5) Vender com 10 anos de uso

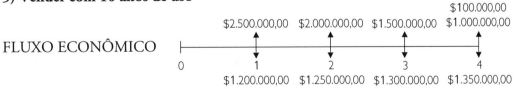

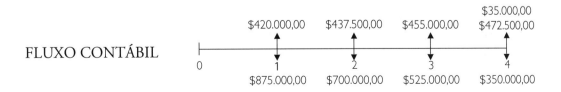

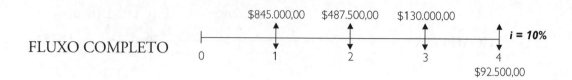

$$VA = \$845.000(S \to P)^1_{10\%} + \$487.500(S \to P)^2_{10\%} +$$
$$+ \$130.000(S \to P)^3_{10\%} - \$92.500(S \to P)^4_{10\%} \longrightarrow \boxed{VA = \$1.205.566,56}$$

Portanto, considerando-se que a interrupção das atividades do equipamento agora, com todos os custos, receitas e implicações de ordem fiscal oriundas de tal decisão, representa um $VA_{(6\,anos)} = \$837.500,00$; contra um $VA_{(7\,anos)} = \$1.377.272,72$ para a interrupção das atividades dentro de 1 ano; um $VA_{(8\,anos)} = \$1.613.223,14$ para a interrupção das atividades dentro de 2 anos; um $VA_{(9\,anos)} = \$1.520.435,76$ para a interrupção das atividades dentro de 3 anos; e um $VA_{(10\,anos)} = \$1.205.566,56$ para a interrupção das atividades dentro de 4 anos; podemos afirmar que a melhor alternativa para esta empresa é a interrupção das atividades deste equipamento dentro de 2 anos, ou seja, com 8 anos de vida.

Observação: Note que, aparentemente, quebramos, neste caso, a regra da homogeneidade, uma vez que estamos comparando vidas diferentes. Entretanto, trata-se de uma exceção, uma vez que já está definida a interrupção do projeto.

▪ Investimentos de modernização ou inovação

Os investimentos em modernização ou inovação assemelham-se em muito aos investimentos em substituição, porque enquanto os de substituição se preocupam com a troca de um equipamento novo por um envelhecido, quer pelo uso, quer pela obsolescência, os de modernização ou inovação estão associados a tentativas de baixar custos (especificamente os relativos ao uso de equipamentos, como o custo de utilização de mão-de-obra, por exemplo), de melhorar o desempenho dos produtos existentes nos seus mais diversos aspectos (acabamento, simplificações técnicas, substituição de matérias-primas, prolongamento do uso), ou de investimentos associados a elaboração e lançamento de novos produtos.

É importante considerar que se nos investimentos de expansão as estimativas de receitas e despesas são difíceis de serem determinadas, nos de modernização ou inovação elas são ainda mais, visto que a presença de alterações no processo produtivo poderá acarretar modificações em toda a estrutura de custos, comprometendo até mesmo os critérios de absorção, repartição ou rateio entre postos de trabalho, ou seções, além, evidentemente, da alteração do próprio custo direto.

É importante ressaltar que a metodologia de trabalho utilizada nas duas formas anteriores deverá ser a adotada em quaisquer que sejam as nomenclaturas empregadas para identificar os diversos tipos de investimentos existentes, ou seja, o conceito discutido no início do presente capítulo não se alterou em nenhum dos dois casos anteriormente analisados e tampouco o será nesta ou em quaisquer outras situações que se apresentarem.

Portanto, cabe-nos ressaltar ao leitor que o objetivo de percorrermos estes quatro tipos de decisões não está associado à tentativa de modificação dos conceitos utilizados, mas sim de colocá-lo frente a frente com o maior número de nuanças possível que poderá encontrar ao montar um projeto de investimento. O Exemplo 35, que discutiremos a seguir, apresenta um **caso em que devemos substituir um equipamento em utilização por outro modelo tecnicamente superior**. Note que após darmos o tratamento que viabiliza sua análise, no tocante à heterogeneidade das vidas úteis, a complementação desta será bastante semelhante à utilizada no Exemplo 33.

EXEMPLO 35 — Um equipamento adquirido há 7 anos tem o seguinte histórico de custos:

Ano	Operação	Perdas devidas a interrupções
1	$20.000,00	$3.000,00
2	$20.000,00	$3.000,00
3	$20.000,00	$3.000,00
4	$30.000,00	$5.000,00
5	$40.000,00	$7.000,00
6	$50.000,00	$9.000,00
7	$60.000,00	$11.000,00

Se o equipamento continuar em funcionamento, estima-se, pela análise de sua série histórica de custos, que durante o seu 8º ano de uso os custos operacionais serão de $70.000,00 e as perdas por interrupções no processo atingirão $13.000,00. As estimativas apontam que para o 9º ano de atividade podem-se esperar custos operacionais de $80.000,00 contra perdas de $15.000,00 e, permanecendo o equipamento em uso por mais 3 anos, ou seja, durante seu 10º ano de uso, os custos atingirão $90.000,00 e $17.000,00, respectivamente, para operações e perdas. O equipamento tem valor de mercado atual de $100.000,00 que se reduzirá para $70.000,00 dentro de 1 ano, para $20.000,00 em 2 anos e deverá ser "sucateado" ao final do 10º ano, pagando-se $2.000,00 para sua remoção.

Estudos junto a fornecedores de equipamentos desse tipo mostram que existe a opção de substituir essa máquina por uma nova, automática e com controles eletrônicos, cujo custo é de $600.000,00. A nova máquina deverá eliminar completamente as interrupções e seus respectivos custos e, ainda, reduzirá os custos de operações para

$40.000,00 por ano, não devendo alterar-se nos próximos 5 anos, que será o seu tempo de vida útil; nesse período, ela será depreciada linearmente para um valor residual de $100.000,00 quando então, estima-se, poderá ser vendida a esse preço.

Supondo que o **desafiante** será renovado indefinidamente com o mesmo fluxo de caixa ao final de cada ciclo de vida útil (capitalização infinita) e que o **defensor**, adquirido por $200.000,00, tem como expectativa a depreciação linear em 10 anos sem valor residual, fazer a comparação entre trocar o **defensor** já, ou mantê-lo em uso por mais 1, 2 ou 3 anos. Utilizar para análise uma alíquota de IR de 30% e uma TMA de 15% a.a.

Observações: A terminologia **desafiante** e **defensor** é bastante usada para identificar situações em que um equipamento, máquina, ou processo se apresenta para substituir outro já existente. O novo assume o papel de **desafiante** e o atual de **defensor**.

Assumindo o horizonte de planejamento infinito, como observado anteriormente, pode-se supor que o fluxo de caixa do **desafiante** se repetirá de maneira idêntica infinitas vezes, portanto, basta calcularmos o CAU do **desafiante** ao longo da primeira vida útil (5 anos) e assumirmos que este valor se repetirá infinitas vezes, simplificando o trabalho de cálculo. Identificaremos o resultado alcançado como Custo Anual Infinito (CAI).

Dessa forma, começaremos a análise calculando o CAU do **desafiante** após o IR, é evidente que independentemente dos custos de manter o equipamento **defensor** em atividade. Assumiremos que o CAU encontrado para o desafiante será um CAI que ocorrerá a partir da data de retirada do **defensor** em atividade.

• *CAU do desafiante*

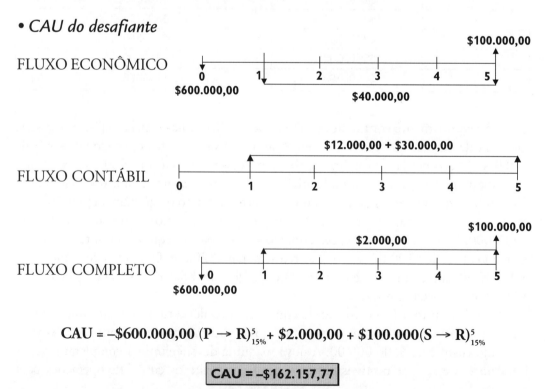

$$CAU = -\$600.000,00 \; (P \rightarrow R)^{5}_{15\%} + \$2.000,00 + \$100.000 (S \rightarrow R)^{5}_{15\%}$$

$$\boxed{CAU = -\$162.157,77}$$

Supondo que o **desafiante** será renovado indefinidamente com o mesmo fluxo de caixa ao final de cada ciclo de vida útil, o CAU será na verdade um **CAI de –$162.157,77**, ou seja, se repetirá infinitamente uma vez implantado. Assim sendo, passa-se a fazer a análise da substituição do **defensor** utilizando-se a partir de então o CAI do **desafiante**.

Outro fator importante a considerar é o de que nas quatro alternativas de ação possíveis — trocar já ou manter o **defensor** mais 1, 2 ou 3 anos em atividade — a partir do terceiro ano, nos quatro casos, os fluxos terão sempre os mesmos valores, logo, se não tivermos como objetivo saber qual o VA do processo para um serviço permanente (capitalização infinita), mas sim saber qual das quatro opções é a melhor, poderemos resolver o problema considerando apenas o que ocorre no período de 3 anos (o horizonte de planejamento será o dos 3 anos de vida restantes do **defensor**) e, para equipararmos as vidas úteis, utilizaremos o valor do CAI nos anos em que o **desafiante** já existir.

- *Trocar o defensor pelo desafiante já*

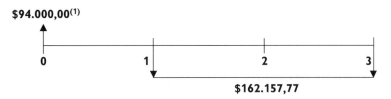

[1] Valor residual ou contábil $200.000,00/10 = $20.000,00 de depreciação por ano — restam ser depreciados 4 anos (7º ao 10º ano), portanto: $100.000,00 – $20.000,00 (4) — implicarão $20.000,00 de lucro na venda de ativo, com IR a pagar de $20.000,00(0,30) = $6.000,00

$$VA_{(Trocar\ já)} = \$94.000,00 + \$162.157,77\ (R \to P)^3_{15\%} \longrightarrow \boxed{VA = -\$276.242,69}$$

- *Trocar o defensor dentro de 1 ano pelo desafiante*

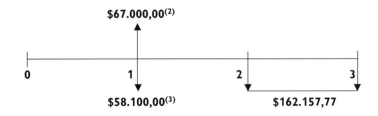

[2] Valor residual ou contábil $200.000,00/10 = $20.000,00 de depreciação por ano — restam ser depreciados 3 anos (8º ao 10º ano), portanto: $70.000,00 – $20.000,00 (3) implicarão $10.000,00 de lucro na venda de ativo, com IR a pagar de $10.000,00 (0,30) = $3.000,00.

[3] $70.000,00 (custos) + $13.000,00 (interrupções) = $83.000,00 (0,70) = $58.100,00.

$$VA_{(Trocar\ em\ 1\ ano)} = \$8.900,00\ (S \to P)^1_{15\%} + \$162.157,77\ (R \to P)^2_{15\%}\ \boxed{VA = -\$271.360,45}$$

• **Trocar o defensor** *dentro de 2 anos* **pelo desafiante**

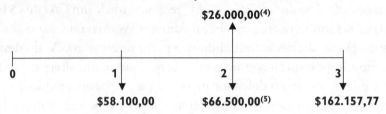

(4) Valor Residual ou Contábil 20.000,00(2) = $40.000,00 – $20.000,00 (Valor de Mercado) — implicarão $20.000,00 de prejuízo na venda de ativo, com economia de IR de $20.000,00(0,30) ⇒ $6.000,00 (economia de IR) + $20.000,00 (Valor Venda) = $26.000,00.
(5) $80.000,00 (custos) + $15.000,00 (interrupções) = $95.000,00 (0,70) = $66.500,00.

$$VA_{(Em\ 2\ anos)} = -\$58.100,00\ (S \to P)^1_{15\%} - \$40.500,00\ (S \to P)^2_{15\%} -$$

$$- \$162.157,77\ (S \to P)^2_{15\%} \quad \boxed{VA = -\$187.766,92}$$

• **Trocar o defensor** *dentro de 3 anos* **pelo desafiante**

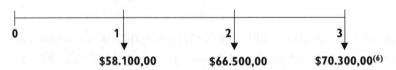

(6) Valor Residual ou Contábil $20.000,00 (depreciação do 10º ano) – $0,00 (Valor de Mercado) — implicarão $20.000,00 de prejuízo na venda de ativo, com economia de IR de $20.000,00(0,30) = $6.000,00. Portanto: $90.000,00 (custos operacionais) + $17.000,00 (interrupções) + $2.000,00 (remoção) ⇒ $109.000,00 (0,70) = $76.300,00 – $6.000,00 (economia de IR por prejuízo na venda de ativo) = $70.300,00.

$$VA_{(Em\ 2\ anos)} = -\$58.100,00\ (S \to P)^1_{15\%} - \$52.500,00\ (S \to P)^2_{15\%} -$$

$$- \$162.157,77\ (S \to P)^2_{15\%} \longrightarrow \boxed{VA = -\$147.028,68}$$

Em função da apuração dos VAs das quatro opções possíveis — trocar o **defensor** pelo **desafiante** já (–$276.242,69); trocá-lo dentro de 1 ano (–$271.360,45); trocá-lo em 2 anos (–$187.766,92); ou trocá-lo dentro de 3 anos (–$147.028,68) —, considerando-se que a partir das datas das trocas em todos os casos ocorrerá sempre o mesmo CAI, conforme apurado anteriormente (–$162.157,77), a melhor opção é a de trocá-lo em 3 anos.

▪ Investimentos estratégicos

Como afirmamos anteriormente, as classificações que utilizamos aqui, denominadas decisões de **Investimentos de substituição, Investimentos de expansão, Investimentos de modernização ou inovação** e **Investimentos estratégicos**, são apenas uma forma particular adotada, que não são, em absoluto, as utilizadas por todos os autores.

Dentre as inúmeras formas de classificação de investimentos propostas por uma infinidade de autores, valemo-nos desta apenas como uma maneira de registrar como já em 1959 **J. Dean**, em seu artigo *Théorie économique et pratique des affeaires*, se reportava a tais classificações, tendo levantado, na oportunidade, mais de 250 tipos diferentes de investimentos. Entretanto, note que os próprios **Investimentos estratégicos** propostos pelo autor, e aos quais vamos nos reportar a seguir, estão intimamente ligados com os demais tipos que discutimos até então, ou seja, as formas de análise devem levar em consideração sempre os fluxos econômicos com as entradas e saídas de caixa nas datas em que efetivamente ocorrem, o fluxo contábil que será gerado em função do novo investimento e o conseqüente fluxo completo sobre o qual deverá recair a análise.

Já naquela época o autor defendia que existiam dois tipos de investimentos com características inteiramente estratégicas. O primeiro tipo são os constituídos por aqueles que têm por objetivo reduzir os riscos da empresa, resultantes do progresso técnico e da concorrência; eles tendem a ter um caráter mais **defensivo**, com a busca de integração vertical, hoje em dia substituída, na maioria dos casos, pelas parcerias estratégicas; e os de caráter mais **ofensivo**, que são os constituídos pelas despesas com pesquisa e desenvolvimento, realizados principalmente por empresas que pretendem manter-se à frente da concorrência no que se refere aos lançamentos de novos produtos e/ou serviços no mercado e, conseqüentemente, tenham por objetivo o lucro resultante dessa aspiração.

Um segundo tipo está associado aos investimentos de ordem social, cujo objetivo é melhorar o bem-estar dos colaboradores da organização e até mesmo assegurar-lhes, fora do trabalho, o conforto material e moral indispensáveis à criação e, no seio da empresa, um bom clima social e psicológico que gere maior interesse para com a organização e, conseqüentemente, melhore a produtividade e o retorno financeiro da mão-de-obra.

Pelo aqui exposto, pode-se perceber que — diferentemente dos investimentos em substituição, expansão e modernização, que têm por objetivo direto a redução de custos ou o aumento das receitas, com o conseqüente aumento dos lucros, de tal forma a remunerar adequadamente o capital investido, levando-se em consideração, pela TMA, as incertezas e os riscos do processo econômico — os investimentos estratégicos visam muito mais à realização das condições favoráveis para manter e/ou aumentar a competitividade da organização ao longo do tempo, por meio da viabilização e do sucesso dos diversos projetos de investimento, quer sejam eles de substituição, expansão ou modernização.

Evidencia-se também, de forma bastante clara, que — diferentemente dos investimentos em substituição, cuja rentabilidade pode ser medida pelas economias que proporcionam, e dos investimentos em expansão e modernização ou inovação, que são medidos pelas receitas suplementares oriundas do novo processo — os projetos estratégicos, embora possam, dificilmente são mensurados sob esse prisma, sendo muitas vezes até mesmo considerados dispensáveis deste tipo de análise, considerando-se muito mais o comprometimento que podem trazer à rentabilidade imediata da organização e à sua estabilidade econômica.

Em última instância, estas considerações deixam transparecer que o critério de lucro nos projetos estratégicos estão sempre subjacentes, não podendo ser medidos de maneira direta; em função disso, é importante considerar de que forma é possível resolver os diversos problemas e qual a maneira mais econômica de fazê-lo. É o equivalente a demonstrar por que determinado projeto se mostra mais vantajoso que as outras alternativas possíveis, ou por que outros projetos existentes devem ser preteridos em relação a ele, uma vez que todos concorrem pelo mesmo capital. E isso, como afirmamos, pode ser feito pela metodologia até aqui demonstrada e discutida, não havendo a necessidade da criação de novos modelos para essa tarefa.

CAPÍTULO 12

O *leasing* e a análise de investimentos: comprar ou alugar? — Um problema típico de Engenharia Econômica

Uma das decisões que mais comumente se apresentam aos gestores de operações é aquela que os leva a optar entre investir parte do patrimônio da empresa em imobilizado, mediante a aquisição de bens de capital para levar a cabo o processo produtivo, e alugar os recursos necessários para desenvolver suas atividades.

Há até pouco tempo a sensação de poder associada à posse de imóveis, automóveis, máquinas, equipamentos e afins por parte das empresas fazia com que os empresários optassem, sem titubear, pela aquisição dos recursos produtivos necessários às atividades de suas organizações por meio da compra destes com seus próprios recursos. Isso porque se acreditava que era a posse do maquinário que dava à empresa a competência técnica de sua área e a manteria à frente de sua concorrência no mercado.

De uns tempos para cá, a velocidade de lançamento de novas formas de produção, de novos métodos de trabalho, de novas tecnologias fez com que os gestores passassem a considerar com maior ênfase a necessidade da constante atualização de seus recursos produtivos, sob o risco de se tornarem ultrapassados e obsoletos. As altas quantias necessárias à aquisição dessas novas tecnologias por meio do processo de compra foram gradativamente substituindo a idéia de segurança, estabilidade e poder associadas às empresas com grande imobilizado, demonstrando que mais importante que a posse é a capacidade de adaptação, de inovação, de flexibilidade, que a competência da companhia deve estar centrada no conhecimento apreendido e não nos equipamentos que possui.

Essa nova tendência deu ao *leasing* um forte impulso, tornando-o uma das mais importantes formas de aquisição de bens de capital por parte das empresas. Já em 1986, por ocasião da primeira edição de seu livro, os professores **Hummel** e **Taschner** dedicaram um capítulo especial ao assunto, demonstrando sua importância. Naquela oportunidade, definiram que o *leasing* no Brasil era conhecido como arrendamento mercantil, fato que se mantém até hoje. Em 1994, os professores **A. Lopes de Sá** e **Ana M. Lopes de Sá**, em seu *Dicionário de Contabilidade*, definiram que o *leasing* é o fenômeno patrimonial da cessão de uso de um bem móvel ou imóvel, mediante cobrança de um valor como compensação.

Eles afirmam que existem empresas que têm como objetivo de suas atividades realizar tais cessões e que, neste caso, seu ativo operacional, por natureza, acha-se em mãos de terceiros, seus clientes, e a sua receita é constituída pelo pagamento que estes fazem para a sua utilização. As cotas de pagamentos obedecem a tabelas nas quais a empresa de *leasing* procura recuperar o investimento, amortizar seus custos financeiros e operacionais do exercício e obter um lucro. Para quem usa, o pagamento feito é um custo, tal como o de locação ou arrendamento. Para quem cede, a cota recebida é uma receita.

Defendem, portanto, a mesma idéia de Hummel e Taschner, que afirmam que este termo exprime uma operação na qual uma empresa (arrendadora) arrenda um bem econômico a outra empresa (arrendatária), mediante certas condições contratuais.

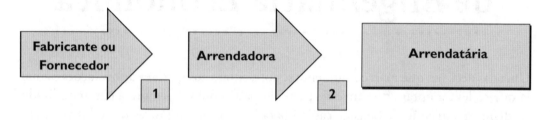

1 A empresa arrendadora **compra** o bem do fabricante ou do fornecedor com todas as características técnicas solicitadas pelo arrendatário.

2 A empresa arrendadora entrega o bem à arrendatária e passa a receber uma série de pagamentos periódicos, conforme estipulado no contrato de *leasing*. Ao término do contrato, a arrendatária poderá exercer uma opção de compra, adquirindo o bem por um valor residual fixado em contrato — normalmente simbólico — ou devolvê-lo à arrendadora.

Nesses termos, as empresas arrendatárias não têm que imobilizar seu capital em equipamentos, deixando-o livre para ser utilizado em pesquisa e desenvolvimento e mesmo como capital de giro. Isso tem feito com que, aqui no Brasil, um número cada vez maior de empresas esteja optando por arrendar os equipamentos necessários, tornando assim o *leasing* uma prática usual nos nossos meios econômicos, a exemplo do que ocorre nos países mais adiantados.

A preocupação com uma regulamentação que especifique e ordene as operações de *leasing* encontra-se na Lei nº 6.099/74, que foi inicialmente regulamentada pela Resolução 351/75 do Conselho Monetário Nacional. Existem hoje no mercado dois tipos de contratos de *leasing* que, segundo Athos Gusmão Carneiro, em *Contrato de Leasing Financeiro e Ações Revisionais*, podem ser compreendidos conforme seguem:

- No *Leasing* Financeiro, *"as contraprestações devem ser suficientes para que a arrendadora recupere o custo do bem arrendado e ainda obtenha um retorno, ou seja, um lucro so-*

bre os recursos investidos". Neste caso temos um contrato de financiamento de compra disfarçado, ou seja, o bem arrendado não poderá ser devolvido.
• No Leasing Operacional, *"as contraprestações destinam-se basicamente a cobrir o custo de arrendamento do bem e ainda dos serviços prestados pela arrendadora com a manutenção e assistência técnica postos à disposição da arrendatária".* Neste caso, a opção de compra será pactuada no contrato.

Assim sendo, o *leasing* passa a ser uma importante alternativa ao financiamento e uma nova forma de aquisição de bens de capital que traz às empresas, dentre outras, as seguintes vantagens e desvantagens:

• **As vantagens do *leasing***

É oportuno lembrar que a aquisição mediante a compra de um equipamento, ou outro bem econômico qualquer, como imóveis, automóveis, máquinas e afins classificáveis no ativo fixo, destinados ao uso próprio da arrendatária, nem sempre é viável para uma empresa; com isso, o *leasing*, cujos contratos poderão ter uma duração de 2 a 5 anos, dependendo basicamente da vida útil do equipamento e das condições da arrendatária, apresenta-se como uma solução real, pois:

a) Não há nem a necessidade de imobilização de capital próprio nem a de financiamento para a compra de equipamento, ficando desta forma a arrendatária com capital livre para manutenção de capital de giro e disponibilidade de crédito junto aos bancos. Dessa forma, elevam-se os índices de liquidez da empresa.
b) Além de permitir a manutenção de altos índices de produtividade com a renovação dos processos, com práticas previamente fixadas, as despesas ou custos gerados pelo valor do aluguel do bem arrendado são inteiramente dedutíveis do IR.
c) Não sendo imobilizado, o valor do bem adquirido por *leasing* não aumenta o total do ativo permanente da empresa, contribuindo para a não diminuição da relação patrimônio líquido-ativo permanente, cuja correção monetária outrora era lançada como despesa, o que hoje é vedado pela nova legislação do IR.
d) O fato de não se poder atualizar monetariamente o valor do bem adquirido torna a compra ainda menos atrativa que o *leasing*, pois a sua depreciação se dá em valores nominais, fazendo com que a empresa acumule lucros fictícios que serão tributados pelo Fisco, por meio do IR.
e) A proibição da correção monetária carrega consigo uma outra vantagem do *leasing* sobre a compra. A impossibilidade de se corrigir monetariamente os bens adquiridos mediante a compra irá gerar valores de depreciações (parcelas dedutíveis do lucro tributado) que não serão suficientes para a sua reposição, enquanto os valores pagos a título de *leasing*, por serem lançados na forma de despesa corrente, estarão sempre atualizados pelos valores de mercado, mantendo, dessa maneira, a capacidade de reposição e atualização da empresa.

f) Haverá sempre, ao final do contrato de *leasing*, pelo menos a possibilidade de ação por parte da arrendatária:
- Renovação do contrato de *leasing;*
- Compra do objeto do contrato, equipamento, máquina, automóvel, etc., pelo valor residual garantido, estabelecido em contrato;
- Devolução do bem arrendado (no caso de *leasing* operacional).

No *leasing* financeiro, se por força de contrato a arrendatária garantiu um valor residual na devolução do bem em questão, caso a arrendadora promova a sua venda, deverá haver um acerto final entre arrendadora e arrendatária, a saber:

a) Se o preço de venda efetivo for superior ao Valor Residual Garantido (VRG), a diferença será da arrendatária;
b) Se o preço de venda efetivo for inferior ao Valor Residual Garantido (VRG), a arrendatária, por força de contrato, pagará a diferença à arrendadora.

Observe-se que, no caso de as opções não constarem em contrato, o *leasing* não se configura, ocorrendo simples contrato de aluguel, locação ou de compra e venda.

Note-se também que a grande vantagem do *leasing* não está propriamente na vantagem econômica que ele possa eventualmente representar, mas, principalmente, na vantagem competitiva oriunda da possibilidade de atualização dos equipamentos a cada novo contrato, mantendo desta forma o processo produtivo sempre compatível com o que há de mais moderno no mercado.

- **As desvantagens do *leasing***

As próprias definições de tipos de *leasing*, que descrevemos anteriormente, acabam por associar a ele algumas desvantagens, como por exemplo a não-existência da possibilidade de rescisão de contrato por parte da arrendatária, que no caso de *leasing* financeiro acaba agravando sobremaneira a operação.

Uma análise, mesmo que superficial, dos contratos demonstra que na maioria das vezes eles são irrevogáveis em todas as suas cláusulas. Assim sendo, esta pode ser uma desvantagem real para as empresas arrendatárias que não souberem escolher corretamente o equipamento a ser adquirido e mesmo que não optarem corretamente pela melhor forma de correção monetária ou estabelecerem um tempo de duração contratual inadequado.

Na verdade, algumas práticas de mercado também acabam por comprometer as operações de *leasing*, que deveriam constituir-se em ferramenta essencial para a aquisição de um bem. Mesmo porque isso também poderia ser feito pelo financiamento, porém, no caso do *leasing*, com a vantagem de que ocorre sem a necessidade do desembolso correspondente, e ainda associado à possibilidade da opção de compra ou não do bem no final do prazo do contrato.

No Brasil, essas práticas acabaram por adaptar o *leasing* às nossas necessidades, embora carreguem em seu bojo algumas desvantagens para o arrendatário. Por exemplo, é comum encontrarmos contratos em que o Valor Residual Garantido (VRG), que deveria ser cobrado quando o arrendatário optasse pela compra do bem, desde que estipulado no início do contrato o desejo de compra, é pago antecipadamente ou ao longo do prazo do contrato, sofrendo acréscimos de juros remuneratórios, juros moratórios e multas por atraso. É claro que isso se configura em um encargo extra para o arrendatário.

Ademais, é senso comum que a legislação brasileira que versa sobre a atividade mercantil, sob a qual se enquadram também os contratos de *leasing*, assim como todas as demais formas de financiamento criadas para proteger o consumidor, vem sendo rotineiramente desrespeitada. Pode-se citar, por exemplo, que:

a) Conforme legislação vigente, Lei nº 8.078, de 11/9/90, do Código de Defesa do Consumidor, em seu art. 52, §1º, "*As multas de mora decorrentes do inadimplemento de obrigações no seu termo não poderão ser superiores a dois por cento do valor da prestação*", enquanto na realidade as penalidades impostas por atrasos superam em muito tais porcentagens.

b) O mesmo ocorre com as taxas de juros que, segundo o art. 192, da Constituição Federal, que, em seu §3º, reza que as taxas de juros embutidas nas prestações, "*nelas incluídas comissões e quaisquer outras remunerações direta ou indiretamente referidas à concessão de crédito, não poderão ser superiores a doze por cento ao ano*", fato amplamente violado pela prática de mercado, mesmo considerando que a Lei preceitua que "*a cobrança acima deste limite será conceituada como crime de usura, punido, em todas as suas modalidades, nos termos que a lei determinar*".

Entretanto, os contratos em dólar foram objeto de alteração a favor do arrendatário, pois, de acordo com o disposto no art. 6º, inciso V, do Código de Defesa do Consumidor, é direito do consumidor "*a modificação das cláusulas contratuais que estabeleçam prestações desproporcionais ou sua revisão em razão de fatos supervenientes que as tornem excessivamente onerosas*". Neste sentido, os contratos de correção cambial, com base no dólar norte-americano, até janeiro de 1999, se mantiveram proporcionais à variação dos índices da inflação, mas, a partir de então, a variação do dólar se tornou excessivamente onerosa, fazendo com que muitos juízes determinassem às empresas de *leasing* a alteração de suas cláusulas de atualização monetária, obrigando-as a se utilizarem do INPC/IBGE para a atualização das parcelas do índice oficial do governo para inflação.

É evidente que ao firmarmos um contrato qualquer, não apenas os de *leasing*, devemos analisar estas e outras questões que poderão ser consideradas importantes para o processo decisório. Entretanto, para efeito de análise de investimentos, que é o nosso objetivo neste momento, o *leasing* deve ser encarado como uma alternativa a outros tipos de financiamentos existentes no mercado. Portanto, no momento da análise, deverão ser consideradas a melhor forma de pagamento, as melhores condições contratuais, bem como os *encaixes* e *desencaixes* de impostos provenientes das operações apresentadas para que se possa optar melhor. Neste sentido, a análise econômica do *leasing* deverá considerar esses aspectos conforme abordados no Exemplo 36, que se segue.

EXEMPLO 36 — A companhia telefônica de Xiririca da Serra está estudando as alternativas entre a compra e o leasing de uma frota de 10 carros. O valor de cada carro é de $20.000,00 à vista, num total de $200.000,00. O Banco Só Lucro S/A se propõe a fazer um *leasing* desse equipamento em 36 meses, com um valor residual simbólico, a um coeficiente de 4,35. O valor de mercado para venda desse tipo de carro após 36 meses (com 3 anos de uso) será de $5.000,00 cada um, perfazendo $50.000,00. Dessa forma, assumindo-se uma TMA de 10% ao ano e que a empresa está sujeita a uma alíquota de IR de 35%, deseja-se decidir qual será a alternativa escolhida: a compra ou o *leasing* dos automóveis?

Para resolução iremos considerar:

• horizonte de planejamento de 3 anos, ou 36 meses;
• despesas operacionais idênticas em ambas as alternativas, portanto, não relevantes.

ALTERNATIVA DE COMPRA

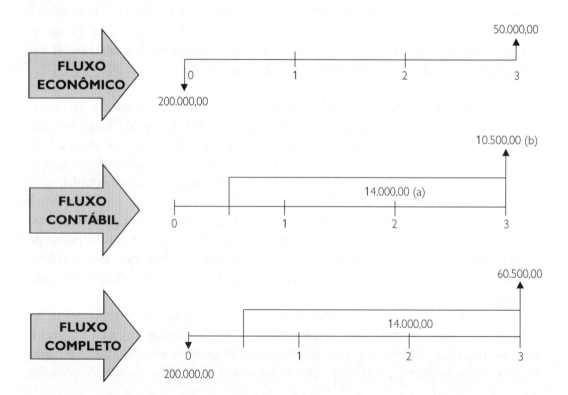

(a) Economia de IR por depreciação em 5 anos: ($200.000,00/5) × 0,35 = $14.000,00
(b) Economia de IR por venda de ativo com prejuízo: Valor Residual = $80.000,00; Valor de Mercado = $50.000,00 ⇒ $30.000,00 × 0,35 = $10.500,00.

Para efeito de análise iremos utilizar o cálculo do CAU mensal, para compararmos com a parcela de *leasing*. Para tanto, a taxa de juros mensal será $(1,10)^{1/12} - 1 = 0,7974\%$.

$$CAU_{(Compra)} = -200.000,00\ (P \to R)^{36}_{0,7974\%} + 14.000,00\ (S \to R)^{12}_{0,7974\%} + 60.500,00$$

$$(S \to R)^{36}_{0,7974\%} \Rightarrow CAU_{(Compra)} = -6.413,02 + 1.116,38 + 1.457,52 \longleftarrow \boxed{-\$3.839,13}$$

ALTERNATIVA DE *LEASING*

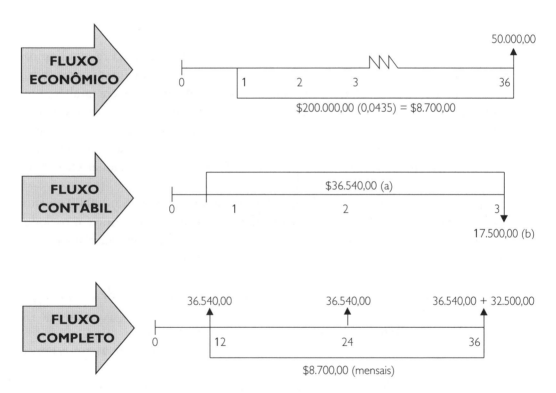

(a) Economia de IR por pagamento de parcelas de *leasing*: 8.700,00 (12) (0,35) = $36.540,00.
(b) Pagamento de IR por venda de ativo com lucro: Valor Residual simbólico – Valor de Mercado = $50.000,00 ⇒ $50.000,00 × 0,35 = $17.500,00.

$$CAU_{(leasing)} = -8.700,00 + 36.540,00\ (S \to R)^{12}_{0,7974\%} + 32.500,00\ (S \to R)^{36}_{0,7974\%}$$

$$CAU_{(leasing)} = -8.700,00 + 2.913,75 + 782,96 \longleftarrow \boxed{-\$4.999,29}$$

Portanto, a melhor alternativa é comprar à vista com CAU de –$3.839,13.

Exercícios de aplicação

101. Foi proposto um investimento de $60.000,00 em equipamentos para reduzir em $12.000,00 por ano as despesas com mão-de-obra de uma empresa durante 15 anos, que é o período estimado para a sua vida econômica. Não há valor residual e sua depreciação é linear. O IR é de 30%. Qual a taxa interna de retorno antes e depois do imposto? (Usar 15% a 20%.)

102. Ainda com base no Exercício 101, se considerarmos que, devido ao desgaste da máquina, haverá uma despesa de manutenção de $500,00 no 1º ano, de $1.000,00 no 2º ano, de $1.500 no 3º ano, e assim sucessivamente até o final da vida útil, e que, mesmo não havendo valor residual, os engenheiros estimam que será possível vender o equipamento por $6.000,00 após 15 anos de uso.
    Pergunta-se:
    a) Qual a taxa interna de retorno antes da tributação?
    b) Qual a TIR após a tributação?

103. A compra de uma nova máquina por $150.000,00 fornecerá uma receita líquida de $30.000,00 no 1º ano. Embora se espere que as receitas aumentem com a progressiva aceitação do novo artigo produzido por essa máquina, haverá também um aumento de custos devido ao seu envelhecimento, diminuindo as receitas em $1.500,00 por ano. A máquina será retirada após 12 anos com um valor de revenda de $39.000,00. Qual a taxa interna de retorno dessa máquina, considerando-se depreciação linear e uma alíquota de IR de 35% para valor residual zero ao final de 10 anos? (Usar 10% a 15%.)

104. Foi proposto um investimento de $30.000,00 para reduzir em $5.000,00 ao ano as despesas com mão-de-obra de uma empresa durante 15 anos, que é o período estimado para sua vida econômica. Não há valor residual e a depreciação é linear. Sabe-se que a taxa de incidência do imposto é de 35%.
    Pergunta-se:
    a) Qual a taxa de retorno do investimento antes da tributação? (Vide Exercício 92 sobre TIR.)
    b) Qual a taxa de retorno do investimento após a tributação?

105. Ainda com base nos dados do Exercício 104, calcule como ficariam as novas taxas, considerando-se:
    a) Valor residual e de mercado de $5.000,00 para o investimento em questão.
    b) Valor residual 0 e valor de mercado de $5.000,00.
    c) Valor residual de $5.000,00 e valor de mercado nulo.

106. Uma fábrica dispõe das seguintes alternativas para seu sistema produtivo:
    a) Comprar uma máquina usada ao preço de $100.000,00 com custos anuais de mão-de-obra de $20.000,00, custos anuais de energia de $8.000,00 e valor de revenda nulo após 6 anos de uso;
    b) Comprar uma máquina nova ao preço de $180.000,00 com custos anuais de mão-de-obra de $15.000,00, custos anuais de energia de $10.000,00 e valor de revenda de $115.000 após 6 anos de uso.

Considerando-se uma TMA de 20% ao ano, um valor residual nulo após a vida útil e alíquota de IR de 35%, pelo método do VA, qual a melhor alternativa?

107. Se na solução do Exercício 106 fosse considerado que a empresa em pauta está sujeita a uma alíquota de IR de 20%, para uma depreciação linear ao longo de 10 anos e para um valor residual nulo após o término da vida útil e com valor de revenda de $115.000,00 para a máquina nova após 10 anos como ficaria a análise?

108. Certa Companhia está estudando a compra de um caminhão. Existem duas propostas em estudo que podem ser descritas como sendo:
a) Comprar um caminhão usado com motor a óleo diesel;
b) Comprar um caminhão novo com motor a gasolina.
A companhia tem intenção de utilizar o caminhão por um prazo de 7 anos, embora para a análise deva ser considerada uma depreciação linear ao longo de 5 anos para valor residual 0. Considere também uma taxa de expectativa de 15% ao ano, um IR de 35% e defina qual a melhor opção para a companhia pelo método do Valor Atual.

Caminhão	Diesel	Gasolina
Custo inicial	$124.000,00	$103.000,00
Valor de mercado após 7 anos	$43.000,00	$30.000,00
Gasto com combustível no 1º ano	$2.400,00	$4.800,00
Aumento anual de combustível	$120,00	$240,00
Gastos anuais com reparos	$800,00	$1.000,00

109. Há um ano o gerente de uma fábrica comprou uma máquina por $850.000,00. Na época da compra, estimou-se que o equipamento teria vida útil de 10 anos e valor de revenda no final do período de 0. Entretanto, a impressão que se tem é que a máquina continuará operando por outros 10 anos, a partir de hoje, se a atual política de manutenção for mantida, estimando-se que o valor de revenda daqui a 10 anos será de $100.000,00. Os custos anuais de peças sobressalentes trocadas na máquina serão de $8.750,00 e seus custos operacionais e de manutenção serão de $16.250,00 por ano com outros custos indiretos, perfazendo $10.000,00 por ano. Existe uma alternativa de vender a máquina atual por $375.000,00 e comprar uma nova por $750.000,00 que possuirá um valor residual e de mercado de $250.000,00 daqui a 10 anos. Estima-se, porém, que os seus custos de manutenção e operação sejam de $15.000,00, e outros custos indiretos, de $1.500,00 anuais. Sabendo-se que a taxa de retorno utilizada pela companhia é de 10% ao ano e considerando-se uma alíquota marginal do IR de 35%, pergunta-se: qual deve ser a alternativa escolhida, manter a máquina atual funcionando por mais 10 anos ou trocá-la pela nova máquina disponível no mercado?

Observação: Neste exercício, após 1 ano de utilização do equipamento, existem duas alternativas: trocar de equipamento e ignorar o valor pago pela sua compra (considerada como uma perda já ocorrida) ou continuar com o equipamento em uso.

110. Suponhamos que na solução do Exercício 109 fosse proposta à companhia a possibilidade de trocar a máquina atual pela máquina disponível no mercado pagando a prazo, nas seguintes condições: 20% de entrada na data 0 e o restante em 10 parcelas anuais e consecutivas, vencendo a primeira 1 ano após a data da compra, a uma taxa de juros de 12% ao ano.
Pergunta-se:
a) Qual seria o Valor Atual dessa nova opção, considerando-se os demais dados previstos no exercício?
b) A melhor opção para a companhia continuaria sendo a mesma apontada no Exercício 109?

111. Certa empresa possui uma máquina que custou $26.000,00 há 10 anos. Foi depreciada pelo método linear por 12 anos para um valor residual e de mercado estimado de $2.000,00. Uma nova máquina está disponível, que custará $11.000,00 e, se adquirida, economizará anualmente $2.000,00. Se a nova máquina for adquirida, a velha será vendida por $8.000,00. Se a velha continuar em uso, será gasta em 5 anos para valor residual e de mercado de 0. Suponhamos que o valor residual e de mercado da nova máquina seja de $1.000,00 ao final de 5 anos, que a taxa mínima de atratividade de retorno, depois dos 5 anos, seja de 12% ao ano e que a taxa incremental de IR seja de 30%. A máquina existente deve ser substituída pelo desafiante descrito? Por quê? (Supor depreciação linear de 5 anos para o desafiante e prazo de análise para o exercício de 5 anos.)

112. Uma companhia está estudando a viabilidade da troca de um equipamento produtivo adquirido há 5 anos. Esse equipamento, cuja vida útil foi estimada em 10 anos, e que custou $220.000,00, tem um valor de mercado atual de $120.000,00. Sabe-se também que após 10 anos de uso seu valor de mercado será de $20.000,00 e seu valor residual será 0. Seus custos operacionais previstos para os próximos 5 anos são de $5.000,00 por ano.
Como alternativa, a companhia pode comprar um novo equipamento com a mesma produtividade do atual, cujo valor de compra é de $300.000,00 e seus custos operacionais de $3.000,00 por ano para os próximos 10 anos, que é seu tempo estimado de vida útil. Sabe-se que o valor de mercado previsto para daqui a 5 anos será de $200.000,00 e após 10 anos será de 0. Considerando-se que a companhia pretende operar esta linha por mais 5 anos, que a depreciação é sempre linear ao longo da vida útil, que a taxa de IR é de 30% e que a taxa mínima de atratividade é de 12% ao ano, o novo equipamento deve ser adquirido? Utilize o método do CAU para demonstrar sua decisão.

113. Suponhamos que a companhia do Exercício 112 se visse obrigada a adquirir um novo equipamento em função de necessidades do processo, e se como terceira alternativa ela pudesse, para adquiri-lo, efetuar uma operação de leasing com o mesmo equipamento ali proposto, alugando-o para os próximos 5 anos a um custo de $65.000,00 anuais e valor residual simbólico de $1,00 para utilizá-lo pelos mesmos 5 anos e depois revendê-lo ao preço de mercado de $200.000,00. Con-

siderando-se que a depreciação é sempre linear, que a taxa de IR é de 30% e que a taxa mínima de atratividade é de 12% ano ano, pergunta-se:

a) Qual seria o CAU desta nova alternativa?

b) Qual das três alternativas passaria a ser a mais vantajosa para a companhia?

114. Considere que você precisa decidir acerca da substituição da frota de entrega de sua empresa, para utilização nos próximos 5 anos, e lhe foram apresentadas as opções a seguir. Com uma TMA de 2% ao mês e uma alíquota de IR de 25%, pelo método do VA, utilizando-se da gradiente quando for pertinente, defina:

a) Qual a melhor alternativa de ação antes do IR?

b) E após o IR, sua decisão mudaria? Por quê?

A) Comprar cada caminhão à vista pelo preços de $75.000,00 com frete já incluso.

B) Comprar a prazo, com uma entrada de $15.000,00 e mais 35 mensalidades cujo valor das 6 primeiras é de $1.992,86 e as demais crescendo linearmente em $120,00 por mês, a partir do 7º mês, inclusive.

C) Alugar caminhões a um custo de $5.000,00 mensais cada um.

Observação: Nos dois primeiros casos, as taxas de licença e de seguro correm por conta de sua empresa e montam a $10.000,00 por ano, no início de cada ano, e no "C" correrão por conta da locadora.

115. Supondo-se que no Exercício 114 a TMA fosse de 5% ao mês, a alíquota de IR de 35% e se as parcelas de $1.992,86 permanecessem inalteradas até o 12º mês, ocorrendo o crescimento linear apenas a partir do 13º mês, inclusive, conservando-se todos os demais dados, demonstre como ficariam as novas respostas.

CAPÍTULO 13

A influência da inflação na análise de investimentos

■ O efeito da inflação na análise de investimentos

Nosso objetivo neste livro não é, em absoluto, o de discutir os fenômenos econômicos de ambientes inflacionários. Entretanto, existem economias como a do Brasil, principalmente até alguns anos atrás, em que o efeito da inflação pode descaracterizar totalmente a análise dos investimentos. Assim sendo, dedicaremos as próximas páginas à discussão do assunto, por considerarmos que esta deve ser uma preocupação presente em todos aqueles que desejem realizar corretamente a avaliação de projetos de investimentos. Em função do exposto, optamos por tomar como base o Capítulo 8 do livro *Análise e Decisão sobre Investimentos e Financiamentos, Engenharia Econômica — Teoria e Prática,* dos professores **Paulo Hummel** e **Mauro Taschner**, que discutem o assunto com grande propriedade, sob a ótica do investidor, demonstrando de que forma o efeito da inflação pode interferir na análise de investimentos.

Vale ressaltar, entretanto, que alguns autores defendem que o longo prazo tende a corrigir automaticamente os efeitos inflacionários sobre os valores nominais dos investimentos e, em função disso, descartam a necessidade de considerar a inflação no momento da análise. Entretanto, consideramos que ocorre exatamente o inverso, em se tratando de investimentos de longo prazo os efeitos inflacionários tendem a comprometer completamente a análise, uma vez que os valores nominais vão se descaracterizando cada um a seu tempo.

Nossa preocupação é facilmente justificável aqui em nosso País. Por exemplo, até bem pouco tempo atrás o efeito inflacionário era tão pernicioso e se incorporou de tal forma ao cotidiano do brasileiro a ponto de o cidadão comum chamar de taxa de juros, genericamente, uma composição entre taxa de juros e correção monetária, como se fossem um único fenômeno. Ocorre que, na verdade, a taxa de juros, como afirmamos anteriormente, representa a remuneração do capital, enquanto a correção monetária é uma ferramenta utilizada por economias inflacionárias para o realinhamento dos preços corroídos pela inflação, uma vez que a inflação se caracteriza pela alta persistente e generalizada dos preços de bens de consumo (duráveis e não-duráveis), bens de capital (ou bens de produção), insumos (ou bens intermediários), mão-de-obra e mesmo recursos naturais.

Ambos são, portanto, fenômenos diferentes, em que o primeiro (taxa de juros) remunera o investimento, enquanto o segundo (correção monetária) pode transformar a remuneração em algo inexistente, inclusive consumindo-a totalmente. Por exemplo: imagine que os custos totais de determinado processo produtivo que gera um produto ou serviço qualquer monte a $100,00 e que esse mesmo produto seja oferecido ao mercado por $110,00 para pagamento faturado, com prazo de 30 dias. Pode-se concluir por este cálculo simples que se encontra embutida no preço de venda uma margem de lucro de 10%. Entretanto, isso só é verdadeiro se estivermos nos referindo a uma economia estável, pois se este mesmo produto, com as mesmas características, custos e preço de venda, for oferecido em uma economia em que os custos acumulem uma inflação mensal de 15%, um mês depois da venda, no momento em que o produtor for receber seus $110,00 pelo produto vendido, estará pagando $115,00 para produzir um outro idêntico. Ou seja, o efeito inflacionário não só terá consumido a margem de lucro, a remuneração do capital produtivo, como terá também consumido parte do capital, prática que a longo prazo comprometerá completamente a saúde financeira da organização.

A inflação a que nos referimos no exemplo anterior é a denominada de inflação de custo; entretanto, quanto à sua forma, ela basicamente pode ser reconhecida como: **de demanda**, **de custo** e **psicológica**. Elas podem ser descritas conforme a seguir:

Inflação de Demanda — Ocorre quando há excesso de demanda para bens ou serviços em relação à oferta. O aumento da procura provoca pressão sobre os preços, fazendo que estes subam. Este fenômeno em Economia é identificado como *lei de mercado*, ou *lei da oferta e da procura.*
Inflação de Custo — Ocorre quando há aumentos de custos de produção (por exemplo, salários ou matéria-prima) sem o conseqüente aumento da produtividade, qualidade ou tecnologia, como ocorreu no exemplo anterior.
Inflação Psicológica — Até aproximadamente o início dos anos 90 ocorria principalmente em função da falta de credibilidade do Governo; hoje, em razão de a globalização ser um fenômeno instalado e irreversível, ocorre também em função da economia como um todo, uma vez que movimentos de capitais nas mais variadas partes do mundo são capazes de desestabilizar as economias de vários países que geograficamente não teriam a menor necessidade de se preocupar com o fato.

Esse fenômeno psicológico, nos anos 80, acabou por gerar no Brasil aquilo que ficou conhecido como **inflação inercial**, caracterizada pelo repasse automático da inflação futura aos preços, formando uma verdadeira espiral inflacionária. No final do Governo Sarney, por exemplo, os índices inflacionários eram considerados tão preocupantes que praticamente todos os cidadãos e empresas tomavam as medidas possíveis para minimizar seus efeitos. Naquela época, a inflação oficial extrapolava a casa dos 80% ao mês, e os preços, para acompanharem a desvalorização do dinheiro, eram automaticamente reajustados até mesmo por conta de uma suposta inflação futura.

Hoje, embora nossa economia se encontre estabilizada com índices de inflação oficiais inferiores a 10% ao ano, sua presença é tão ou mais perniciosa que antes. Isso porque se, por um lado, no final dos anos 80 a inflação era tão alta, por outro, os agentes econômicos naquela época consideravam sua existência e preocupavam-se com ela no momento da tomada de decisão, enquanto atualmente muitas organizações não têm a devida cautela.

Imagine a situação em que nos encontramos, com índices inflacionários oficiais que nem sequer beiram a casa dos dois dígitos ao ano: é um cenário verdadeiramente fantástico para quem estava habituado a índices de 60%, 70%, 80% ao mês. Entretanto, vale ressaltar que para uma inflação de 10% ao ano são necessários pouco mais de 7 anos para que 100% do capital inicial seja totalmente consumido. Ou seja, considerando-se que a inflação de um período é calculada com base no período imediatamente anterior, que é a forma como ela realmente é calculada, teremos que, para um índice de inflação média de 10% ao ano, haverá uma inflação acumulada ao final de 7 anos de:

$$\text{Inflação de 7 anos} = (1,10)^7 - 1 = 0,9487 \text{ ou } 94,87\%$$

Desconsiderar esse fato, para aqueles que pretendem analisar investimentos de longo prazo, que é o objetivo da Engenharia Econômica, é, no mínimo, preocupante.

Existem outros conceitos, ou terminologias, normalmente encontrados no dia-a-dia de economias instáveis economicamente, tais como **desinflação**, **estagflação** e **deflação**, que podem ser descritos da seguinte forma:

Desinflação — É o termo que identifica o fenômeno em que se tem uma queda gradativa da inflação.
Estagflação — É o fenômeno resultante da inflação com cenário de recessão econômica.
Deflação — É o fenômeno que ocorre em função da diminuição da demanda global, que acaba por provocar a formação de estoques que, por sua vez, provocam pressão sobre os preços, para que estes diminuam, sem que ocorram as correspondentes diminuições nos custos.

A **deflação** pode ser considerada como a outra face da **lei de mercado**, ou da **lei da oferta e da procura**, a que nos referimos quando comentamos sobre a inflação de demanda. Normalmente, neste cenário, para se adequarem ao novo padrão de consumo, as empresas acabam por provocar queda de produção, trazendo como conseqüência o desemprego e patamares inferiores para a economia do país.

■ A inflação e a empresa

Podem-se caracterizar pelo menos três situações bem definidas do comportamento da empresa diante da inflação: a primeira, em que a empresa consegue acompanhar, com o correspondente aumento dos preços de venda, a desvalorização do dinheiro; a segunda, em que a empresa não consegue aumentar seus preços na mesma proporção em que são aumentados os seus custos; e a terceira, em que a empresa consegue aumentar seus preços mais que proporcionalmente à inflação de seus custos.

Note que o termo utilizado para caracterizar o comportamento das empresas perante a inflação foi **consegue**, o que significa que não se trata de uma questão de querer, mas sim de poder, de encontrar espaço no mercado para tanto, mesmo porque no primeiro caso verifica-se que todos os modelos estudados até aqui (identificados como sendo para ambientes perfeitos, livres do efeito inflacionário) continuam integralmente válidos, uma vez que o poder aquisitivo da empresa não é afetado — seria como se ela se colocasse dentro de uma redoma de vidro inviolável e livre do cenário que envolve os demais agentes econômicos.

Já no segundo caso, o poder aquisitivo da empresa diminui, afetando essencialmente sua saúde produtiva e financeira. No decorrer deste capítulo, esta é a situação em que se deve concentrar mais a atenção.

A terceira situação é a mais favorável para a empresa, uma vez que ela consegue aumentar o seu poder aquisitivo; o enfoque a ser adotado neste caso para avaliação de problemas de tomada de decisão é semelhante ao do segundo caso, porém, embora seja importante manter a atenção e concentrar esforços, esta é uma situação privilegiada, em que a empresa encontra espaço no mercado para impor sua vontade. Trata-se, portanto, do momento ideal para se tomarem decisões estratégicas, tais como: aumentar ou sedimentar a participação de mercado, solidificar mais a posição da empresa em relação à concorrência, desenvolver novos produtos ou serviços, etc.

■ A mensuração da inflação

Independentemente de saber em qual dos três casos a empresa se encontra, é sempre importante que ela conheça a sua inflação interna, até para que possa se posicionar acerca de sua real situação, mesmo porque o fato de ela conseguir realinhar os seus preços em função de algum índice específico de inflação oficial, tal como IPC, IPCA, IGP, IGPM, etc., não significa que esteja mantendo sua capacidade de compra, pois a sua inflação interna pode não ser, e geralmente não é, idêntica à inflação oficial. Isso porque a mensuração da inflação é sempre baseada em modelos matemáticos, que procuram medir, de forma periódica, os aumentos de preços dos bens e serviços que compõem uma determinada cesta de insumos.

Pode-se, portanto, afirmar que os índices de inflação dependem das premissas e restrições dos modelos a serem montados. É em função disso, que a inflação apurada pelos diversos modelos, mencionados no parágrafo anterior, normalmente diferem entre si e, possivelmente, a inflação interna de uma empresa específica também será diferente da de outras, uma vez que os insumos que fazem parte de sua "cesta básica", normalmente, são diferentes da "cesta de insumos" de outras empresas.

Portanto, é importante que se conheça a inflação interna da empresa, o que pode ser feito mediante a mensuração de sua "cesta de insumos" de um período em relação ao período imediatamente anterior, utilizando-se da seguinte fórmula:

$$d = (I_2 - I_1) / I_1$$

Onde: d é o índice de inflação interna da empresa do período 2 em relação ao período 1; I_2 representa o índice de preços da empresa no momento 2; e I_1 representa o índice de preços da empresa no momento 1.

Os preços a serem mensurados devem ser representativos; em função disso, a "cesta de insumos" deve ser composta pelos principais itens de custos da empresa, por aqueles custos que se configuram como sendo itens *"A"* de sua *classificação ou curva A, B, C* de custos, cujos cálculos para sua apuração devem ser feitos conforme segue:

EXEMPLO 37 — Sendo d o índice de inflação do período, deseja-se saber qual a medida da inflação de uma cesta de insumos que custava $1.500,00 no período 2, contra $1.000,00 no período 1?

d = ($1.500,00 – $1.000,00) / $1.000,00 ⟶ **d = 0,50 ou 50% ao período**

Diz-se, neste caso, que a taxa de inflação interna da empresa (d) no período foi de 50%, enquanto o índice de desvalorização do poder aquisitivo da empresa foi de 33,3%. Este último resultado foi obtido pela divisão da diferença entre os índices de preços da empresa do momento 2 para o momento 1, pelo índice de preços do momento 2, ou seja:

$$D = (I_2 - I_1) / I_2$$

Onde: D é o índice de desvalorização interna da empresa do período 2 em relação ao período 1; I_2 representa o índice de preços da empresa no momento 2; e I_1 representa o índice de preços da empresa no momento 1.

Note que a diferença entre as duas definições está na base da mensuração, mesmo porque os dados utilizados para se obterem ambos os resultados foram exatamente os mesmos, exceção feita à base de cálculo: no caso do **índice de inflação (d)** a base foi I_1 **(valor do passado)**; enquanto no caso do **índice de desvalorização (D)** a base foi I_2 **(valor do presente)**, resultando, para o exemplo proposto, que a inflação no período foi de 50% e, como conseqüência, que a moeda perdeu 33,3% do seu poder aquisitivo.

É evidente que esses índices só farão sentido na medida em que expressarem a realidade vivenciada pela empresa, assim como a periodicidade com que esses índices deverão ser apurados irá depender da velocidade com que os custos da empresa se modificarem. Por exemplo, se nos referirmos aos índices inflacionários dos anos 80, mais precisamente do final do Governo Sarney, em que a inflação era extremamente elevada, verificaremos que naquela época era comum que as empresas apurassem seus índices inflacionários praticamente todos os dias. Muitas delas possuíam até mesmo sistemas que levantavam automaticamente a variação dos custos, repassando-os automaticamente para o novo preço de venda a ser praticado, fazendo que os preços dos produtos se alterassem, em muitos dias, mais de uma vez. Atualmente, em função do comportamento da inflação, tal preocupação não se justifica, uma vez que os índices atuais não apontam para este como um caminho necessário.

Esperamos, assim, que tenha ficado claro para o leitor que ao se analisar o índice de custo de vida de São Paulo, por exemplo, é importante saber para que faixa de renda este modelo foi montado. Um índice montado para famílias de até cinco salários mínimos mensais dará resultados diferentes de um índice montado para famílias com renda mensal maior que trinta salários mínimos mensais. Isso porque, como cada índice possui metodologia própria, como conseqüência, cada um indica valores diferentes de inflação, que medem o setor específico da economia para o qual cada índice está voltado. Assim, índices que medem preços de materiais não-ferrosos têm valores diferentes dos índices de preços da construção civil; índices de São Paulo têm valores diferentes de índices de Fortaleza, e assim por diante.

Verifica-se, portanto, que uma das tarefas fundamentais para se compararem investimentos em ambientes inflacionários é a definição de modelos de inflação coerentes com as necessidades daquela situação específica. A escolha correta de um índice condizente com essas necessidades fará que todos os modelos clássicos de análise investimentos estudados para a aplicação em ambientes perfeitos se mantenham absolutamente válidos e coerentes também para a aplicação em ambientes inflacionários, bastando para tanto que:

- identifiquemos ou criemos um índice de inflação condizente com as necessidades da empresa analisada;
- façamos a devida "limpeza" do efeito da inflação, sobre o fluxo a ser analisado, pelo índice apurado no item 1, transformando os valores ali expressos em moeda corrente de uma única base monetária;
- uma vez que o fluxo se encontre livre do efeito inflacionário, proceda-se à análise normalmente, por meio de qualquer dos modelos clássicos estudados até então.

É importante deixar claro desde já que, ao procedermos ao processo de "limpeza do fluxo do efeito inflacionário", não estaremos deslocando o dinheiro no tempo. Os valores analisados continuarão alocados nas mesmas datas em que se encontravam, mas terão como referência uma mesma base monetária, preestabelecida, conforme **poderá**

ser verificado no Exemplo 38 a seguir. Entretanto, antes de passarmos ao exemplo de mudança de base monetária, vale a pena discutirmos um pouco a fórmula com a qual trabalharemos para fazer tal mudança.

Na pág. 177, quando afirmamos que, para um índice de inflação média de 10% ao ano, precisaríamos de pouco mais de 7 anos para que 100% do capital inicialmente investido fosse consumido pela inflação, utilizamo-nos para demonstrar nossa tese do seguinte cálculo: inflação de 7 anos = $(1,10)^7 - 1 = 0,9487$, ou 94,87%.

Note que para este cálculo utilizamo-nos essencialmente da fórmula fundamental para transformação da taxa de juros compostos, que discutimos na pág. 36, ou seja: $I = [(1 + i)^n] - 1$, onde i = taxa de juros do período menor; I = taxa de juros para o período maior; n = número de vezes que o período menor cabe dentro do período maior. Assim, dizemos que uma taxa de juros de 5% ao mês equivale a uma taxa de juros anual de:

$$I_{Anual} = [(1,05)^{12}] - 1 = 0,7959 \text{ ou } 79,59\% \text{ ao ano.}$$

Para o exemplo da pág. 177, que transcrevemos acima, valemo-nos da mesma sistemática da taxa de juros compostos, apenas substituindo a taxa de juros pela taxa de inflação. Dessa forma, obtivemos que a inflação acumulada = $(1 + \text{inflação ao período})^n - 1$, ou que:

$$d_{Acumulada} = [(I + d)^n] - I$$

apurando, assim, que para uma taxa de inflação média de 10% ao ano, teremos uma inflação acumulada em 7 anos de 94,87%. Isso nos leva a concluir que a taxa de inflação média se comporta essencialmente como a fórmula de juros compostos. Veja no Exemplo 38.

EXEMPLO 38

— Se um produto custar hoje $100,00 e se a empresa que o comercializa estiver sujeita a uma taxa de inflação de 20% ao ano, por quanto ele deverá ser vendido após 1 ano para que a empresa acompanhe a perda pela inflação? E após 2 anos? E após 3?

Considerando-se "*C*" como sendo o valor "*P*" corrigido monetariamente, teremos que **C = P (1+d)ⁿ**, logo:

- após 1 ano o preço equivalerá a = $100,00 $(1,2)^1$, ou $120,00;
- após 2 anos o preço equivalerá a = $100,00 $(1,2)^2$, ou $120,00 (1,2)$, ou $144,00;
- após 3 anos o preço equivalerá a = $100,00 $(1,2)^3$, ou $144,00 (1,2)$, ou $172,80.

Isso nos leva a concluir, matematicamente, que **C = P (1+d)ⁿ**, ou que o valor equivalente a *P* inflacionado por uma taxa de inflação *d* após *n* períodos será igual a *C*.

Note que o conceito de valores equivalentes relacionados a uma taxa de inflação nada mais significa que valores equivalentes em índices monetários diferentes, que, portanto, serão sempre nominalmente iguais na mesma base monetária. Dessa forma, ao se introduzir o conceito de inflação na análise de investimentos, é fundamental que se saiba responder a duas perguntas básicas:

1. Em que momento cada entrada ou saída de dinheiro foi efetivada?
2. Qual é o índice monetário que essa entrada/saída de dinheiro tem como referência?

Verifica-se, portanto, que os problemas até aqui apresentados, em que não se levava em conta a inflação, nada mais eram que problemas cujos valores constantes no fluxo de caixa tinham a mesma base monetária (índice monetário único), o que normalmente ocorre em economias fortes, livres do efeito inflacionário, ou onde a inflação se apresenta com índices praticamente nulos.

Pelo que demonstramos no exemplo da taxa de inflação acumulada, ficou comprovado que para a questão da inflação é possível utilizar-se dos mesmos conceitos dos juros compostos. Entretanto, apenas por uma questão didática, denominaremos de M o montante inflacionado que corresponde ao S da fórmula fundamental para juros compostos; de C o principal, ou capital, equivalente ao P da fórmula de juros compostos; e de d a taxa de inflação correspondente ao i da fórmula. Assim sendo, partindo-se da fórmula fundamental de juros compostos $S = P (1 + i)^n$, teremos que:

$$M = C (1 + d)^n$$

É importante lembrar, mais uma vez, que com a utilização da fórmula acima está-se alterando a base monetária, e não se deslocando o dinheiro no tempo, e a taxa utilizada é a da inflação "d", portanto, sua utilização proporciona como resultado a transformação de valores de uma base monetária em valores equivalentes referentes a uma nova base monetária. Mantêm-se, com isso, os valores com a nova base monetária nas mesmas datas em que se encontravam anteriormente, antes da mudança da base, conforme demonstrado a seguir:

EXEMPLO 39 — Imagine que um veículo zero quilômetro tenha sido adquirido, em dinheiro de hoje, por $20.000,00 e que depois de ser utilizado por 5 anos seja vendido por $50.000,00 em dinheiro da época. É óbvio, pela lei de mercado, que um automóvel com 5 anos de uso não pode custar mais que um automóvel zero quilômetro e que as distorções monetárias expressas no exemplo ocorrem por conta da inflação. Admitindo-se uma taxa de juros de 15% ao ano e uma taxa de inflação de 50% ao ano, qual será o Valor Atual do fluxo?

Neste caso específico, o fluxo econômico original é:

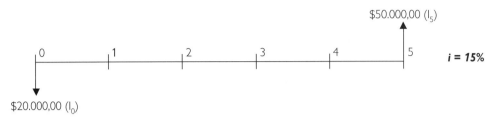

Uma vez que os dois valores existentes no fluxo se referem a bases monetárias diferentes, para que o problema possa ser resolvido, a primeira providência a ser tomada é a mudança de ambos para uma mesma base monetária — é indiferente que a façamos para a base 5 ou para a base 0. Neste caso, como estamos procurando saber o valor atual, o valor da data 0 do fluxo, utilizaremos esta base monetária e, procedendo-se aos cálculos, teremos:

Mudança da base monetária para a base 0

$$\text{Se } M = C(1 + d)^n \Rightarrow C = M / (1 + d)^n \Rightarrow \$50.000{,}00 \, (I_5) = [\,\$50.000{,}00 / (1{,}5)^5\,] \, (I_0)$$

$$\$50.000{,}00 \, (I_5) = \$6.584{,}36 \, (I_0),$$

o novo fluxo, livre do efeito inflacionário, com base monetária no tempo 0, será:

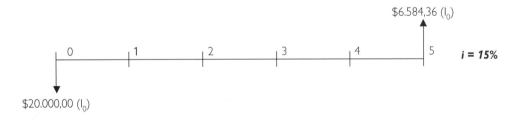

Note que, como afirmamos, os valores não foram deslocados no tempo, o que houve foi a mudança da base monetária, ou seja, os $20.000,00 que correspondem à base monetária 0 continuam na data 0, e os $50.000,00, que correspondiam à base monetária na data 5, continuam na data 5, só que se transformaram agora em $6.584,36 correspondentes à nova base monetária, a base zero. O deslocamento do dinheiro no tempo dar-se-á pela TMA de 15% e o resultado será um valor atual dos custos, livre da inflação, para o negócio proposto de:

$$VA = -\$20.000{,}00 + \$6.584{,}36 \, (S \to P)^5_{15\%} \longrightarrow \boxed{VA = -\$16.726{,}41}$$

Note, também, que para o Exemplo 37 assumimos, arbitrariamente, uma taxa de inflação de 50% ao ano para demonstrarmos a mecânica do processo da mudança da base monetária. Com isso, o fluxo, depois de devidamente "limpo do efeito inflacionário", começou a fazer muito mais sentido, já que um carro com 5 anos de uso na realidade deve custar menos que um carro zero quilômetro ($6.584,36 contra $20.000,00) e, depois de recomposta a realidade dos fatos, utilizamos a TMA de 15% a.a. para deslocar o dinheiro no tempo, obtendo como resposta um valor atual de $16.726,41 negativos. O que implica um custo líquido do veículo, na data 0, de **–$16.726,41** depois de descontados do valor de compra de –$20.000,00 o valor da venda do veículo 5 anos mais tarde, já desinflacionado, de $6.584,36, que, sujeitos a uma TMA de 15% a.a., correspondem a $3.273,59 na data 0. Assim: VA = –20.000,00 + 3.273,59 ⇒ VA = –$16.726,41.

No Exemplo 39, procedemos primeiramente à "limpeza" do fluxo de caixa do efeito inflacionário para em seguida deslocarmos o dinheiro no tempo. Essa sistemática deverá ser utilizada sempre que tivermos no fluxo de caixa valores que correspondam a bases monetárias diferentes das datas em que estes valores entrem e saiam do fluxo.

Entretanto, se tivermos que elaborar cálculos em que os valores entrem e saiam dos fluxos de caixa nas mesmas datas de suas bases monetárias, poderemos concomitantemente deslocar o dinheiro no tempo e "limpar" o fluxo do efeito inflacionário, bastando para isso que utilizemos na fórmula fundamental de juros compostos a taxa de juros aparente *e*, que corresponde à taxa que o senso comum denomina, nas economias inflacionárias, de taxa de juros. Essa taxa aparente *e* é, na verdade, uma composição entre a taxa de juros e a taxa de inflação e pode ser obtida por meio da fórmula:

$$e = i + d + id$$

onde: *e* = taxa de juros aparente; *i* = taxa de juros; *d* = taxa de inflação.

EXEMPLO 40 — Um equipamento foi adquirido por $100.000,00 em dinheiro de hoje, podendo ser vendido dentro de 10 anos por $550.000,00 em dinheiro da época. Seus custos de manutenção anual serão de $20.000,00 em dinheiro de hoje. Considerando-se uma taxa de inflação de 30% ao ano e uma taxa de juros de 10% ao ano, qual o VA do fluxo?

Neste caso específico, o fluxo econômico original é:

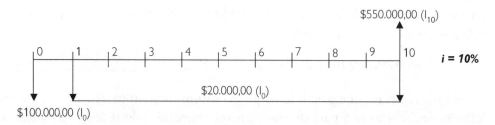

Neste exemplo teremos que **primeiro**, **obrigatoriamente**, transformar o valor de $550.000,00 correspondente à base monetária 10 em valores de base monetária 0, ou os valores de base monetária 0 em base monetária 10, para só então procedermos aos cálculos do deslocamento do dinheiro no tempo, isso porque os $20.000,00 correspondentes aos custos de manutenção anual saem do caixa nas datas 1 a 10 e encontram-se com base monetária em 0. Os cálculos ficariam da seguinte forma:

Mudança da base monetária para a base 0

$550.000,00 (I_{10}) = [$550.000,00 / $(1,3)^{10}$] (I_0) => $550.000,00 (I_{10}) = $39.895,98 (I_0)

Os demais valores já se encontram nesta mesma base monetária, portanto,

o novo fluxo, livre do efeito inflacionário, com base monetária no tempo 0, será:

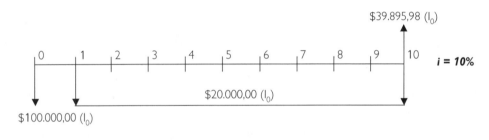

$VA = -\$100.000,00 - \$20.000,00 \; (R \to P)_{10\%}^{10} + \$39.895,98 \; (S \to P)_{10\%}^{10}$

$$\boxed{VA = -\$207.509,71}$$

Entretanto, se os $20.000,00 dos custos de manutenção estivessem nas mesmas datas em que se encontram, nas datas de 1 a 10 e se as bases monetárias de cada um deles fossem respectivamente iguais às de suas saídas de caixa, poderíamos tanto fazer a limpeza do fluxo e depois deslocar o dinheiro no tempo, quanto fazer a limpeza do fluxo e deslocar o dinheiro de uma só vez, bastando, para este segundo caso, utilizar-se da taxa de juros aparente *e*.

Observação: Isso poderia ter sido feito, já no Exemplo 39, com o valor de revenda do equipamento de $550.000,00, uma vez que ele sai do caixa na data 10 e sua base monetária também é a 10. Note que, assim como no cálculo que faremos a seguir para o valor de revenda do equipamento de $550.000,00 referente ao Exemplo 39, em todas as situações em que as bases monetárias correspondam exatamente às datas em que os valores entrem ou saiam do caixa, pode-se utilizar, indistintamente, de qualquer dos dois expedientes descritos no parágrafo anterior e obter-se, sempre, exatamente os mesmos resultados.

Efetuando a mudança de base e depois deslocando o dinheiro no tempo:

$$\$550.000,00\ (I_{10}) = [\ \$550.000,00\ /\ (1,3)^{10}\ ]\ (I_0) \Rightarrow \$550.000,00\ (I_{10}) = \$39.895,98\ (I_0)$$

$$\$39.895,98\ (S \to P)^{10}_{10\%} = \boxed{\$15.381,63}$$

Efetuando a mudança de base e deslocando o dinheiro de uma só vez:

$$e = i + d + id \Rightarrow e = 0,10 + 0,30 + (0,10)(0,30) \Rightarrow e = 0,43\ \text{ou}\ 43\%$$

$$\$550.000,00\ (S \to P)^{10}_{43\%} = \boxed{\$15.381,63}$$

EXEMPLO 41 — Determinada empresa, cuja TMA é de 20% ao ano e está sujeita a uma taxa de inflação de 50% ao ano, está estudando a viabilidade de implantar um novo projeto industrial para produção de um componente de seu produto final. Estudos encomendados à área de operações demonstram que serão necessários investimentos iniciais de $500.000,00 (em dinheiro de hoje) para a aquisição e o assentamento das máquinas e custos anuais de manutenção de $65.000,00 (em dinheiro da época) ao longo dos próximos 7 anos, ao final dos quais os equipamentos poderão ser vendidos por $900.000,00 (em dinheiro da época). Se a empresa gasta atualmente $200.000,00 por ano (em dinheiro de hoje) com a aquisição deste item, o investimento deve ser feito?

Neste caso específico, o fluxo econômico original é:

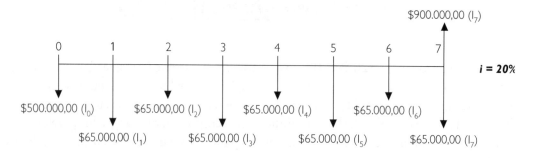

Como todas as bases monetárias são as mesmas das datas em que os valores entram e saem do caixa, podemos deslocar o dinheiro no tempo e mudar a base de uma só vez:

$$e = i + d + id \Rightarrow e = 0,20 + 0,50 + (0,20)(0,50) \Rightarrow e = 0,80\ \text{ou}\ 80\%$$

$$\text{CAU} = [-\$500.000,00 - \$65.000,00\ (R \to P)^{7}_{80\%} + \$900.000,00\ (S \to P)^{7}_{10\%}]\ (R \to P)^{7}_{20\%}$$

$$\boxed{\text{CAU} = -\$156.806,18\ (I_0)}$$

Portanto, a melhor alternativa para a empresa é a de implantar o novo processo produtivo, já que ele reduzirá os custos do item de $200.000,00 para $156.806,18.

Observação: Note que para podermos comparar os atuais custos de $200.000,00 anuais com os custos do novo processo procedemos ao cálculo do CAU utilizando para deslocar o dinheiro até a data 0 a taxa de juros aparente ($e = 80\%$). Com isso, encontramos um VA de –$565.222,26. Para a distribuição dos valores ao longo da vida útil de 7 anos, utilizamo-nos somente da taxa de juros de 20% ao ano, obtendo-se um CAU de –$156.806,18, uma vez que o valor dos custos atuais de $200.000,00 por ano tem base monetária na data 0.

▪ Um modelo para mensuração da inflação interna da empresa

Propomos, a seguir, uma metodologia para demonstrar uma das diversas nuanças que poderão ser encontradas no dia-a-dia daqueles que trabalham com a montagem de modelos para análise de investimentos produtivos em ambientes inflacionários. Com base nesta metodologia:

a) Identificaremos, com dados do passado, o comportamento dos custos da empresa, analisaremos como podemos classificá-los em categorias mais amplas, que permitam e/ou facilitem suas projeções em relação ao futuro.
Não devemos nos esquecer que o modelo tem duas finalidades distintas:
 • Medir a inflação interna da empresa;
 • Projetar a inflação interna futura.
Devemos, portanto, na montagem do modelo, tomar os cuidados necessários não só para que seja viável a definição clara dos parâmetros, como para que seja facilitada sua coleta e/ou projeção.
b) Não devemos nos esquecer de que o modelo pressupõe certa estrutura de custos da empresa e só será válido se a estrutura representar a empresa e se suas alterações no decorrer do período não forem significativas.
No entanto, para serem válidas, as comparações do modelo não podem ser alteradas, isto é, seus parâmetros devem ser constantes.

Cada empresa deverá montar, portanto, seu modelo representativo, que, como veremos no exemplo a seguir, que identificaremos como o "Modelo da Companhia Farmacêutica Nacional – FCN", não precisará ser necessariamente sofisticado.

▪ Modelo da Companhia Farmacêutica Nacional — CFN

EXEMPLO 42 — Identificaram-se como parâmetros-base cinco componentes:

• Matérias-primas;
• Mão-de-obra;
• Combustível;
• ICMS – Imposto de Circulação de Mercadorias e Serviços;
• Outras despesas.

- **Matéria-prima** — Este parâmetro poderia ser montado pela análise da curva ou classificação ABC de estoques. Entretanto, pelo fato de a empresa em pauta possuir quatro produtos que representam em média 60% de seu faturamento, optamos por considerar como submodelo do custo inflacionário referente a matérias-primas o custo físico destes produtos. Dessa forma, teremos:

Itens	Custo físico no mês 0 em R$	Custo físico no mês 1 em R$	Inflação interna dos custos físicos (%)
Produto A	R$6,28	R$7,02	12%
Produto B	R$1,42	R$1,47	3,63%
Produto C	R$2,27	R$2,52	10%
Produto D	R$17,62	R$17,99	2,10%

Assim, considerando-se que o percentual relativo do faturamento médio deste produto foi de:

- Produto A = 10%;
- Produto B = 16%;
- Produto C = 50%;
- Produto D = 24%,

teremos que a inflação média relativa à matéria-prima será dada por:

Inflação média = (0,10)(0,12) + (0,16)(0,036) + (0,5)(0,1) + (0,24)(0,021) = 0,728 ou 7,28%.

Para efeito de projeção, deveremos comparar uma série mensal do passado e estabelecer relação com os índices do governo mais significativos para efeito de medição da inflação.

- **Mão-de-obra** — Para efeito deste subitem, é necessário definir o organograma funcional que servirá como base do modelo. Mesmo que seja modificado ligeiramente pelo dinamismo da empresa, o modelo deverá manter-se pelo menos durante prazo em que os percentuais estabelecidos como base de cada parâmetro não tenham sofrido modificações substanciais.

Dessa forma, se um dos cargos que constam no modelo estiver vago durante um período, o valor do salário a ser pago para esse cargo deverá ser considerado. Em contrapartida, um novo cargo não previsto no modelo não terá seus custos incluídos nele. Temos no caso anterior uma economia de custos, não uma diminuição da inflação de mão-de-obra interna. Da mesma forma, no segundo caso teremos um aumento de custos, porém não caracterizado por aumento inflacionário.

Para efeito do nosso exemplo de projeção, vamos considerar que o índice básico de mão-de-obra será alterado a cada três meses, com um índice trimestral médio de 17,42%, ou seja, prevemos um incremento de aumento de salários de 5,5% ao mês.

- **ICMS (Imposto de Circulação de Mercadorias e Serviços)** — O ICMS incide diretamente no valor das vendas realizadas. Dessa forma, do ponto de vista de modelo de inflação, ele só é afetado quando do aumento de preço médio ponderado (dentro das premissas estabelecidas pelo modelo). Portanto, no momento da projeção da inflação futura, os índices de inflação deverão acompanhar as projeções de aumento do preço.
- **Combustível** — Para efeito de projeção futura, o índice referente a combustível dependerá de dois fatores: preço médio do petróleo e variação do dólar. Note que aqui não estamos fazendo controle de quantidade, e sim medindo os índices de aumento de preço. Isso significa que quando não houver aumento de preço do combustível, embora por qualquer motivo a companhia tenha gasto 10% a mais nesta rubrica, a inflação será 0. Os custos relativos a esse item, porém, serão acrescidos de 10%, portanto o conceito de inflação e o de aumento de custos são distintos. A inflação influi no aumento dos custos, mas o aumento quantitativo de um item (o que leva ao aumento de custos) não interfere na inflação.
- **Outras despesas** — Este item pode ser associado à variação de algum índice oficial, como por exemplo ao INPC a que nos referimos ainda há pouco, ou ao IPC, IPCA ou IGPM, etc., ou mesmo a um percentual relativo a eles. Talvez seja o item mais difícil de ser medido, devido à disparidade das contas normalmente agrupadas dentro dele.

Na CFN, temos a seguinte ponderação na análise de custos:

• matérias-primas	22,23%
• mão-de-obra	35,33%
• ICMS	12,95%
• combustível	08,77%
• outras despesas	20,72%
• TOTAL	100,0%

Dessa forma, assumindo um aumento médio mensal de custos da ordem de 7,28% para as matérias-primas; de 5,5% para a mão-de-obra; de 7,28% para o ICMS; de 9% para os combustíveis; e de 10% para outras despesas, teremos uma inflação média de:

$$(0,0728)(0,2223) + (0,055)(0,3533) + (0,0728)(0,1295) + \\ + (0,09)(0,0877) + (0,10)(0,2072)$$

Inflação média mensal = $0,0161834 + 0,019432 + 0,007893 + 0,02072 =$

inflação média mensal = 6,4228% ao mês ou 111,07% ao ano

EXEMPLO 43 — Em 1992, uma empresa comprou uma caldeira por $900.000,00 (em moeda atual). A caldeira deveria durar 20 anos e sofrer uma reforma de $100.000,00 (em moeda de hoje) a cada 5 anos. A empresa verificou que na realidade vai pagar hoje (em 2002) $160.000,00 para reformar a caldeira e previu gastar $1.288.702,49 daqui a 5 anos (moeda da época). Se a empresa preferir substituir a caldeira hoje, seu valor de mercado será de $300.000,00 e sua depreciação foi feita em linha reta para 10 anos com valor residual 0. O preço de aquisição da caldeira em 1992 foi de $13.873,20. As despesas anuais de manutenção da caldeira são de $20.000,00 por ano (em moeda de hoje) e, se a empresa mantiver a caldeira usada em atividade, ela possuirá um valor de mercado daqui a 10 anos de $6.487.662,63 (em moeda da época). Existe também a opção de substituir a caldeira atual por uma caldeira nova cujo orçamento apresentado pelo fabricante aponta para um investimento inicial de $850.000,00 (em moeda atual) e para um valor residual e de mercado esperado para daqui a 10 anos de $9.731.493,95 (em moeda da época). O custo de manutenção esperado para a nova caldeira será de $15.000,00 por ano (em moeda de hoje). A nova caldeira também será depreciada em 10 anos e uma cláusula contratual garante que por uma taxa anual no valor de $10.000,00 (em moeda de hoje), reajustado anualmente pelo INPC, toda e qualquer revisão que a nova caldeira necessitar durante esse período correrá por conta do fabricante. O IR é de 35%. Considerando-se uma taxa de retorno real de 15% ao ano após o IR, pelo método do VA, qual a melhor alternativa: manter a caldeira usada funcionando ou substituí-la por uma caldeira nova?

MANTER A CALDEIRA USADA EM FUNCIONAMENTO
O fluxo econômico original é:

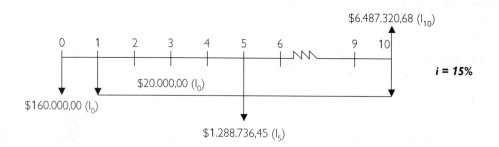

O primeiro passo é determinar qual a taxa de inflação do problema, e isso pode ser determinado por meio de dois preços de um mesmo produto ou um mesmo serviço que sejam nominalmente diferentes quando em bases monetárias diferentes. Neste caso específico, poderemos utilizar tanto o valor da caldeira comparando-o em dinheiro de hoje e em dinheiro da data de sua aquisição efetiva, quanto com base nos custos de reforma do equipamento, que também se supõe devam ser os mesmos, uma vez que a reforma ocorre dentro de um mesmo período e no problema proposto eles aparecem com valores nominalmente diferentes em bases monetárias distintas. Iremos aqui nos valer do valor da caldeira:

$$d_{(10\ anos)} = (\$900.000,00 - \$13.873,20) / \$13.873,20 \Rightarrow d_{(10\ anos)} = 63,8733$$

$$d_{(Anual)} = (1 + 63,8733)^{1/10} - 1 \quad \boxed{d_{(Anual)} = 0,5178\ ou\ 51,778\%\ a.a.}$$

Mudança da base monetária para a base 0

$$\$6.487.662,63\ (I_{10}) = [\$6.487.662,63 / (1,51778)^{10}]\ (I_0)$$
$$\$6.487.662,63\ (I_{10}) = \$100.000,00\ (I_0)$$

$$\$1.288.736,45\ (I_5) = [\$1.288.736,45\ (I_5) / (1,51778)^5]\ (I_0)$$
$$\$1.288.736,45\ (I_5) = \$160.000,00\ (I_0)$$

Os demais valores já se encontram nesta mesma base monetária, portanto, **o novo fluxo, livre do efeito inflacionário, com base monetária no tempo 0, será:**

FLUXO ECONÔMICO

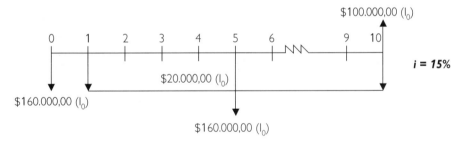

FLUXO CONTÁBIL

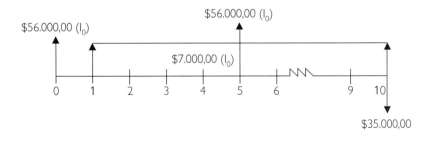

FLUXO COMPLETO

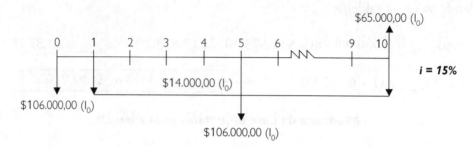

$$VA = -\$106.000,00 - \$14.000,00 \ (R \to P)^{10}_{15\%} - \$106.000,00 \ (S \to P)^{5}_{15\%} +$$
$$+ \$65.000,00 \ (S \to P)^{10}_{15\%} \Rightarrow$$
$$\Rightarrow VA = -\$106.000,00 - \$70.262,76 - \$52.700,73 + \$16.067,01$$

$$\boxed{VA = -\$212.896,48}$$

SUBSTITUIR A CALDEIRA USADA PELA NOVA

O fluxo econômico original é:

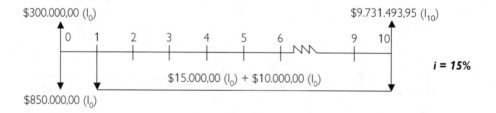

O primeiro passo já foi dado com o cálculo da taxa de inflação interna da empresa do problema em 51,778% ao ano, obtidos pela comparação dos preços da caldeira.

Mudança da base monetária para a base 0

$$\$9.731.493,95 \ (I_{10}) = [\$9.731.493,95 \ / \ (1,51778)^{10}] \ (I_0)$$
$$\$9.731.493,95 \ (I_{10}) = \$150.000,00 \ (I_0)$$

Os demais valores, **com exceção da depreciação que se refere à base I_n**, já se encontram nesta mesma base monetária, portanto, não necessitam ter mudança de base.

Note que o valor de $10.000,00 referente à garantia estendida não sofreu alteração, embora venha a ser reajustado no futuro, pois também pertence à base monetária $0 - I_0$.

A depreciação, por força de lei, não pode mais ser corrigida monetariamente, assim sendo, cada um dos valores de depreciação linear de $85.000,00 ($850.000,00/10) anuais terá como base o período I_n, ou seja, corresponderá nominalmente à época de seu lançamento contábil. Em termos de decisão gerencial, que é o nosso caso, faz-se necessário transformar este valor de base I_n para base I_0. Para tanto, devemos:

1) **Cálculo da taxa de juros *e* aparente:**

$$e = i + d + id \Rightarrow e = 0{,}15 + 0{,}5178 + (0{,}15) \times (0{,}5178) \Rightarrow e = 0{,}7455 \text{ ou } 74{,}55\%$$

2) **Com a taxa de juros aparente (74,55%) vamos achar o valor presente desinflacionado da depreciação de $850.000,00/10 = $85.000,00 por ano:**

$$VA = \$85.000{,}00 \ (R \rightarrow P)^{10}_{74{,}55\%} \Rightarrow VA = \$113.583{,}16$$

3) **Vamos agora achar o CAU em 10 pagamentos referente ao valor presente da depreciação e que será equivalente ao índice monetário zero – I_0:**

$$CAU_{(Depreciação)} = \$113.583{,}16 \ (P \rightarrow R)^{10}_{15\%} \Rightarrow CAU_{(Depreciação)} = \$22.631{,}68$$

Note que a diferença do valor entre os ($85.000,00)$I_n$ iniciais e os ($22.631,68)$I_0$ aqui obtidos foi corroída pela inflação não corrigida, produzindo, dessa forma, um "lucro inflacionário" não dedutível do IR.

O novo fluxo, livre do efeito inflacionário, com base monetária no tempo 0 — I_0, será:

FLUXO ECONÔMICO

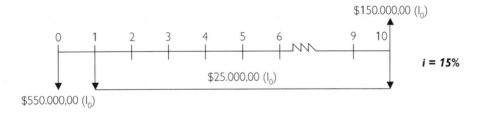

FLUXO CONTÁBIL

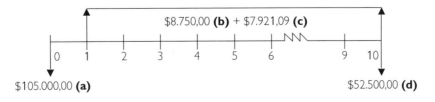

Note que para a decisão importa que todos os valores estejam na base I_0.

(a) Pagamento de IR por venda de ativo com lucro (caldeira velha = $300.000,00 × 0,35)
(b) Economia de IR por custos diversos ($25.000,00 × 0,35)
(c) Economia de IR por depreciação (caldeira nova na base 0 = $22.631,68 × 0,35)
(d) Pagamento de IR por venda de ativo com lucro (caldeira nova = $150.000,00 × 0,35)

FLUXO COMPLETO

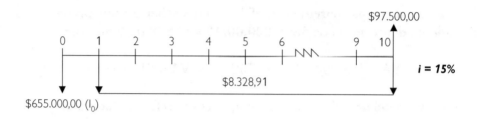

$$VA = -\$655.000,00 - \$8.328,91\ (R \to P)_{15\%}^{10} + \$97.500,00\ (S \to P)_{15\%}^{10}$$

$$VA = -\$655.000,00 - \$41.800,87 + \$24.100,51 \quad \boxed{VA = -\$672.700,36}$$

Portanto, manter a caldeira usada em atividade por mais 10 anos representa um custo atual de **VA = –$212.896,48** contra um custo atual de **VA = –$672.700,36** para substituir a caldeira atual por uma caldeira nova. Logo, em função dos VAs apurados, manter a caldeira usada em funcionamento é mais interessante para a empresa que substituí-la neste momento.

■ Problema de *leasing* × compra em um regime inflacionário

EXEMPLO 44 — A empresa Vadinho S/A tem atualmente uma prensa que foi comprada há 5 anos por $1.000.000,00. Seu valor de mercado hoje é de $400.000,00 e espera-se que daqui a 5 anos seja de $50.000,00, tudo em moeda da época. Sabe-se que a máquina está sendo depreciada pelo método linear por um prazo de 10 anos com valor residual e contábil de 0. Seus custos operacionais são de $500.000,00 anuais em moeda de hoje.

Foi apresentada para a empresa a opção de comprar uma máquina usada da empresa Dona Flor, cujo preço de compra foi, há 2 anos, de $1.800.000,00. O valor atual de oferta dessa máquina é de $1.600.000,00. Sabe-se também que na outra empresa sua vida útil foi estimada em 8 anos. Entretanto, os técnicos da Vadinho S/A avaliaram a sua vida econômica em 5 anos, sem nenhum valor de mercado após esse prazo. Seus custos operacionais foram estimados em $200.000,00 em moeda da época.

Existe a alternativa de comprar uma máquina nova XYW por $2.000.000,00, com vida estimada em 10 anos. Seus custos operacionais estão estimados em $100.000,00 por ano, em moeda de hoje. Seu valor de mercado previsto para daqui a 5 anos será de $1.000.000,00 e após 10 anos será de $500.000,00, ambas as estimativas em moeda de hoje.

Após procurar outras alternativas de prensas no mercado, o pessoal de compras da Vadinho S/A encontrou mais uma marca que satisfaz as necessidades técnicas da empresa. A Prensa XYZ, que embora possua um custo inicial maior, $2.500.000,00 em moeda de hoje, pode ser 80% financiada em 5 pagamentos anuais, iguais e consecutivos, já ajustados para as datas de seus respectivos vencimentos, financiados a uma taxa de 10% ao ano. Seus custos operacionais estão estimados em $40.000,00 por ano, em moeda de hoje, e seu valor de mercado estimado para daqui a 5 anos é de $1.200.000,00, moeda da época, e para daqui a 10 anos espera-se que seja de $400.000,00, sempre em moeda de hoje.

A outra opção encontrada foi a de fazer um *leasing* no Banco Só Lucro S/A, que oferece as seguinte opções:

a) Taxa fixa (prestações não reajustáveis)

Valor Residual	Coeficiente para 60 meses
0%	5,26
10%	5,20
20%	5,15

b) Taxa variável (prestações corrigidas monetariamente pela inflação medida pelo IGPM da FGV)

Valor Residual	Coeficiente para 60 meses
0%	3,20
10%	3,15
20%	3,10

O valor residual é a quantia que deverá ser paga obrigatoriamente ao banco no momento da liquidação da operação.

A partir dessas informações, determinar qual das alternativas é mais adequada à empresa, sabendo-se que a taxa de retorno mínima aceitável é de 14% ao ano após o IR. Sabe-se também que a alíquota de IR incidente na empresa é de 30% e que a inflação estimada nos próximos 5 anos é de 8% ao ano.

Para resolução do problema foi considerado um horizonte de planejamento de 5 anos.

Alternativa 1 — Continuar com o equipamento existente

O FLUXO ECONÔMICO ORIGINAL É:

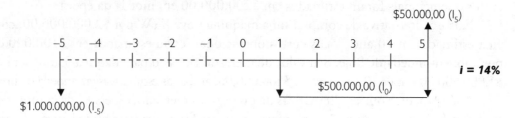

Mudança da base monetária para a base 0

$$\$50.000,00\ (I_5) = [\$50.000,00\ /\ (1,08)^5]\ (I_0)$$
$$\$50.000,00\ (I_5) = \$34.029,00\ (I_0)$$

FLUXO ECONÔMICO

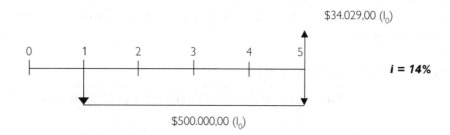

FLUXO CONTÁBIL

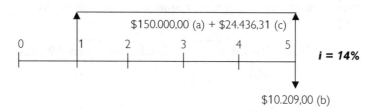

(a) Economia de IR referente a custos gerais anuais;
(b) Pagamento de IR por venda de ativo (máquina atual) com lucro de 34.029,00;
(c) Economia de IR por depreciação (máquina atual). Como a depreciação, por força de lei, não pode ser corrigida monetariamente, tivemos de encontrar o valor equivalente a $\$100.000,00(I_n)$, referente à depreciação anual da máquina atual ($\$1.000.000,00/10$), adquirida com base monetária em I_{-5}. Para tanto, inicialmente calculamos a taxa de juros aparente e, com a qual, em seguida, calculamos o VA desinflacionado da série de 5 depreciações restantes da máquina atual, onde:

$$e = i + d + id \Rightarrow e = 0,14 + 0,08 + 0,14\ (0,08) \Rightarrow e = 0,2312\ \text{ou}\ 23,12\%$$
$$VA = 100.000,00\ (R \rightarrow P)^5_{23,12\%} \Rightarrow VA = 279.639,45$$

A seguir, calculamos a série uniforme equivalente a este valor, que representa a depreciação ajustada com o efeito inflacionário, não corrigido, e sobre ela aplicamos a incidência do IR de 30%. Note que estamos utilizando para a nova distribuição a taxa de 14% ao ano, ou seja, após o IR, obtendo-se:

Depreciação anual = 279.639,45 $(P \to R)^5_{14\%}$ = \$81.454,37 (0,30) = \$24.436,31.

FLUXO COMPLETO

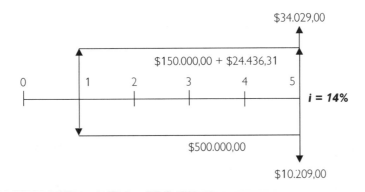

O CAU da alternativa 1 — manter a máquina atual em funcionamento por mais 5 anos — será, portanto:

CAU = \$174.436,31 − \$500.000,00 + \$23.820,00 $(S \to R)^5_{14\%}$

CAU = −\$321.960,12

Alternativa 2 — Comprar a máquina usada da empresa Dona Flor

O FLUXO ECONÔMICO ORIGINAL É:

Mudança da base monetária para a base 0

[\$200.000,00] (I_n) = [(\$200.000,00 $(R \to P)^5_{23,12\%}$)] [$(P \to R)^5_{14\%}$] (I_0)

\$559.278,90 [$(P \to R)^5_{14\%}$] (I_0) = \$162.908,74 (I_0)

Verifica-se, portanto, que $162.908,74, com base monetária em (I_0), é o valor equivalente a $200.000,00 com base monetária em (I_n), gerando o fluxo econômico desinflacionado a seguir, sobre o qual irá incidir o IR.

FLUXO ECONÔMICO

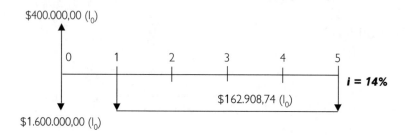

FLUXO CONTÁBIL

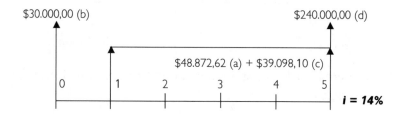

(a) Economia de IR referente a custos gerais anuais;
(b) Economia de IR por venda de ativo (máquina atual) com prejuízo contábil de $100.000,00 = $500.000,00 valor residual – $400.000,00 valor de mercado;
(c) Economia de IR por depreciação (máquina Dona Flor). Como a depreciação, por força de lei, não pode ser corrigida monetariamente, novamente tivemos de encontrar o valor equivalente a $160.000,00($I_n$), referente à depreciação anual, da máquina da empresa Dona Flor ($1.600.000,00/10). Para tanto, utilizamos a taxa de juros aparente *e*, já calculada anteriormente (*e* = **0,2312** ou **23,12%**), com a qual calculamos o VA desinflacionado da série de 5 depreciações da máquina, onde:

$$VA = 160.000,00 \ (R \to P)^5_{23,12\%} \Rightarrow VA = \$447.423,12$$

A seguir, calculamos a série uniforme equivalente a este valor, que representa a depreciação ajustada com o efeito inflacionário, não corrigido, e sobre ela aplicamos a incidência do IR de 30%, obtendo-se:

Depreciação anual = $447.423,12 \ (P \to R)^5_{14\%}$ = $130.326,99 (0,30) = \$39.098,10$

d) Economia de IR pela venda de ativo com prejuízo. Assumindo-se que a depreciação seria feita linearmente em 10 anos, conforme item "c" anterior, após 5 anos de uso o valor contábil do equipamento será de $800.000,00. Como se estimou que o valor de mercado esperado para a máquina da Dona Flor é 0 após 5 anos, teremos um prejuízo contábil de $800.000,00, gerando $240.000,00 de encaixe de IR.

FLUXO COMPLETO

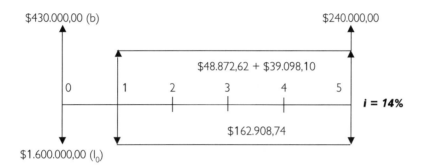

O CAU da alternativa 2 — vender a máquina atual e adquirir a máquina usada da empresa Dona Flor para ser utilizada por mais 5 anos — será, portanto:

$$CAU = -\$74.938,02 - \$1.170.000,00 \ (P \to R)^5_{14\%} + \$240.000,00 \ (S \to R)^5_{23,12\%}$$

CAU = –$379.431,72

Alternativa 3 — Comprar a máquina XYW

FLUXO ECONÔMICO

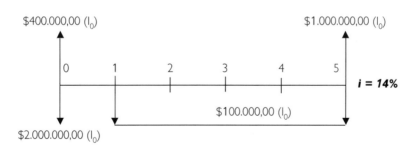

FLUXO CONTÁBIL

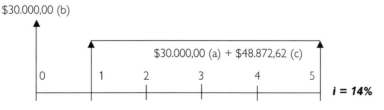

(a) Economia de IR referente a custos gerais anuais;
(b) Economia de IR por venda de ativo (máquina atual) com prejuízo contábil de $100.000,00 = $500.000,00 valor residual − $400.000,00 valor de mercado;
(c) Economia de IR por depreciação (máquina XYW). Partindo do mesmo princípio de que a depreciação, por força de lei, não pode ser corrigida monetariamente, tivemos de encontrar o valor equivalente a $200.000,00($I_n$) ($2.000.000,00/10), referente à depreciação anual da máquina da empresa XYW. Para tanto, utilizamos a mesma taxa de juros aparente *e*, já calculada (*e* = **0,2312 ou 23,12%**), e com ela encontramos o VA desinflacionado da série de 5 depreciações da máquina, onde:

$$VA = 200.000,00 \ (R \rightarrow P)^5_{23,12\%} \Rightarrow VA = \$559.278,91$$

A seguir, calculamos a série uniforme equivalente a este valor, que representa a depreciação ajustada com o efeito inflacionário, não corrigido, e sobre ela aplicamos a incidência do IR de 30%, obtendo-se:

Depreciação anual = 559.278,91 $(P \rightarrow R)^5_{14\%}$ = $162.908,74 (0,30) = $48.872,62.

Observação: Note que o valor contábil do equipamento XYW no momento 5 será de $1.000.000,00 e seu valor de mercado também, portanto não teremos incidência de IR, pois não houve nem lucro nem prejuízo contábil sobre o valor de venda do ativo ⇒ $1.000.000,00 − $1.000.000,00 = 0.

FLUXO COMPLETO

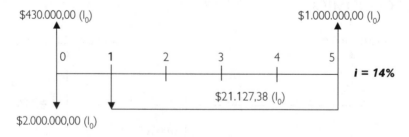

O CAU da alternativa 3 — vender a máquina atual e adquirir a máquina nova da empresa XYW para ser utilizada por mais 5 anos — será, portanto:

$$CAU = -\$21.127,38 - \$1.570.000,00 \ (P \rightarrow R)^5_{14\%} + \$1.000.000,00 \ (S \rightarrow R)^5_{14\%}$$

CAU = −$327.159,00

Alternativa 4 – Comprar a máquina XYZ

FLUXO ECONÔMICO

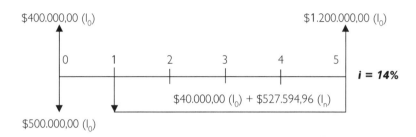

FLUXO CONTÁBIL

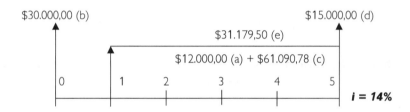

(a) Economia de IR referente a custos gerais anuais;
(b) Economia de IR por venda de ativo (máquina atual) com prejuízo contábil de $100.000,00 = $500.000,00 valor residual – $400.000,00 valor de mercado;
(c) Economia de IR por depreciação (máquina XYW). Partindo do mesmo princípio de que a depreciação, por força de lei, não pode ser corrigida monetariamente, tivemos de encontrar o valor equivalente a $250.000,00($I_n$) ($2.500.000,00/10), referente à depreciação anual da máquina da empresa XYZ. Para tanto, utilizamos a mesma taxa de juros aparente *e*, já calculada (***e* = 0,2312 ou 23,12%**), e com ela encontrarmos o VA desinflacionado da série de 5 depreciações da máquina, onde:

$$VA = 250.000,00 \ (R \rightarrow P)^5_{23,12\%} \Rightarrow VA = \$699.098,63$$

A seguir, calculamos a série uniforme equivalente a este valor, que representa a depreciação ajustada com o efeito inflacionário, não corrigido, e sobre ela aplicamos a incidência do IR de 30%, obtendo-se:

Depreciação anual = 699.098,63 $(P \rightarrow R)^5_{14\%}$ = $203.635,93 (0,30) = $61.090,78

(d) Economia de IR pela venda de ativo com prejuízo. Assumindo-se que a depreciação seria feita linearmente em 10 anos, conforme item "c" anterior, após 5 anos de uso o valor contábil do equipamento será de $1.250.000,00. Como se estimou que o valor de mercado esperado para a máquina XYZ após 5 anos será de $1.200.000,00, teremos um prejuízo contábil de $50.000,00 gerando $15.000,00 de encaixe de IR ($50.000,00 × 0,30 = $15.000,00) em In.

(e) Os $2.500.000,00 referentes à aquisição do equipamento XYZ serão pagos com uma entrada de $500.000,00 mais 5 prestações de $527.594,96. Ou seja, foram financiados com uma taxa de juros de 10% ao ano = $2.000.000,00 (P → R)$^5_{10\%}$. Dessa forma, os $127.594,96 referentes aos juros pagos no financiamento (obtidos por $2.000.000,00/5 = $400.000,00 − $527.594,96) constituem-se em despesas financeiras que também poderão ser abatidas no IR. Para tanto, teremos de realizar o mesmo processo de mudança de base monetária da depreciação, pois cada um dos valores de juros está na base monetária (I_n), onde:

$$VA = 127.594,96 \ (R \to P)^5_{23,12\%} \Rightarrow VA = \$356.805,85$$

A seguir, calculamos a série uniforme equivalente a este valor, que representa a depreciação ajustada com o efeito inflacionário, não corrigido, e sobre ela aplicamos a incidência do IR de 30%, obtendo-se:

Despesas financeiras anuais = 356.805,85 (P → R)$^5_{14\%}$ = $103.931,67 (0,30) =
= $31.179,50

Em função disso será gerado o seguinte fluxo completo para a máquina XYZ:

FLUXO COMPLETO

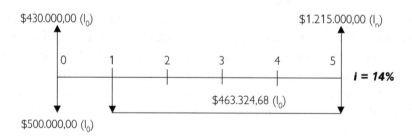

O CAU da alternativa 4 — vender a máquina atual e adquirir a máquina nova da empresa XYZ para ser utilizada por mais 5 anos — será, portanto:

CAU = −$463.324,68 − $70.000,00 (P → R)$^5_{14\%}$ + $1.215.000,00 (S → R)$^5_{23,12\%}$

CAU = −$259.125,32

Verifica-se, portanto, que até o momento a melhor alternativa é a de substituir a máquina atual pela máquina oferecida pela empresa XYZ, cujo CAU é de −$259.125,32 contra −$321.960,12 de CAU referente à manutenção da máquina atual em funcionamento, contra −$327.159,00 de CAU relativo à substituição da máquina atual pela máquina oferecida pela empresa XYW e –$379.431,72 de CAU referente à substituição da máquina atual pela máquina oferecida pela empresa Dona Flor.

Vamos verificar, agora, qual a melhor alternativa de *leasing* para compará-la com a melhor alternativa até agora encontrada, que é a de substituir a máquina atual pela XYZ.

Alternativa 5 – Análise do *leasing*

Vamos primeiramente analisar as alternativas de taxas fixas. Para obtermos a TIR de cada uma delas, assumimos um valor de $100,00, a ser submetido aos contratos de *leasing* propostos, obtendo-se em cada alternativa a seguinte TIR:

Alternativa com valor residual zero

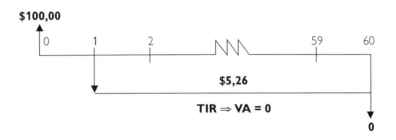

$$VA = -\$100{,}00 + \$5{,}26 \; (R \to P)_{i\%}^{60} \quad \longleftarrow \quad \boxed{4{,}9742\% \text{ ao mês}}$$

Alternativa com 10% de valor residual

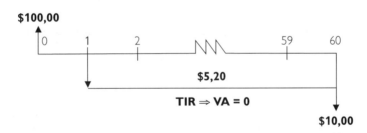

$$VA = -\$100{,}00 + \$5{,}20 \; (R \to P)_{i\%}^{60} + \$10{,}00 \; (S \to P)_{i\%}^{60} \quad \longleftarrow \quad \boxed{4{,}9391\% \text{ ao mês}}$$

Alternativa com 20% de valor residual

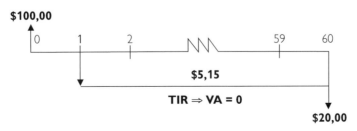

$$VA = -\$100{,}00 + \$5{,}15 \; (R \to P)_{i\%}^{60} + \$20{,}00 \; (S \to P)_{i\%}^{60} \quad \longleftarrow \quad \boxed{4{,}9159\% \text{ ao mês}}$$

Escolhe-se, portanto, com taxa de *leasing* fixa, a 3ª alternativa, que propõe 20% de valor residual, cuja TIR aparente é menor que as demais para um mesmo investimento.

Transformando-se os juros mensais aparentes em anuais, teremos:

$$I_{(anual)} = (1{,}049159)^{12} - 1 \longleftarrow \boxed{0{,}7785 \text{ ou } 77{,}85\% \text{ ao ano}}$$

Sabendo-se que a inflação estimada pela companhia é de 8% ao ano, teremos uma taxa de juros reais anuais de:

$$e = i + d + id \Rightarrow 0{,}7785 = i + 0{,}08 + 0{,}08\,(i) \Rightarrow i\,(1 + 0{,}08) = 0{,}7785 - 0{,}08$$

$$i = 0{,}6985 / 1{,}08 \longleftarrow \boxed{0{,}6468 \text{ ou } 64{,}68\% \text{ ao ano}}$$

Vamos agora analisar as alternativas de taxas reajustáveis. Para obtermos a TIR de cada uma delas voltaremos a assumir um valor de $100,00 a ser submetido aos contratos de *leasing* reajustáveis propostos, obtendo-se para cada alternativa a seguinte TIR:

Alternativa com valor residual 0

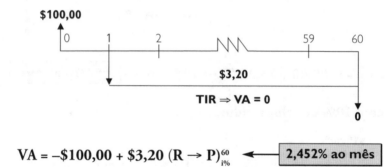

$$VA = -\$100{,}00 + \$3{,}20\,(R \to P)^{60}_{i\%} \longleftarrow \boxed{2{,}452\% \text{ ao mês}}$$

A taxa de juros aqui obtida corresponde à de juros reais, já que a correção monetária neste caso é pós-fixada. Portanto, a taxa de juros reais anual será de:

$$I_{(anual)} = (1{,}02452)^{12} - 1 \longleftarrow \boxed{0{,}3374 \text{ ou } 33{,}74\% \text{ ao ano}}$$

Alternativa com 10% de valor residual

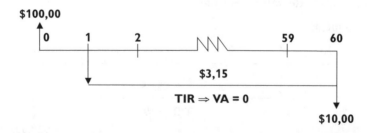

$$VA = -\$100{,}00 + \$3{,}15\,(R \to P)^{60}_{i\%} + \$10{,}00\,(S \to P)^{60}_{i\%} \longleftarrow \boxed{2{,}4845\% \text{ ao mês}}$$

Nas próximas alternativas, as taxas de juros obtidas também serão de juros reais, já que a correção monetária também é pós-fixada. Assim, as taxas de juros reais anuais serão:

$$I_{(anual)} = (1,024845)^{12} - 1 \quad \longleftarrow \quad \boxed{0,3425 \text{ ou } 34,25\% \text{ ao ano}}$$

Alternativa com 20% de valor residual

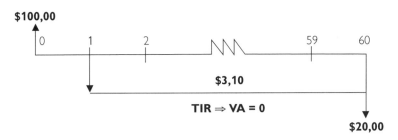

$$VA = -\$100,00 + \$3,10 \ (R \to P)_{i\%}^{60} + \$20,00 \ (S \to P)_{i\%}^{60} \quad \longleftarrow \quad \boxed{2,515\% \text{ ao mês}}$$

$$I_{(anual)} = (1,02515)^{12} - 1 \quad \longleftarrow \quad \boxed{0,3473 \text{ ou } 34,73\% \text{ ao ano}}$$

Escolhe-se, portanto, **a 1ª alternativa para taxas reajustáveis**, que propõe um valor residual 0 e cuja TIR é de 33,74% ao ano e que é também a melhor alternativa de *leasing*, pois a escolhida com parcelas não reajustáveis foi a 3ª, com TIR de 64,68% ao ano.

Como as máquinas **XYZ** e **XYW** são as únicas máquinas novas, são também as únicas, em relação às alternativas levantadas, com possibilidade de serem financiadas com operação de *leasing*.

Embora nossas análises anteriores demonstrassem que substituir a máquina atual pela máquina XYZ era a melhor alternativa, a análise do custo do *leasing* será feita sobre ambas com o intuito de comparar as alternativas de substituir a máquina atual pela XYZ por financiamento, cujo CAU estimado é de –$259.125,32, com o CAU da operação de *leasing*, e posteriormente com a alternativa de substituir a máquina atual pela XYW pela operação de *leasing*, cujos CAUs estimados serão de:

Alternativa 5.1 — Análise do *leasing* para a máquina XYZ

1) Cálculo do *leasing* mensal = $2.500.000,00 (3,20/100) = $80.000,00.
2) Custo anual contábil = $80.000,00 (12) = $960.000,00.
3) Custo anual das parcelas de *leasing* a uma taxa de juros mensal = $(1,14)^{1/12} - 1$ ou 1,098% ao mês $\Rightarrow$ $80.000,00 $(R \to S)_{1,098\%}^{12}$ = $1.020.149,62

FLUXO ECONÔMICO

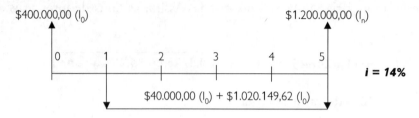

FLUXO CONTÁBIL

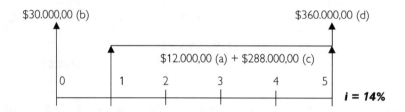

(a) Economia de IR referente a custos gerais anuais;
(b) Economia de IR por venda de ativo (máquina atual) com prejuízo contábil de $100.000,00 = $500.000,00 valor residual − $400.000,00 valor de mercado;
(c) Economia de IR por pagamento de 12 parcelas mensais de *leasing* (máquina XYZ) = $80.000,00 (12) = $960.000,00 (0,30) = $288.000,00;
(d) Pagamento de IR pela venda de ativo com lucro. Como se estimou que o valor de mercado esperado para a máquina XYZ, após 5 anos, será de $1.200.000,00, teremos um lucro contábil de $1.200.000,00, gerando $360.000,00 de encaixe de IR ($1.200.000,00 × 0,30 = $360.000,00).

FLUXO COMPLETO

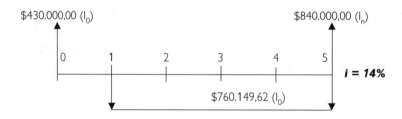

O CAU da alternativa 5.1 — vender a máquina atual e adquirir a máquina nova da empresa XYZ com operação de *leasing* para ser utilizada por mais 5 anos — será, portanto:

$$\text{CAU} = -\$760.149,62 + \$430.000,00 \ (P \to R)^5_{14\%} + \$840.000,00 \ (S \to R)^5_{23,12\%}$$

$$\boxed{\text{CAU} = -\$507.819,52}$$

Alternativa 5.2 – Análise do *leasing* para a máquina XYW

1) Cálculo do *leasing* mensal = $2.000.000,00 (3,20/100) = $64.000,00.
2) Custo anual contábil = $64.000,00 (12) = $768.000,00.
3) Custo anual das parcelas de *leasing* a uma taxa de juros mensal = $(1,14)^{1/12} - 1$ ou 1,098% ao mês $\Rightarrow$ $64.000,00 $(R \to S)^{12}_{1,098\%}$ = $816.119,69.

FLUXO ECONÔMICO

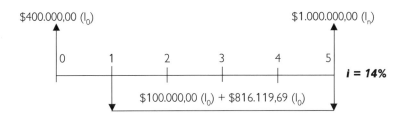

FLUXO CONTÁBIL

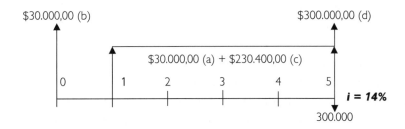

(a) Economia de IR referente a custos gerais anuais;
(b) Economia de IR por venda de ativo (máquina atual) com prejuízo contábil de $100.000,00 = $500.000,00 valor residual – $400.000,00 valor de mercado;
(c) Economia de IR por pagamento de 12 parcelas mensais de *leasing* (máquina XYW) = $64.000,00 (12) = $768.000,00 (0,30) = $230.400,00;
(d) Pagamento de IR pela venda de ativo com lucro. Como se estimou que o valor de mercado esperado para a máquina XYW, após 5 anos, será de $1.000.000,00, teremos um lucro contábil de $1.000.000,00, gerando $300.000,00 de encaixe de IR ($1.000.000,00 $\times$ 0,30 = $300.000,00).

FLUXO COMPLETO

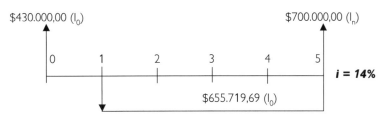

O CAU da alternativa 5.2 — vender a máquina atual e adquirir a máquina nova da empresa XYW com operação de *leasing* para ser utilizada por mais 5 anos — será, portanto:

$$CAU = -\$655.719,69 + \$430.000,00 \ (P \rightarrow R)^5_{14\%} + \$700.000,00 \ (S \rightarrow R)^5_{23,12\%}$$

$$\boxed{CAU = -\$424.569,29}$$

Portanto, a melhor alternativa continua sendo a de adquirir a máquina XYZ com entrada de 20% e financiamento com taxa de 10%, cujo CAU estimado é de $259.125,32.

■ Exercícios de aplicação

116. Empatou-se, em 1993, $1.200.000,00 numa fábrica. Foi gasto, em 1994, mais $1.200.000,00 em benefícios diversos. A cada ano, desde 1994, inclusive, foram gastos $300.000,00 até 1997. Desde 1998 em diante, os investimentos foram sensivelmente compensados pelos lucros. Por quanto se deveria vender a fábrica, em 2001, para se obter um retorno real de 8% sobre os investimentos, excluindo-se os lucros já obtidos? A inflação média, durante esse período, foi de 20% ao ano.
117. A que prestação mensal pode ser vendida certa máquina em 10 pagamentos iguais sendo o primeiro no ato da venda, sabendo-se que a taxa de inflação é de 26% ao ano e a taxa de juros reais, de 12% ao ano? O seu preço à vista é de $100.000,00.
118. Oferece-se ao proprietário de um terreno, cujo valor, hoje, é de $250.000,00, a troca por um apartamento no valor de $1.000.000,00 em termos de moeda futura; o apartamento ficará pronto, porém, somente dentro de 3 anos. O proprietário estima que a inflação monetária que vigorará durante esse período será de 50% ao ano. Qual a taxa de retorno do negócio a ele proposto? Se ele investisse esse dinheiro na poupança obteria um ganho de 6% ao ano. Ele deve aceitar o negócio? Por quê?
119. Um equipamento pode ser pago com um dos seguintes planos:
    * Plano A: $63.000,00 menos 10% de desconto à vista.
    * Plano B: $6.300,00 em 10 pagamentos iguais.
    * Plano C: $3.000,00 de entrada, mais 20 pagamentos iguais de $4.225,00.
    Qual é a melhor situação para um investidor que aplica seu dinheiro a uma taxa de juros aparente de 2% ao mês, em uma economia cuja inflação média mensal é também de 1% ao mês?
120. Uma cooperativa de crédito imobiliário empresta 80% do valor para a compra de um imóvel, até o teto de $100.000,00. O empréstimo deverá ser reembolsado mensalmente, em 15 anos, com juros de 1% ao mês. As parcelas são reajustadas

monetariamente 1 vez por ano. As taxas de inscrição, avaliação e expediente montam a $5.000,00 e deverão ser pagas no ato pelo beneficiado. Se a inflação for de 50% ao ano para um empréstimo de $100.000,00, qual será o valor da prestação mensal a ser paga pelo tomador do empréstimo a cada ano? Qual a taxa de juros mensal aparente embutida no negócio? Qual a taxa de juros reais mensal desembolsada pelo beneficiário no negócio?

121. Um carro pode ser adquirido por $48.000,00 à vista ou por $20.000,00 de entrada, mais 5 prestações mensais consecutivas de $8.000,00. Se a inflação for de 5% ao mês, que condições de compra são preferíveis? Considerar que o comprador aplica seu dinheiro a uma taxa de juros aparente de 10% ao mês.

122. Um ano atrás, o gerente de uma fábrica comprou uma máquina por $170.000,00. Na época da compra, estimou-se que ela teria uma vida útil de 10 anos e valor de revenda no final do período de 0. Entretanto, o desempenho da máquina não foi o esperado. Os custos operacionais no 1º ano foram de $5.000,00 e devem permanecer inalterados nos próximos 10 anos. Acredita-se que, se for feita uma reforma daqui a 5 anos ao custo de $200.000,00 (em moeda da época), a máquina continuará operando por mais 5 anos a partir de então. Estima-se que o valor de revenda daqui a dez anos seja de $51.875,00 (em moeda da época). Existe a alternativa de vender a máquina atual por $75.000,00 e comprar uma nova por $150.000,00. Atribui-se a ela um valor residual e de mercado para daqui a 10 anos de $103.749,70 (em moeda da época). Estimam-se custos operacionais de $5.500,00 por ano que, assim como na máquina atual, não serão reajustados. Sabendo-se que a inflação estimada é de 10% ao ano, a taxa de retorno esperada pela companhia é de 12% ao ano e a alíquota de IR, de 35%, qual deverá ser a alternativa escolhida?

123. Uma companhia está estudando a compra de um novo equipamento para lançamento de um novo produto. As estimativas feitas foram as seguintes:
    a) Horizonte de planejamento — 5 anos;
    b) Valor unitário de venda — $10,00 por unidade;
    c) Correção semestral de preços — 80% da inflação do período;
    d) Despesas operacionais reajustáveis semestralmente — $5,00 por unidade;
    e) Despesas operacionais não reajustáveis semestralmente — $3,00 por unidade;
    f) Estimativa de vendas — 100.000 unidades por semestre;
    g) Correção monetária semestral — 10%;
    h) Taxa mínima de atratividade — 5% ao semestre;
    i) Preço de compra do equipamento — $2.000.000,00.

    Deseja-se saber:

    1) A compra do equipamento é viável nessas condições?
    2) Qual o preço a ser estipulado para o equipamento atingir o *break-even point*?
    3) Qual a quantidade mínima a ser vendida para atingir o ponto de equilíbrio por volume de produção, o *break-even point*?

124. Uma empresa necessita, por razões de sobrevivência, instalar um novo sistema integrado de gestão por computador e dispõe de várias alternativas para adquiri-lo ou alugá-lo, como se explica a seguir:
   a) O fornecedor *SIM (International System Machines)* propõe a utilização de seu software de terceira geração, o *SIM 3*, que pode ser adquirido:
   a.1) à vista, por $2.000.000,00;
   a.2) financiado pelo BNDES em 5 anos, em pagamentos trimestrais iguais à taxa de 36% ao ano, já incluída a correção monetária;
   a.3) alugado por 5 anos, com pagamento de aluguel trimestral de $120.000,00 reajustável de acordo com a inflação medida pelo IGP — Índice Geral de Preços da FGV.
   Em qualquer das hipóteses, o sistema *SIM 3* causará despesas operacionais e de manutenção de $7.200,00 trimestrais, que serão reajustadas de acordo com a inflação. No caso de optar pelo financiamento do BNDES, o banco repassador cobrará no ato da concessão uma taxa de abertura de crédito correspondente a 15% do valor emprestado. O valor residual desse sistema, com 5 anos de uso, pode ser estimado em $200.000,00.
   b) O fornecedor *Data Norte*, concorrente nacional do anterior, propõe a utilização de um sistema denominado *Magno 45*, com capacidade semelhante ao *SIM 3*, nas seguintes condições:
   b.1) à vista, por $2.400.000,00 — financiados por um banco de investimentos à taxa de juros reais de 10% ao ano, pagáveis em 5 anos, em prestações trimestrais corrigíveis conforme a inflação que ocorrer no período (valor real constante);
   b.2) arrendamento por 5 anos, com pagamentos trimestrais de $200.000,00 não reajustáveis, qualquer que seja a inflação do período. Após 5 anos o sistema poderá ser adquirido em definitivo por $400.000,00 (a preço da época).
   Em qualquer das hipóteses as despesas de manutenção e operação serão de $50.000,00 por trimestre, reajustáveis conforme a inflação. O valor de mercado do sistema *Magno 45*, com 5 anos de uso, daqui a 5 anos, é estimado em $900.000,00 a preço da época.
   c) Uma terceira fornecedora, a *CDC (Custom Data Corporation)*, propõe a utilização de seu sistema CDC-2002, com capacidade três vezes superior aos outros dois, por ser de quarta geração, que pode ser adquirido:
   c.1) à vista, por $1.800.000,00 (sem financiamento);
   c.2) alugado, por $200.000,00 por trimestre, reajustáveis segundo a inflação.
   Em qualquer das hipóteses, as despesas de manutenção e operação no volume de operações necessário para a empresa serão de $30.000,00 por trimestre, reajustáveis conforme a inflação que ocorrer no período. O valor de mercado do sistema em análise, o sistema CDC-2002, com 5 anos de uso, daqui a 5 anos, é estimado em $250.000,00 a preço de hoje.
   Resolva o problema considerando que a empresa dispõe de apenas $2.000.000,00 para investimento fixo (capital próprio) e que os três sistemas

prestarão nos próximos 5 anos o mesmo serviço, considerando ainda uma inflação de 30% ao ano para os próximos 5 anos e, lembrando, sujeita à alíquota de IR de 30%, e a empresa exige uma taxa mínima de retorno real após o IR de 10% ao ano.

125. Um laboratório deve escolher entre dois equipamentos, de modo a atender à sua produção anual de 1.000.000 de unidades de doses de vacina.

O **modelo francês** tem capacidade anual de 1.100.000 doses e custa hoje $1.000.000,00 e, em 2007, seu valor residual e de mercado será de $200.000,00 (em valores da época) e suas despesas anuais não reajustáveis são de $100.000,00.

O **modelo americano**, com capacidade para 1.200.000 doses anuais, tem preço hoje de $1.200.000,00 e, na metade de sua vida útil, em 2007, foi-lhe estimado um valor de mercado de $200.000,00 (em valores da época). As suas despesas anuais não reajustáveis são de $80.000,00.

Sabe-se que, utilizando-se o índice de correção monetária referente a 2002, o valor residual e de mercado dos equipamentos seria de $80.000,00, e que o preço da dose é hoje de $0,50, reajustável anualmente nos próximos 5 anos. Pergunta-se: Qual dos dois equipamentos deve ser o escolhido pelo laboratório de modo a obter uma taxa mínima de atratividade real de 10% ao ano? (Note que não é possível a hipótese de não comprar nenhum dos equipamentos).

> **Atenção: Caso você deseje continuar exercitando os conhecimentos adquiridos, veja a seguir alguns exercícios de aplicação adicionais.**

Exercícios extras de aplicação

126. A companhia Tibúrcio mantém um contrato de *leasing* por meio do qual aluga da Cia. Lisa 10 caminhões para fazer o transporte das mercadorias que produz. O aluguel de cada caminhão custa $5.000,00 mensais. Para utilização dos caminhões, a companhia contrata motoristas, aos quais paga $650,00 por mês. Além disso, incorre em custos de $400,00 mensais referentes a gastos com manutenção.

    No próximo mês, a Companhia Tibúrcio necessitará de um total de 20 caminhões para o transporte de mercadorias, em face de recente expansão de seus negócios. Por isso, o executivo encarregado de transportes quer fazer uma análise dos custos para as seguintes alternativas: (1) alugar os 20 caminhões nas condições de custos mencionados; (2) comprar os 20 caminhões para atender às exigências atuais.

    A compra dos caminhões acarretará os seguintes custos: (1) preço total de $70.000,00 para cada caminhão, podendo ser pagos com $30.000,00 de entrada e o restante em 48 prestações mensais, iguais e consecutivas, a uma taxa de juros de 4% ao mês. O caminhão tem uma vida útil de 4 anos, ao fim dos quais terá um valor residual de $20.000,00. As despesas mensais de operações são idênticas às anteriormente mencionadas (salário de $650,00 e manutenção de $400,00); acrescidas de $300,00 de custos de reparos e ajustes. Além disso, será necessário pagar pelo licenciamento anual dos caminhões, estimado em $1.300,00 por caminhão no início de cada ano.

    A Companhia Tibúrcio usa a taxa de juros de 5% ao mês para avaliar seus investimentos. Comparar ambas as alternativas com base no custo mensal (por período de 30 dias), considerando que a firma objetiva um serviço perpétuo.

127. Uma empresa decidiu obter os serviços de uma rede de computadores. Os equipamentos poderão ser comprados ou alugados. Dada a natureza da instalação necessária, o aluguel mensal deverá alcançar $12.200,00 (esse valor inclui o custo

de manutenção). Se o computador for comprado, poderá ser firmado um contrato de manutenção com o fabricante no valor de $20.000,00 por ano. O custo de preparação do local a ser ocupado pelo computador é o mesmo para as duas alternativas. Do mesmo modo, qualquer que seja a alternativa escolhida, ocorrerão custos iguais de programação, pessoal operacional, etc. Estima-se em 3 anos a vida útil dos equipamentos caso sejam comprados. Considerando-se uma TMA de 3% ao mês, pergunta-se: a) Qual o valor máximo que a empresa deverá pagar hoje pelos equipamentos para que ambas as alternativas se tornem iguais? (*Vide Exercício 81 de VA*.) b) Qual o CAU das alternativas em questão?

128. Os gastos anuais para operação e manutenção de certo tipo de caminhão são de $6.000,00 para o primeiro ano e, sob certas condições específicas de operação que existem para esta empresa, sofrem um acréscimo anual de $1.000,00 nos primeiros 5 anos de operação. O custo inicial do caminhão é de $80.000,00. O valor residual estimado para o caminhão após 4 anos de uso será de $40.000,00 e após 5 anos, de $32.000,00. Considerando-se uma TMA de 20% ao ano, uma depreciação linear ao longo de 5 anos e uma alíquota do IR de 30%, responda: a) Pelo método do CAU, qual a melhor opção — manter o caminhão por 4 ou por 5 anos? (*Vide Exercício 71 de CAU*.) b) Como ficariam os cálculos pelo método do VA?

129. Levando-se em consideração uma taxa de atratividade de 30% ao ano, compare os valores atuais das máquinas X e Y.

Máquina	X	Y
Investimento inicial	$130.000,00	$145.000
Vida estimada	10 anos	10 anos
Valor de mercado após 10 anos	$10.000,00	$10.000,00
Gastos anuais	$7.000,00	$5.000,00

130. Se a empresa do Exercício 129 estivesse sujeita a uma alíquota de IR de 35% sobre o lucro, como ficariam os dois VAs para uma depreciação linear ao longo da vida útil, considerando-se valor residual zero para a alternativa "X" e $35.000,00 de valor residual para a alternativa "Y"?

131. Ainda com relação ao Exercício 129/130, se a empresa tivesse uma receita bruta anual de $15.000,00, independentemente do processo a ser empregado, responda: a) Como ficariam os dois Valores Atuais após o IR? b) Algum dos investimentos deveria ser feito? c) Pelo método da taxa de retorno, como ficariam os cálculos?

132. Considere os dados dos Exercícios 129/130 e defina qual deveria ser a receita bruta anual mínima necessária para cada uma das opções analisadas para que se justifiquem suas implantações.

133. Se no Exercício 72 sobre o método do CAU e no 85 sobre o método do VA, a empresa cuja taxa de expectativa fosse de 25% ao ano estivesse sujeita a uma alí-

quota de IR de 30%, como ficaria a análise? Utilize para ambas as alternativas os dados já fornecidos anteriormente, conforme segue:

Local	Região Central	Multishop
Investimento	$250.000,00	$180.000,00
Vida útil	10 anos	10 anos
Valor residual e de mercado	$100.000,00	$20.000,00
Receitas anuais	$200.000,00	$230.000,00
Custos operacionais anuais	$160.000,00	$180.000,00

Considerando-se os dados propostos, responda, *agora após o IR*: a) Qual o VA de cada alternativa? b) Qual o CAU de cada alternativa? c) Qual dos dois locais é melhor? d) O investimento deverá ser feito no local indicado em "c" ? Justifique.

134. Se o Exercício 131 fosse solucionado pelo método da taxa de retorno, você mudaria sua opinião? Faça os cálculos necessários para justificar sua decisão.

135. Certa Companhia está estudando a compra de um caminhão. Existem duas propostas em estudo que podem ser descritas como sendo: a) Um caminhão usado com motor a óleo diesel; b) Um caminhão novo com motor a gasolina. A companhia tem intenção de utilizar o caminhão por um prazo de 7 anos, embora para análise deva ser considerada depreciação linear ao longo de 5 anos para valor residual zero. Considere também uma taxa de expectativa de 15% ao ano, um IR de 35% e defina qual a melhor opção para a companhia.

Caminhão	Diesel	Gasolina
Custo inicial	$124.000,00	$103.000,00
Valor de mercado após 7 anos	$43.000,00	$30.000,00
Gasto com combustível no 1o ano	$2.400,00	$4.800,00
Aumento anual de combustível	$120,00	$240,00
Gastos anuais com reparos	$800,00	$1.000,00

136. Se a companhia do Exercício 83 sobre o método do VA, ao fazer novas estimativas para o problema de isolamento de canos de vapor que está estudando, chegasse à conclusão de que para as alternativas de utilizar o isolamento com espessura de 1" e o isolamento com espessura de 2", devessem ser considerados os seguintes dados:

As perdas anuais de vapor, deixando-se o encanamento sem isolamento, atingiriam, na verdade, $40,00 por metro de encanamento. O isolamento de 1" de espessura reduzirá tais perdas em 89% e custará $12,80 por metro de encanamento. O isolamento de 2" de espessura reduzirá as perdas em 92% e custará $27,00 por metro de encanamento.

Para a mesma taxa de expectativa de 20% ao ano, como ficaria a comparação dos custos atuais do isolamento para os 10.000 metros de tubulação, incluindo os custos com a perda de vapor, para os dois tipos de isolamento propostos? Informe qual a melhor opção, levando-se em consideração que esta nova solução possibilitará uma duração de 20 anos para a tubulação.

137. Um proprietário analisa duas propostas para vender sua casa:
   a) 1 parcela inicial de $40.000,00 mais 12 parcelas semestrais de $10.000,00;
   b) 1 parcela inicial de $20.000,00 mais 24 parcelas trimestrais de $6.000,00.
   Sendo a taxa de expectativa de 5% ao trimestre, calcular: a) Qual a proposta mais vantajosa? b) Quanto o autor da proposta de menor valor deve oferecer a mais no valor inicial para ficar em igualdade com o seu concorrente?

138. Uma empresa decidiu obter os serviços de um computador. O equipamento poderá ser comprado ou alugado. Dada a natureza da instalação necessária, o aluguel anual deverá alcançar $1.200,00 (esse valor inclui o custo de manutenção). Se o computador for comprado, poderá ser firmado um contrato de manutenção com o fabricante no valor de $200,00 por ano. O custo de preparação do local a ser ocupado pelo computador é o mesmo para as duas alternativas. Do mesmo modo, qualquer que seja a alternativa escolhida, incorrerão custos iguais de programação, pessoal operacional, força e materiais auxiliares. Estima-se em 5 anos a vida útil do equipamento, caso seja comprado. Pergunta-se:
   a) Sendo de 12% ao ano a taxa mínima de retorno exigida pela empresa, qual o valor máximo que poderá ser pago em uma compra se o valor de mercado do computador ao final da vida útil for nulo?
   b) Qual será este valor sendo a taxa de 24% ao ano, mas estimando-se que o equipamento possui um valor de revenda de $500,00 ao final de sua vida útil?

139. Como ficaria a análise do caso proposto no Exercício 138, se a empresa estivesse sujeita a uma alíquota de IR de 35% e se fosse considerada uma depreciação linear acelerada ao longo de 3 anos para o equipamento?

140. Se para a questão da empresa do ramo alimentício que deseja substituir seu sistema de seleção e processamento de frutas, *discutida nos Exercício 73 sobre o método do CAU e no 87 sobre o VA*, defrontássemo-nos, além dos dados originais transcritos a seguir, com a informação de que tanto para estrutura "X", como para a estrutura "Y", é possível obter-se receitas brutas anuais de $80.000,00 como ficaria a análise pelo método da taxa de retorno? Continue considerando a TMA de 10% ao ano.

Estrutura	X	Y
Custo inicial dos equipamentos	$450.000,00	$350.000,00
Vida útil	20 anos	10 anos
Valor de revenda no final da vida útil	$50.000,00	$40.000,00
Despesas anuais de conservação	$5.000,00	$10.000,00

141. Se a empresa dos Exercícios 73 e 87, com os dados transcritos no exercício anterior, no Exercício 140, estivesse sujeita a uma alíquota de IR de 20%, considerando-se uma depreciação linear dos equipamentos em 10 anos para valor residual zero, como ficaria a análise? A melhor alternativa seria a já escolhida nos Exercícios 73 e 87?

142. A instalação de uma estação de bombeamento custa $80.000,00 e tem vida estimada de 30 anos. O valor de revenda do equipamento é de $4.000,00 e os custos de operação são de $32.000,00 por ano. A adoção de um equipamento auxiliar elevará seu custo inicial para $200.000,00. Entretanto, a vida estimada da estação será de 60 anos, o valor de revenda subirá para $20.000,00 e os custos de operação cairão para $17.700,00 anuais. Considerando-se uma taxa mínima de atividade de 12% ao ano, qual deve ser a alternativa escolhida?

143. Uma empresa deve decidir entre duas alternativas para a compra de um equipamento. O **novo** (a) custará $150.000,00 enquanto o **recondicionado** (b) custará $60.000,00. Os gastos anuais com mão-de-obra são estimados em $12.000,00 para a máquina nova e $8.000,00 para a recondicionada.

Os custos anuais de manutenção para a alternativa "a" estimam-se em $400,00 nos três primeiros anos, crescendo daí por diante em $100,00 ao ano. Para a alternativa "b" serão de $800,00 para o primeiro ano, aumentando daí por diante em $200,00 ao ano, sempre até o final da vida útil de cada equipamento.

A máquina nova deverá durar 12 anos, ao fim dos quais terá um valor residual e de revenda de $10.000,00; enquanto a recondicionada terá uma vida útil de 6 anos e um valor residual e de revenda de $1.000,00. Sendo a taxa de juros de 12% ao ano e a alíquota do IR de 30%, qual a melhor alternativa?

144. Os gastos anuais para operação e manutenção de certo tipo de caminhão são de $8.000,00 para o primeiro ano, sob certas condições específicas de operação que existem para esta empresa, sofrerão um acréscimo de $800,00 por ano nos primeiros 10 anos de operação. O custo inicial do caminhão é de $80.000,00. O valor de mercado estimado após 5 anos será de $42.000,00 e, após 8 anos, de $25.700,00. Sendo a taxa de juros de 20% ao ano: a) Compare os custos anuais para um caminhão vendido após 5 anos e após 6 anos de uso; b) Considerando-se que a empresa esteja sujeita a uma alíquota de IR de 35% e que o caminhão será totalmente depreciado em 10 anos, como ficaria a análise?

145. Uma fábrica de artefatos de papel, cuja TMA é de 20% ao ano, está planejando construir um armazém destinado a estocar bobinas de papel de 150 kg de peso e 0,170 m3 de volume cada uma. O armazém deverá ter capacidade para conter até 20.000 bobinas, ou seja, 3.000 toneladas de papel, que ao todo ocuparão um volume líquido de 3.400 m3. Para recarregar as bobinas dos caminhões de entrega, empilhá-las no armazém e transportá-las até as máquinas, três sistemas de transporte são tecnicamente viáveis, cada um deles necessitando de espaço, área construída e equipamentos específicos que estão expressos, sob a forma de custos, em seus respectivos investimentos iniciais e podem ser descritos conforme segue:

a) **Plataforma elevadora manual** — operada por dois homens, em conjugação com carrinhos-de-mão, operados por 4 homens. A plataforma permite armazenar bobinas até a altura de 4 m. Contando com os corredores de movimentação, considera-se necessária uma área de 1.200 m² de armazém. Investimento inicial –$14.700,00.

b) **Empilhadeira motorizada** — com dispositivo especial para abraçar bobinas e empilhá-las até 4 m de altura. Apenas um motorista executa todo o serviço. Em função de manobras, é necessário um armazém de 1.500 m². Investimento inicial –$62.000,00

c) **Ponte rolante** — manobrada por um guindasteiro e um ajudante, em conjugação com carrinhos-de-mão operados por 4 homens. A altura das pilhas poderá ser de 6 m e a área total necessária é de 700 m². Investimento inicial –$93.000,00.

Pelo método do VA, considere 2 turnos de trabalho e que os custos de mão-de-obra por turno e por ano, incluindo os encargos, são de $3.600,00 para trabalhadores braçais e de $4.300,00 para motoristas ou guindasteiros. O quadro a seguir contém os demais elementos de custos necessários à operação de cada um dos sistemas:

Sistema	A	B	C
Valor residual do equipamento	$3.100,00	$6.200,00	$12.400,00
Despesas anuais gerais	$186,00	$620,00	$310,00
Força e combustível/ano	–	$1.550,00	$620,00
Lubrificantes/ano	$62,00	$155,00	$93,00
Mão-de-obra de manutenção/mês	$124,00	$620,00	$310,00
Peças extras para manutenção/reparos/ano	$620,00	$3.100,00	$124,00
Suprimentos diversos/mês	$62,00	$186,00	$124,00
Vida estimada dos equipamentos	10 anos	8 anos	20 anos

146. Uma escola está estudando dois planos alternativos para a construção de um ginásio de esportes. Um engenheiro fez as estimativas de custos a seguir para cada um deles. Supondo a vida da construção ser perpétua e uma taxa de juros de 12% ao ano, qual a melhor alternativa?

I) **Arquibancada de concreto:**
   custo inicial de $7.000,00
   custo de manutenção de $300,00 por ano

II) **Arquibancada de madeira:**
   custo inicial de $6.000,00
   custo de pintura a cada 3 anos de $400,00
   custo de novos assentos a cada 12 anos de $1.600,00
   custo de nova estrutura a cada 35 anos de $2.000,00

147. Uma empresa deve instalar um motor elétrico de 100 HP para determinado serviço, para funcionar a plena carga durante 1.200 horas por ano. A empresa recebeu duas propostas que podem ser expressas da seguinte forma:

Motor	A	B
Custo do motor	$12.500,00	$11.000,00
Rendimento do motor	90%	85%
Vida econômica	20 anos	25 anos
Custo anual de manutenção	$1.100,00	$1.250,00

Fazer a análise econômica comparativa das duas alternativas pelo método do Valor Atual, considerando-se uma TMA de 15% ao ano. Considerar o custo do kWh de $0,16 e que 1 HP é igual a 0,746 kw.

148. Na construção de uma adutora são examinadas duas alternativas. Para valores residuais nulos em ambos os casos e TMA de 12% a.a., qual é a melhor alternativa?
   a) **Construção de um túnel de pedra** com custo de $500.000,00, vida ilimitada e custo anual de conservação de $5.000,00; seguido de uma tubulação em concreto com o custo inicial de $250.000,00, vida útil de 50 anos e custo de conservação de $2.500,00 por ano.
   b) **Tubulação em aço** com custo inicial de $400.000,00, vida útil de 50 anos e custo anual de manutenção de $8.000,00; seguido de um sistema de bombeamento que custa $250.000,00, com vida útil de 20 anos e despesa de manutenção de $17.000,00.

149. Determinada empresa precisa de um novo galpão para as suas oficinas, mas tem dúvidas sobre a conveniência de construí-lo em concreto armado ou em alvenaria.
   A construção em concreto armado custará cerca de $120.000,00, terá vida útil de 80 anos e sua demolição custará $10.000,00.
   A construção em alvenaria custará cerca de $100.000,00, terá vida útil de 50 anos e valor residual de $8.000,00.
   O custo anual de manutenção está estimado em $1.000,00 para a primeira hipótese e em $2.000,00 para a segunda. A empresa fará seguro contra acidentes no valor de 80% do imóvel, sendo o prêmio anual de 0,15% para a construção em concreto e 0,4% para a construção em alvenaria. Fazer a análise econômica das alternativas pelo método do valor atual, considerando a taxa de juros de 15% ao ano.

150. Uma indústria se defronta com três alternativas para a execução de um serviço. Os custos associados a cada uma delas estão expressos a seguir. Considerando-se uma TMA de 25% a.a. e um IR de 30%, qual é a melhor alternativa?
   a) **Contratação do serviço** de uma empresa especializada ao preço anual de $100.000,00, incluindo todas as despesas de mão-de-obra, bem como encargos sociais e trabalhistas.

b) **Compra de um equipamento** por $200.000,00 com vida útil de 10 anos e valor residual e de mercado de $20.000,00. Suas despesas anuais seriam:
- mão-de-obra e encargos sociais e trabalhistas: $50.000,00 por ano;
- energia e manutenção do equipamento: $10.000,00 por ano.

c) **Compra de um outro equipamento mais sofisticado** por $270.000,00 com vida útil de 15 anos e valor residual e de mercado de $27.000,00. Despesas anuais:
- mão-de-obra e encargos sociais e trabalhistas: $26.000,00 por ano;
- energia e manutenção do equipamento: $14.000,00 por ano.

151. No planejamento do sistema de rádio da Polícia Federal, deseja-se manter uma potência mínima de sinal em todos os pontos do Estado. Para esse fim, dois planos são propostos. Usando juros de 12% a.a., qual dos dois planos é mais conveniente?

    I) **Estabelecimento de 6 estações transmissoras de baixa potência** — O investimento em construção, terraplanagem, encanamento e torre é estimado em $35.000,00 para cada estação, com sua vida útil de 25 anos. O investimento no equipamento de transmissão para cada estação é estimado em $25.000,00, possuindo vida útil de 8 anos, em razão da probabilidade de obsolescência. A despesa anual de operação para cada estação é de $2.100,00.

    II) **Estabelecimento de 2 estações transmissoras de alta potência** — O investimento em construção, terraplanagem, encanamento e torre é estimado em $40.000,00 e a vida útil dessas instalações em 25 anos. O investimento no equipamento de transmissão para cada estação é estimado em $20.000,00 e sua vida útil em 8 anos. O seu custo anual de operação é de $2.800,00 por estação.

152. Surgiu, para uma pessoa que possui uma propriedade que lhe dá renda anual de $15.000,00 durante 10 anos, a oportunidade de colocar seu capital a juros de 10% ao semestre. Outra pessoa interessada em comprar essa propriedade possui um capital a 9% ao ano durante 10 anos. Qual o preço da propriedade mais atrativo para ambas? Por quê?

153. Para a compra de um caminhão, existem dois planos:
    a) $100.000,00 à vista;
    b) 20 prestações de $10.267,83 e mais determinada entrada.

    Qual o valor da entrada no segundo plano se a taxa é de 20% ao ano?

154. Uma prefeitura está planejando construir um edifício de três andares para alguns de seus escritórios. Espera-se que três novos andares sejam adicionados ao edifício depois de alguns anos. Foram feitos dois projetos:

    X) **Planta convencional** — com custo inicial de $210.000,00 (três andares);

    Y) **Construção programada** — pressupõe que o edifício inicial seja os três primeiros andares de um prédio de seis andares, elevando o custo inicial para $245.000,00.

    No projeto **X**, custará $250.000,00 para adicionar três andares. A construção de três andares adicionais custará somente $150.000,00 no projeto **Y**. A vida total estimada do edifício é infinita, com valor residual igual a zero. Os custos de manutenção serão de $1.000,00 por ano a menos no projeto **Y** durante todos os anos. Com juros de 15% ao ano, quando se deve construir os andares adicionais para justificar a escolha do projeto **Y**?

155. A prefeitura de uma cidade está estudando o desenvolvimento de um sistema de abastecimento de água. Foi proposto um plano de expansão em etapas, que requer $400.000,00 agora, $810.000,00 daqui a 10 anos e $810.000,00 daqui a 20 anos. Um engenheiro estimou que o projeto global custe atualmente $600.000,00. Ele estimou também que os custos anuais de operação para o projeto global são de $15.000,00 por ano a mais do que o 1º período do outro plano, igual aos seus custos durante o 2º período de 10 anos e $9.500,00 a menos que os seus custos daí por diante. Sendo a taxa de 15% ao ano, qual a melhor alternativa pelo valor presente? (Investimento em construção permanente presta serviço perpétuo).

156. Embora os cálculos previdenciários incluam questões atuarial e de risco embutidas em seu bojo, e o exercício aqui proposto esteja desconsiderando tal fato, apenas a título de ilustração, imagine se um cidadão pudesse optar por constituir seu próprio fundo de aposentadoria deixando automaticamente de contribuir compulsoriamente para a previdência oficial. Hipoteticamente para os cálculos, utilize a renda de um contribuinte que recolhe ao INSS pelo teto máximo de 10 salários mínimos mensais.

Para simplificar os cálculos, vamos considerar das regras atuais da previdência oficial apenas a questão do período mínimo de contribuição que é de 35 anos, esquecendo-se de que junto a este período existe também a questão da idade mínima que poderá elevar sobremaneira este período mínimo de contribuição.

Vamos também considerar aqui que as contribuições mensais serão de 33% sobre o salário, embora a sua somatória — incluindo-se as parcelas do empregado e do empregador — monte um pouco mais e, ainda, que após aposentado o contribuinte terá a possibilidade de receber eternamente uma renda idêntica àquela da contribuição, ou seja, 10 salários mínimos sem qualquer desconto, o que também não é o caso na previdência oficial. Para os cálculos, considere uma taxa de juros de 1% ao mês e discuta se é razoável o discurso oficial de que o INSS não tem dinheiro para pagar a aposentadoria do cidadão brasileiro.

157. Existem duas alternativas para implantação de um novo sistema produtivo; analise-as considerando o investimento perpétuo e uma TMA de 12% ao ano.
Alternativa A — Custo inicial de implantação de $1.000.000,00 e custos anuais de manutenção de $60.000,00.
Alternativa B — Custo inicial de implantação de $630.000,00; custos anuais de manutenção de $45.000,00; custo de atualização a cada 4 anos de $80.000,00; custo de reforma parcial a cada 12 anos de $200.000,00 e custos de nova implantação a cada 24 anos de $350.000,00.

158. Uma empresa está pensando em produzir um novo artigo, cuja demanda está estimada em apenas 6 anos. Espera-se que o custo de introdução do produto seja de

$100.000,00. Qual o equivalente a essa despesa inicial, em termos de série uniforme de custos de fim de ano, se a taxa de juros é de 15% ao ano?

159. Nos anos 80 a CET — Companhia de Engenharia de Tráfego, da PMSP, estudava a viabilidade da implantação do *SemCo — sistema de semáforos coordenados* e, nas esquinas da Rua Waldemar Ferreira, saída principal da USP, com a Avenida Rebouças/Eusébio Matoso, defrontou-se com a questão de instalar ou não um semáforo de 3 tempos e levantou as seguintes hipóteses:

   I) **Instalar um semáforo comum** (verde, amarelo e vermelho), que custa $5.000,00, com vida útil de 5 anos e exige regulagens semestrais de $250,00 cada uma. Caso esse equipamento seja instalado, os automóveis que necessitam virar à esquerda serão obrigados a seguir em frente até um retorno, voltar ao cruzamento para então entrar à direita. Estima-se em 5 minutos o tempo para essa operação.

   II) **Instalar um semáforo coordenado** (com a opção de virar à esquerda), que custa $25.150,00, com vida útil de 4 anos e custos de manutenção de $250,00 por mês, cujas regulagens necessárias ocorrerão por conta do fornecedor e que tornará a conversão 80% mais rápida.

   Considere para os cálculos que, por se tratar de uma obra pública, devem ser levados em conta também os custos dos contribuintes correspondentes à instalação de um ou outro sistema. Para os cálculos foram levantados os seguintes dados: Passam pelo cruzamento 2.500.000 veículos por ano; destes, 55% seguem em frente, 25% convergem à esquerda e apenas 20% à direita. Desses veículos, 25% são comerciais, em que a perda de 1 minuto custaria $0,07, já os demais perderiam $0,02 por minuto. Considerando-se que o sistema implantado no cruzamento será útil por mais de 100 anos e que a taxa de juros será de 1% ao mês, pergunta-se:

   a) Qual a melhor opção pelo método do CAU?

   b) Quanto deveria ser o custo inicial da opção de maior custo para que ela fosse equivalente ao custo da outra alternativa?

   c) Se a redução de tempo proporcionada pelo semáforo coordenado fosse somente de 65%, isto alteraria aquela que foi considerada a melhor opção?

160. O processo de privatização tem sido um dos marcos da administração pública brasileira, principalmente no Estado de São Paulo, onde as estradas se constituíram no carro-chefe. Isso tem, segundo o Estado, tornado possível uma melhor manutenção do sistema rodoviário. Entretanto, questiona-se muito o fato de a malha rodoviária paulista não ter se expandido na velocidade que se gostaria após as privatizações. Os concessionários afirmam que a construção de estradas é deficitária, pois o custo da construção de cada km monta hoje a $20.000.000,00 e requer um custo anual de manutenção de $65.000,00/km. Sabendo-se que uma estrada pode ser financiada com bônus de 20% ao ano e que a taxa de pedágio é de $0,17 por km, pergunta-se: Qual deveria ser o número mínimo de veículos necessários, que devem utilizar a estrada a cada ano, para que o investimento não se torne deficitário?

161. Pelo sistema Anchieta/Imigrantes, somente nos feriados prolongados passam cerca de 200.000 veículos e a concessionária Ecovias está fazendo a duplicação de 20,23 km da Rodovia dos Imigrantes a um custo de R$872.000.000,00, estimando um acréscimo na demanda pela estrada de 20% após a duplicação. Considerando-se que os custos de manutenção serão de $87.200,00 por mês e que o preço do pedágio do Exercício 160, $0,17 por km, seja mantido, quantos carros deverão trafegar por mês pela estrada para que haja um retorno de seu investimento em 10 anos? O limite máximo de carros que poderão utilizar a rodovia será de 14.000 veículos por hora, já que haverá um acréscimo de pistas capaz de aumentar o fluxo atual de 8.500 carros/hora em 60%.

162. No Exercício 97 sobre o método da TIR, utilizamos o caso de uma organização industrial que estava pensando em ampliar seus negócios por meio da aquisição de uma nova planta. Foram propostos três locais possíveis para a sua instalação, descritos conforme quadro a seguir. Na oportunidade, perguntamos:
    a) Qual é a taxa interna de retorno de cada alternativa?
    b) Qual é a melhor alternativa?
    c) Quanto deveria ser o investimento inicial das alternativas de menor taxa de retorno para que fossem equivalentes à de maior taxa de retorno?

    Utilize os dados que transcreveremos a seguir e complete a análise com os seguintes dados: considerando-se a mesma TMA de 12% ao ano e uma alíquota o IR de 30%, como ficaria a análise caso a empresa estivesse sujeita a uma depreciação linear ao logo da vida útil para um valor residual zero?

Local	X	Y	Z
Investimento inicial	$340.000,00	$380.000,00	$360.000,00
Valor revenda após 25 anos	$300.000,00	$340.000,00	$320.000,00
Rendas anuais	$300.000,00	$330.000,00	$320.000,00
Custos operacionais	$240.000,00	$260.000,00	$255.000,00
Vida útil	25 anos	25 anos	25 anos

163. Surgiu a oportunidade de se investir em uma pequena fábrica de carne de crustáceos. O volume máximo de produção anual é estimado em 150.000 kg e a vida desse projeto é de 10 anos. O capital fixo necessário para abertura do negócio é de $181.700,00 e seu capital de giro de $25.186,00. Espera-se que a demanda para o 1º ano seja de 100.000 kg e que ela cresça linearmente a razão de 10.000 kg por ano. Considerando-se:
    - valor de venda: $1,70 por kg;
    - valor de custo: $1.45 por kg;
    - depreciação: 10% ao ano;
    - Imposto de Renda: 20%;
    - o capital de giro só é considerado no primeiro ano e deve ser "devolvido" ao final da vida útil;
    - considerar valor de revenda de $80.000,00.

    Qual é a taxa interna de retorno antes e depois do Imposto de Renda?

164. Ainda com relação ao Exercício 163, se a empresa resolvesse se desfazer do processo no 7º ano de vida, vendendo-o por $120.000,00, qual seria a sua TIR?
165. Para um equipamento industrial que possui vida útil de 10 anos e que custa $360.000,00, com valor residual e de revenda ao final do período estimado em $60.000,00, considerando-se uma receita anual de $80.000,00 e custos anuais de manutenção de $5.000,00, pergunta-se: a) Qual a taxa interna de retorno para a operação simples? b) Qual a taxa interna de retorno, considerando uma depreciação do equipamento pelo método linear e Imposto de Renda de 30% sobre o lucro?
166. Uma empresa possui duas opções de investimento:
    I) Proporciona receita líquida de $150.000,00 anual por um período de 5 anos. A despesa inicial em máquinas e equipamentos será da ordem de $500.000,00. Ao final dos 5 anos, os equipamentos não terão valor residual. Dessa forma, a sua taxa interna de retorno é de 15,24% ao ano.
    II) A despesa inicial será de $200.000,00, sua receita líquida anual será de $57.500,00 por 5 anos e não haverá valor residual.
    Pergunta-se: a) Qual a taxa interna de retorno do investimento B? b) Qual taxa de indiferença?
167. São dados os equipamentos "X" e "Y" a seguir:

Equipamento	X	Y
Custo inicial	$200.000,00	$150.000,00
Vida útil	5 anos	5 anos
Custos anuais	$6.500,00	$8.775,00
Valor residual	$19.500,00	$13.000,00

Tanto o equipamento "X" como o equipamento "Y" geram receitas imponderáveis desconhecidas, porém supostas iguais para ambos, podendo, portanto, ser excluídas dos cálculos. Entretanto, o equipamento "X" gera receitas diretas de $24.000,00 anual e o equipamento "Y" gera receitas diretas anuais de $20.500,00. Em função disso, pergunta-se:
a) Para uma taxa mínima de atratividade de 17% ao ano, qual dos equipamentos deverá ser escolhido?
b) Construir um gráfico VA = f (i), apontando todos os valores principais (embora não seja necessário fazê-lo em escala). A partir do gráfico, determinar para que taxas de atratividade (no campo dos valores positivos) é mais viável o equipamento "X" ou "Y".
168. Para o Exercício 125 — sobre inflação — que transcrevemos a seguir, calcular, considerando os mesmos dados: 1) Qual o *break-even point* das duas alternativas? 2) Qual o preço mínimo que ainda compensa a melhor das alternativas?
Eis o enunciado do exercício: Um laboratório deve escolher entre dois equipamentos, de modo a atender à sua produção anual de 1.000.000 de unidades de doses de vacina.

O **modelo francês** tem capacidade anual de 1.100.000 doses e custa hoje $1.000.00,00, e em 2007 seu valor residual e de mercado será de $200.000,00 (em valores da época) e suas despesas anuais não reajustáveis são de $100.000,00.

O **modelo americano** tem preço hoje de $1.200.000,00, com capacidade para 1.200.000 doses anuais, e na metade de sua vida útil, em 2007, foi estimado para ele um valor de mercado de $200.000,00 (em valores da época). As suas despesas anuais não reajustáveis são de $80.000,00.

Sabe-se que, utilizando-se o índice de correção monetária referente a 2002, o valor residual e de mercado dos equipamentos seria de $80.000,00 e que o preço da dose é hoje de $0,50, reajustável anualmente nos próximos 5 anos. Pergunta-se: Qual dos dois equipamentos deve ser o escolhido pelo laboratório de modo a obter uma taxa mínima de atratividade real de 10% ao ano? (Note-se que não é possível a hipótese de não comprar nenhum dos equipamentos.)

169. A *Gravadora Som Preso*, ao entrar para o mercado de CD, defrontou-se com a necessidade de montar um novo estúdio de som em local já existente.

    Atualmente, para suas gravações, a empresa está alugando estúdios de terceiros, gastando aproximadamente $1.000.000,00 por mês. Estima-se que operando o seu próprio estúdio *full-time*, o custo operacional, incluindo-se mão-de-obra, matéria-prima, manutenção, etc., será de $500.000,00 por mês.

    Além das horas a serem utilizadas pela companhia atualmente, ter-se-ia condições de alugar mais 100 horas a terceiros. O valor-base de mercado por hora de estúdio é de $2.000,00.

    O custo de construção está orçado em $5.000.000,00 financiáveis a uma taxa de 10% ao ano mais correção monetária semestral. Existe a possibilidade de o financiamento ser de 2, 3, 4 ou 5 anos, sendo suas prestações semestrais. Os custos dos equipamentos já instalados serão de:

    Equipamento A — $20.000.000,00, financiados em 5 anos a uma taxa de 7% ao ano mais correção cambial semestral.

    Equipamento B — $15.000.000,00, financiados por uma operação de crédito internacional em dois anos à taxa de 13% ao ano mais correção cambial semestral.

    Note-se que é prática atualmente elevar o aluguel da hora de estúdio a cada 6 meses de modo a compensar a inflação, que a inflação anual prevista é de 56% ao ano, que a correção cambial é de 44% ao ano e que a correção monetária é de 32% ao ano.

    Para uma utilização pelo prazo de 5 anos, e uma TMA de 10% ao ano, pergunta-se: Qual deve ser a opção da empresa, continuar alugando o estúdio, montá-lo com os equipamentos conforme descrito em A, ou montá-lo conforme descrito em B?

170. Com base nos dados do Exercício 169, se a empresa estivesse sujeita a uma alíquota de IR de 30%, como ficaria a sua análise?

171. Ainda com base no Exercício 169, se soubéssemos que o custo do dinheiro para a companhia em operações de desconto de duplicata é de uma taxa aparente de 4% ao mês, que a companhia atualmente tem problemas de fluxo de caixa, e que os investimentos projetados só serão viáveis se autofinanciáveis nos respectivos prazos de financiamento, pergunta-se: a) Qual deve ser a política adotada pela Gravadora? b) Qual das alternativas é a mais econômica para a empresa? Faça todas as suposições que julgar necessárias, justificando-as.

172. Uma máquina com três anos de uso tem o seguinte histórico:

Ano	Operação e reparos ($)	Perdas devido a paradas ($)
1	6.000	0
2	8.000	2.000
3	10.000	4.000

A máquina custou $50.000. Se a máquina continuar em funcionamento durante o 4º ano, estima-se que os custos de operação e reparos sejam de $12.000 e as paradas de $6.000. No 5º ano, os custos serão de $14.000 e $8.000, respectivamente. A máquina tem um valor presente realizável de $30.000 e seu valor cairá para $15.000 daqui a um ano e, para $10.000 daqui a dois anos.

Existe no mercado uma máquina nova, com tecnologia superior e com custo inicial de $60.000. Acredita-se que a nova máquina eliminará completamente as interrupções e seu custo operacional médio está estimado em $5.000.

Considerando-se uma taxa de retorno de mínima aceitável de 12% após o Imposto de Renda, avalie o defensor com um ou dois anos a mais de serviço contra o desafiante. Pressuponha também que a vida do desafiante é de 5 anos e seu valor residual é de $16.000. A depreciação é feita em linha reta em 5 anos, a alíquota marginal de Imposto de Renda é de 35% e o horizonte de planejamento é infinito.

173. Em 1987, uma empresa comprou uma caldeira por $10.000 (moeda atual). A caldeira deveria durar 20 anos e sofrer uma reforma de $1.000 (moeda de hoje) a cada 5 anos. A empresa verificou que na realidade vai pagar hoje (1997) $2.000 para reformar a caldeira e previu gastar $6.323,92 daqui a 5 anos (moeda da época). O valor de mercado da caldeira em 97 é de $6.000 e sua depreciação foi feita em linha reta para 10 anos. O preço de aquisição da caldeira em 87 foi de $1.000. As despesas anuais de manutenção da caldeira são de $500 por ano (moeda de hoje). O valor de mercado da caldeira daqui a 10 anos será de $499,90 (moeda da época). É possível comprar hoje uma caldeira nova por $10.000 e seu valor residual de mercado daqui a 10 anos será de $19.995,96 (moeda da época). O custo de manutenção esperado será de $400 por ano (moeda de hoje). A nova caldeira também será depreciada em 10 anos e não necessitará de nenhuma revisão durante seu tempo de uso. O Imposto de Renda é de 35%. Considerando uma taxa de retorno real de 15% ao ano após o Imposto de Renda, qual a melhor alternativa?

> **OS EXERCÍCIOS A SEGUIR FORAM OBTIDOS A PARTIR DE PROJETOS DE INVESTIMENTOS PROPOSTOS POR ALUNOS DE GRADUAÇÃO DE CURSOS ANTERIORES, SOFRENDO AS ADAPTAÇÕES NECESSÁRIAS A MATERIAL DIDÁTICO.**

Os projetos aqui incluídos são apenas uma amostra das dezenas apresentadas pelos alunos a cada semestre. Vale ressaltar também que eles não se constituem nos mais complexos ou arrojados, ao contrário disto, alguns deles foram incluídos exatamente por sua simplicidade, para demonstrar que mesmo decisões aparentemente mais simples podem e devem ser tratadas da ótica de projetos de investimentos. **Os nomes de empresas e pessoas foram resguardados**, mas os dados refletem a realidade dos projetos apresentados.

174. **PROJETO SOBRE IMPLANTAÇÃO DE UMA FÁBRICA DE BONECAS**

Marina e Sabrina estão estudando a possibilidade de investirem juntas em um novo empreendimento. Dentre as opções existentes, resolveram considerar o segmento de brinquedos do mercado brasileiro que se mostra muito promissor, já que as estimativas apontam para um crescimento de cerca de 153% nos próximos anos. Outro fator que consideraram relevante é o de que a pulverização da participação de pequenas empresas favorece o surgimento e o sucesso de novos empreendimentos.

Dentro deste cenário, deseja-se montar uma fábrica de bonecas. Existe uma dúvida sobre que tipo de fábrica deve-se abrir. Pode ser uma de bonecas de plástico ou uma de bonecas de pelúcia. Tanto em uma como em outra, o investimento não é baixo, *no caso da fábrica de bonecas de plástico*, para uma produção anual de 150.000 peças, são necessários, dentre outras coisas, 3 fornos de rotomodelagem, cerca de 140 moldes, 1 dosador, 2 misturadores, além de pelo menos uma unidade de túnel de encolhimento, seladora, máquina de costura industrial, máquina de corte e máquina de implantar cabelo; *no caso de a opção recair sobre a fábrica de bonecas de pelúcia* embora o investimento inicial seja menor, serão necessárias apenas uma unidade de seladora, máquina de implantar cabelo, máquina de costura industrial, máquina de corte, máquina de enchimento e uma trituradora de espuma, mas as despesas anuais serão maiores. Baseado nos dados a seguir, que resumem os dois investimentos, analise-os pelo método da **taxa de retorno** e diga qual a melhor opção, considerando-se um IR de 25% e uma TMA de 20% ao ano para ambas alternativas.

Item	Plástico (R$)	Pelúcia (R$)
Ativos imobilizados	138.260	75.870
Despesas anuais	27.145	45.204
Produção anual	150.000	100.000
Preço unitário de venda	$0,80	$1,10
Valor residual	15% do valor inicial	15% do valor inicial
Depreciação	12% ao ano s/ imobilizado	12% ao ano s/ imobilizado
Despesa de manutenção	5.000 por período	7.000 por período

175. PROJETO SOBRE IMPLANTAÇÃO DE LAMINADORA DE ALUMÍNIO

A empresa Fundalumínio é uma tradicional empresa do mercado de laminados de alumínio, de propriedade dos srs. Alessandro, Luciana e Renata, que estão estudando a possibilidade de aumentar sua produtividade e concorrer com o mercado externo. Para tanto, resolveram investir em um novo processo importado da Itália. Duas alternativas, mutuamente excludentes, surgiram como investimentos possíveis. Ambas partem da importação de todo um processo produtivo, com capaciadade de produzir 1.000 toneladas mensais de laminados de alumínio, porém a alternativa "A" contará com equipamentos novos que possibilitarão extrair do processo 100% de sua capacidade instalada, enquanto a alternativa "B" contará com alguns equipamentos hoje existentes na fábrica, que limitarão a produção efetiva a 60% da capacidade do processo instalado.

Com base na tabela a seguir, calcule qual deve ser o custo por unidade hoje e quantas unidades deverão ser vendidas para neutralizar o custo considerando-se uma margem de lucro bruto de 30% sobre o preço de equilíbrio. Utilize para os cálculos uma alíquota de IR de 30% e uma TMA de 8% ao ano.

Item	Alternativa A (nova)	Alternativa B (usada)
Preço do processo	US$ 1.000.000	US$ 300.000
Vida útil	20 anos	10 anos
Despesas financeiras	US$ 80.000 por ano	US$ 24.000 por ano
Valor residual	5% do valor inicial	5% do valor inicial
Produtividade anual	100%	60%
Manutenção anual	US$ 14.250	US$ 8.550

176. PROJETO SOBRE IMPLANTAÇÃO DE NOVO PROCESSO PRODUTIVO

Uma fábrica de peças metálicas está estudando um novo processo de produção de um tipo especial de parafuso; para tanto, será necessária a aquisição de um torno. O departamento de produção levantou os dados (ver tabela) e os encaminhou aos seus diretores, os srs. Edigimar; Fábio e Sérgio. Baseados nestas informações e considerando-se que a empresa deseja obter uma TMA de 12% ao ano após o IR, que é de 20%, qual dos investimentos eles deveriam fazer?

Item	Torno comum	Torno especial
Custo de aquisição	$ 38.000,00	$ 58.000,00
Valor residual	$ 2.500,00	$ 4.000,00
Manutenção anual	5% do custo de aquisição	5% custo de aquisição
Custo da matéria-prima	$ 1,00 por unidade	$ 1,00 por unidade
Outros custos do processo	$ 2,00 por unidade	$ 2,00 por unidade
Custo da mão-de-obra	$ 5,00 por hora	$ 5,00 por hora
Tempo de trabalho/máquina	2.400 horas por ano	2.400 horas por ano
Tempo de produção por peça	50 minutos	40 minutos
Preço de venda	$ 12,00 por unidade	$ 12,00 por unidade

177. PROJETO SOBRE DESENVOLVIMENTO DE FORNECEDOR

A empresa Pura Lá S/A, fabricante de carpetes e tapetes, dos sócios, Décio e Ronaldo, está com problemas de compra de matéria-prima desde que a sua tradicional fornecedora a Só Fios, encerrou suas atividades. A primeira opção da Pura Lá foi comprar de outra fornecedora do mercado, a Polistring, entretanto, esta aumentou os preços da bobina padrão de $340,00 para $400,00 por unidade e, ainda, exige que a compradora assuma o frete. Restam, então, três alternativas à Pura Lá: importar a matéria-prima, aceitar as imposições da Polistring ou fabricar o fio necessário às suas atividades.

Para tomar esta decisão, a Pura Lá possui os seguintes dados: preço da bobina da Polistring — $400,00 por unidade; preço da bobina padrão importada — $320,00 por unidade mais impostos de importação de 40% sobre o preço; custo do frete — $30,00 por Km; distância entre a fábrica e o porto — 40 Km; distância entre a Pura Lá e a Polistring — 120 Km; consumo mensal de fios — 200 bobinas; custo da máquina — $1.000.000,00; custo mensal de produção — $50.000,00. Sabe-se ainda que esta máquina tem vida útil indeterminada e os acionistas fixaram a TMA de 8% ao mês.

Sob tais circunstâncias, qual a melhor alternativa? E se o imposto de importação caísse para a metade, a melhor alternativa continuaria sendo a já escolhida?

178. PROJETO SOBRE INVESTIMENTO EM PISCICULTURA

Para analisar a viabilidade para implantação de um projeto de piscicultura, os jovens Fábio; Fernando e Janaína tomaram como base um projeto real que foi realizado na região de Eldorado, Estado de São Paulo. A idéia é a da criação de peixes da espécie Saint Peter's fish, fruto de desenvolvimento genético, com tecnologia israelense, é resultado do cruzamento de quatro espécies de tilápias.

A fase inicial prevê a construção de 20 hectares de tanques que serão totalmente revestidos com cimento, terão sistemas hídricos independentes, controle eletrônico de níveis de oxigenação e PH, ao custo de $ 70.000,00 por hectare. Além disso, será construído uma unidade de beneficiamento do pescado, que possibilitará que toda produção possa ser transformada em filés ao custo de $ 100.000,00. A produção prevista é de 22 toneladas de filés por hectare de tanque construído, cada quilo proporcionará um lucro de $ 0,60.

a) Adotando uma TMA de 10% ao ano, diga se o projeto é satisfatório.

Estudando um pouco mais o assunto, chegou-se à conclusão que, no experimento acima, algumas modificações poderiam ser interessantes. A implementação de um sistema de oxigenação dos tanques, por exemplo, elevaria a produtividade para 30 toneladas por hectare de tanque, tendo um custo de implantação de $20.000,00 por hectare de tanque. Essa modificação aumentaria o lucro por quilo em $ 0,10.

b) Analise esta nova situação e diga se é prudente implementar tal mudança.

179. PROJETO SOBRE CONSTRUÇÃO — EMPREENDIMENTOS IMOBILIÁRIOS

Uma empresa de construção civil está considerando a hipótese de construir 4 prédios. Para analisar a viabilidade do empreendimento, contrataram-se os consultores Mirela; Geraldo e Fabrícia, que levantaram os seguintes dados:
- prédio com 12 andares
- 4 apartamentos por andar, cada um com 3 dormitórios e 81m² de área
- preço de cada apartamento: $55.000,00
  - entrada: 8 parcelas
  - até as chaves: 12 parcelas
  - 80 parcelas mensais com juros de 12% ao ano — Tabela Price.
- Despesas mensais:
  - Marketing: 3,5% da receita total
  - Stand de vendas: 4% da receita total
  - Impostos — PIS/FINSOCIAL: 2,65% da receita total
- CPMF: 0,2% da receita total
- Custo da obra: $300,00 por m² (pagos durante a construção).
- Área total construída: 16.500 m²
- Custo do terreno: $900.000,00 (pagos em 10 parcelas mensais, iguais e consecutivas "sem juros")
- Administração imobiliária: 4% da receita total
- Manutenção: 1,5% do custo total da obra
- TMA: 20% ao ano

Para análise, os consultores admitiram que:
- A entrega do primeiro prédio será 24 meses após o início das obras, a do segundo, em 32 meses, do terceiro, em 40 meses, e a do quarto prédio em 48 meses após o início das obras;
- Todas as unidades seriam vendidas por ocasião de seu lançamento e na forma proposta pela construtora;
- Marketing: dois meses antes do lançamento de vendas são efetuadas despesas de campanhas publicitárias, propaganda e promoção;
- Stand de vendas: dois meses antes do lançamento de vendas é montado um stand, com despesas mensais a serem pagas nos 3 meses subseqüentes, na proporção de 20%, 20%, 10%, respectivamente, e após 6 meses do lançamento o stand é desmontado com um custo de 50%;
- Fiança bancária: contrato com banco, devendo pagar seguro de 0,25% da receita total, durante 50 meses;
- Obra: inicia-se 6 meses após o lançamento de vendas.

180. PROJETO SOBRE SERVIÇOS DE CONCRETAGEM

A construtora CRISNIGIL está estudando as possibilidades existentes para concretagem de uma área de 10 m³ de uma obra. Para tanto, em reunião de diretoria, os sócios Cristiano e Gilberto incumbiram o sócio Nicolas de levantá-las, bem como apontar a melhor solução para o caso. Na reunião, definiram que a decisão deveria espelhar-se exclusivamente nos custos do processo, já que seria muito difícil quantificar, de imediato, outros fatores importantes, tais como qualidade, que evidentemente deveria respeitar o coeficiente de resistência do concreto, e a duração dos trabalhos, mesmo porque o contratante dos serviços não tem pressa na conclusão da obra.

Foi então esclarecido a Cristiano e Gilberto que três processos poderiam ser utilizados: o virado na obra, o concreto usinado e o concreto usinado bombeado. Nicolas relatou ainda a seus sócios o que segue:

O **concreto virado na obra** é o processo mais primário de concretagem e requer forte contingente de mão-de-obra, para o trabalho em questão estariam envolvidos:
- 1 servente para manusear a betoneira (máquina de preparar concreto)
- 3 serventes para manobrar as padiolas (carrinhos-de-mão)
- 1 servente para vibrar o concreto a fim de se obter a resistência desejada
- 1 pedreiro para espalhar o concreto na área estipulada
- 1 mestre-de-obra responsável pela coordenação do serviço

A remuneração dos serventes foi calculada em $8,00 por jornada de trabalho; a do pedreiro em $14,00 por jornada e a do mestre-de-obra em $19,00 por jornada de trabalho.

A proporção dos materiais para obtenção da massa desejada é de 7 sacos de cimento para 0,58 m^3 de areia e 0,8785 m^3 de pedra. Os gastos com água e energia são desprezíveis, porém no mercado o preço de saco de cimento gira em torno de $5,20 por unidade, 1 m^3 de areia pode ser adquirido por $14,00 e 1 m^3 de pedra, por $16,00. Outro dado importante do processo é que são necessárias aproximadamente 4 horas para realização da concretagem, com uma perda de material no processo da ordem de 10%.

O **concreto usinado** chega como produto acabado na obra, conduzido por caminhões betoneiras que estacionam na frente da obra. Por não descarregar no local a ser concretado, necessita-se de mão-de-obra para transporte do concreto. A mão-de-obra a ser utilizada nesta alternativa corresponde à mesma da anterior, com a diferença de que agora o servente responsável pela betoneira estará coordenando a saída do concreto do caminhão com uma pá. O custo da mão-de-obra é de 11% ao do processo anterior pela facilidade do serviço. Isto se aplica tanto para os serventes que cuidam do transporte do cimento por meio das padiolas, quanto para o controlador da betoneira. O custo do concreto usinado está estimado em $75,00, por m^3, sendo pago em 30 dias. O desperdício mantém o percentual anterior (10%) e as principais vantagens apresentadas referem-se à maior qualidade do concreto e à maior rapidez do processo (80 minutos).

O **concreto usinado bombeado** é idêntico ao anterior, com a diferença de que agora há o auxílio de um caminhão-guindaste para levar o concreto diferentemente ao local da concretagem, por meio de uma mangueira apropriada. Para este método, torna-se necessária a disposição de 2 serventes para espalhar o concreto despejado pela mangueira, em decorrência de uma vazão muito maior do que acontecia anteriormente. O processo ainda requer a utilização de 1 servente para vibrar o concreto e de 1 mestre-de-obra responsável pela coordenação, totalizando 4 elementos. O custo dessa mão-de-obra é 10% inferior ao do processo manual, definido na primeira alternativa. O custo do concreto bombeado é de $ 105,00, por m^3, sendo pago em 30 dias. A taxa de desperdício é praticamente nula e o tempo de duração do processo é de 40 minutos.

181. PROJETO SOBRE LANÇAMENTO DE NOVO PRODUTO

Os srs. Ernani, Everaldo e Jorge, da companhia farmacêutica XYZ, estão estudando o lançamento de um novo produto. Como estes produtos já existem no mercado, a diretoria adotou para seus estudos os preços médios de mercado para cada similar existente. A prática de mercado pode ser resumida da seguinte maneira:

Produto	Maior preço	Menor preço	Preço médio
Similar 1	$30,00	$26,00	$28,00
Similar 2	$24,00	$20,00	$22,00
Similar 3	$37,00	$33,00	$35,00

Ernani, Everaldo e Jorge fizeram ainda o levantamento dos custos de cada alternativa, encontrando os seguintes:

Itens de custo	Similar 1	Similar 2	Similar 3
Custo de equipamento	$180.000,00	$150.000,00	$200.000,00
Custos indiretos anuais	$90.000,00	$60.000,00	$100.000,00
Custo de operação e manutenção	$48,00/hora	$50,00/hora	$46,00/hora
Tempo de produção/1.000 unidades	100 horas	120 horas	80 horas
Vida do serviço	10 anos	10 anos	10 anos

Pesquisas de mercado apontam para a seguinte demanda pelos produtos:

Produto	Menor demanda	Maior demanda	Demanda média
Similar 1	9.800 unids./ano	11.500 unids./ano	10.600 unids./ano
Similar 2	8.500 unids./ano	10.500 unids./ano	9.500 unids./ano
Similar 3	6.500 unids./ano	8.000 unids./ano	7.200 unids./ano

Considerando-se, ainda, uma inflação mensal de 1,5% ao mês, um juro real de 2% ao mês e a alíquota do IR a 35%, pergunta-se:

a) Estabeleça a quantidade a ser produzida que viabilize a produção e aponte qual produto é mais viável dentro dos padrões estabelecidos pela diretoria?

b) Se considerarmos uma posição mais otimista, qual seria a escolhida? E para uma posição mais conservadora, a alternativa de ação se inverteria?

182. PROJETO: FABRICAR OU COMPRAR REATORES PARA LUMINÁRIAS

Uma empresa brasileira do setor de eletroeletrônica deve tomar uma decisão: fabricar reatores para luminárias ou comprar de uma concorrente. Seus diretores André, João Vicente e Luiz Augusto analisaram os seguintes dados, para a montagem de uma linha desse componente, com 10 anos de vida útil e valor residual nulo:

Investimento inicial (equipto.)	$1.050.000,00
Custo anual de matéria-prima	$200.000,00
Custo anual de manutenção	$250.000,00
Acréscimo na manutenção	$50.000,00/ano (a partir do 5º ano)
Custo anual de mão-de-obra	$300.000,00
Decréscimo na mão-de-obra	$10.000,00/ano (do 2º ao 6º ano) $25.000,00/ano (do 7º ano em diante)

Se a decisão fosse comprar esses componentes de uma empresa concorrente, é praxe neste mercado assinar contratos de 5 anos de fornecimento. Pela melhor proposta apresentada seriam pagos $ 1.300.000,00 por ano, durante 5 anos, e $1.100.000,00 se o contrato fosse renovado por mais 5 anos. Que decisão a diretoria deveria tomar, se a empresa insistir em uma TMA de 50% ao ano?

183. PROJETO SOBRE A ESCOLHA ENTRE EQUIPAMENTOS

Uma certa empresa, por intermédio de seu diretor, sr. Navin, deseja aumentar a produção de sua indústria. Para tanto, está estudando a aquisição de uma nova máquina. Existem no mercado dois modelos de máquinas que atendem às necessidades técnicas do trabalho. Cada máquina produz 40 horas por semana. O CMV é de $ 47,50 por unidade e o preço de venda é de $ 100,00 por unidade.
Utilizando-se do método da taxa de retorno, qual, sob sua análise, é o melhor investimento? Considere mês de 4 semanas, uma TMA igual a 4% a.m. e IR de 30%.

Item de custo	Máquina A	Máquina B
Custo de aquisição	$100.000,00	$125.000,00
Custo de manutenção	$800,00/mês	$5.000,00
Custo de mão-de-obra	$57,00 por hora	$57,00 por hora
Vida útil	25 anos	25 anos
Valor residual	$5.000,00	$15.000,00
Acréscimo produção	400 unids./mês	550 unids./mês

184. PROJETO SOBRE A OPERAÇÃO DE PETROLEIRO

A CEC Petróleo S/A, por meio de seus acionistas majoritários Camila, Christian e Érica, está considerando a operação de um novo navio petroleiro, com capacidade de 35.000 toneladas, para completar sua frota. Existem 3 hipóteses: operar navio próprio construído no Brasil; operar navio próprio comprado e construído no exterior ou operar navio afretado no mercado internacional.

Os cenários mundial e brasileiro fazem que as seguintes premissas sejam consideradas: TMA de 8% ao ano; vida útil de 15 anos; depreciação linear ao longo da vida útil, para valor residual nulo.

Quanto à forma de pagamento: a parcela não financiada é paga mensalmente, ao longo do período de construção do navio; o período de carência conta a partir do recebimento do navio; no caso de construção no Brasil, a parcela financiada não incorre juros no período de construção nem no de carência; ao contrário do navio construído no exterior; o afretamento é por período e será considerado por 15 anos. As expectativas de taxas de frete para esse navio apontam para $ 15.000,00 (os valores de frete de mercado são uma referência internacional, variando com a oferta e demanda de transporte).

A alíquota de IR a ser considerada é de 35%.

Analise as 3 alternativas por meio dos dados a seguir, e defina qual o melhor investimento para as pretensões da empresa.

	Navio do Brasil	Navio do exterior
Preço	$45.500.000,00	$35.000.000,00
Prazo da obra	36 meses	24 meses
Parcela financiada	85%	80%
Taxa de juros	6% ao ano	6,5% ao ano
Prestações/ano	12	12
Prazo de financiamento	180 meses	96 meses
Carência	12 meses	6 meses
Valor residual (mercado)	$1.260.000,00	$1.260.000,00
Vida útil	15 anos/valor residual = 0	15 anos/valor residual = 0
Custos operacionais	$293.400,00 por mês	$293.400,00 por mês

Além desses dados, os diretores da CEC Petróleo, os srs. Camila, Christian e Érica, julgaram importante fornecer também as seguintes considerações e explicações:

• No caso do afretamento, os custos operacionais são da ordem de $ 450.000,00 por mês, sem outra despesa.
• As condições de financiamento no exterior consideram um modelo conservador (em relação ao risco), com taxa de juros de 6,5% ao ano, carência de 6 meses após a entrega do navio, pagamento em 96 parcelas e financiamento de 80% do preço da construção.
• As condições de financiamento no País, mediante recursos do Fundo da Marinha Mercante/BNDES, consideram uma taxa de juros de 6% a.a., carência de 12 meses após a entrega do navio, pagamento em 180 prestações mensais e financiamento de 85% do preço de construção.
• Não há incidência de juros, na primeira alternativa, durante o período da obra e o período de carência, para a parcela a ser financiada (85%). Isso acontece como uma forma de subsídio do BNDES/Fundo da Marinha Mercante.

- O valor "residual de mercado" de $1.260.000,00 refere-se à venda de "sucata", que vale $180,00/tonelada (preço de mercado). Ao final da vida útil, são aproveitadas como "sucata" cerca de 7.000 toneladas do peso total do navio. O valor residual é, portanto, nulo (após a vida útil, o navio não tem mesmo condições de operar, pois ele se torna obsoleto, em termos legais, técnicos, de segurança, etc.), aproveitando-se basicamente o aço do navio, que é vendido para siderúrgicas. O desmanche é feito por empresas especializadas, principalmente da China.
- Os navios analisados nas 3 alternativas são do mesmo tipo, não diferindo quanto à capacidade ou à qualidade, e são utilizados para o mesmo fim, gerando as mesmas receitas, que por isso não foram inseridas nas análises.
- Os custos operacionais incluem tripulação, encargos, manutenção, reparos, materiais, seguros, administração, etc.

185. PROJETO SOBRE A MONTAGEM DE FÁBRICA DE VELAS

A indústria de velas é bastante tradicional, principalmente em países religiosos como o Brasil, porém, seu desempenho vem caindo nos últimos anos. Mesmo assim, as sócias Anne Catherine e Carolina resolveram investir no setor, pois acham que, se bem planejado, o ramo é interessante.

Após uma pesquisa de mercado, ficaram em dúvida sobre duas alternativas de fábrica de velas. Analisaram os seguintes dados:

Itens	Alternativa 1	Alternativa 2
Receita operacional (anual)	$1.450.000,00	$350.000,00
Aquisição de imóvel	$50.000,00	$25.000,00
Máquina de fazer velas	$38.500,00	$30.000,00
Embaladeira	$8.860,00	-0-
Torre de refrigeração	$1.500,00	$1.500,00
Tanque de armazenamento	$3.000,00	$5.000,00
Seladora	$1.100,00	-0-
Utilitário usado	$17.500,00	$17.500,00
Computador	$2.000,00	$2.000,00
Móveis	$1.000,00	$1.000,00
Materiais diretos (anuais)	$908.652,00	$124.656,00
Custos fixos (anual)	$52.164,00	$45.948,00
Mão-de-obra direta (anual)	$66.708,00	$80.388,00
Valor residual	0	0

Considerando-se que a depreciação será feita linearmente em 10 anos, exceção feita ao utilitário e o computador, com vida útil de 5 anos, e ainda que a empresa está sujeita a uma TMA de 50% ao ano e ao imposto de renda de 35%, a que decisão elas chegaram? Demonstre sua resposta pelo método da taxa de retorno, do valor atual e do custo anual uniforme.

186. PROJETO ENTRE ABRIR UMA LOJA DE CDs OU AGÊNCIA DE VIAGENS

Um grupo de 4 profissionais recém-formados, após fazer uma poupança conjunta nos 3 últimos anos de faculdade, que lhes rendeu um capital razoável, resolveu que iria "sacar" o dinheiro e abrir um negócio próprio. Carlos e Marco queriam abrir uma loja de CDs, enquanto Regina e Salli, uma agência de turismo. Como eles não tiveram aula de Engenharia Econômica, e não tinham condições para solucionar a questão, contrataram você para avaliar qual o melhor investimento. Para tanto, você levantou os seguintes dados:

• **AGÊNCIA DE VIAGENS:**

Capital fixo	4 telefones	$13.320,00
	1 aparelho de fax	$ 500,00
	Estantes e móveis para escritório	$ 765,00
	1 automóvel	$18.000,00

Custos mensais	Mão-de-obra direta	$ 700,00
	Encargos sociais	$ 525,00
	Custos fixos	$ 2.015,00
	Total de custos/mês	$ 3.240,00

• Reserva técnica de 10% do capital de giro mais o capital fixo = $2.730,00
• Receita mensal = $ 6.000,00

• **LOJA DE CDS:**

Capital fixo	1 aparelho de som	= $ 1.100,00
	2 balcões	= $ 2.500,00
	6 prateleiras	= $ 2.400,00
	1 telefone	= $ 3.330,00
	1 máquina de calcular	= $ 90,00
	1 computador	= $ 2.000,00
	Total	= $ 11.420,00

Custos mensais	4.000 CDs	= $ 24.000,00
	Mão-de-obra	= $ 500,00
	Encargos sociais	= $ 375,00
	Custos fixos	= $ 1.800,00
	Outros custos	= $ 2.000,00

• Receita mensal = $ 15.000,00
• Custos mensais: $ 11.675,00

Analise com uma TMA de 60% a.a., um período de análise de 30 anos, uma alíquota de IR de 25%. A definição de qual será o melhor investimento se dará considerando que o telefone não sofrerá depreciação, os móveis serão depreciados em 10 anos, o automóvel e o computador em 5 anos, todos sem valor residual; entretanto, o telefone no final do empreendimento poderá ser vendido pelo mesmo valor da compra, o automóvel por cerca de $3.000,00 enquanto o telefone e o fax por $300,00.

187. PROJETO: MONTAGEM DE UMA LOJA DE MATERIAL FOTOGRÁFICO

Fernando Augusto, Marcelo, Messias e Rinaldo, praticantes de fotografia, decidiram abrir uma loja neste ramo. A loja venderia filmes e os revelaria.

Duas idéias foram estudadas: a primeira seria de revelação manual, já a segunda seria arrendada por *leasing* uma máquina automática:

	Caso 1	Caso 2
Investimento fixo	$ 5.680,92	$ 9.693,00
Capital de giro/mês	$ 1.756,06	$ 6.197,20
Custos mensais	$ 1.226,84	$ 5.088,68
Receitas mensais	$ 1.982,74	$ 8.643,44

No caso 1, não há imposto de renda, já que o valor é menor que o previsto pela legislação. No segundo caso, a despesa mensal com o *leasing* é de $ 801,00 durante 3 anos, mais o pagamento dos $12.000,00 restantes no final do terceiro ano. A TMA é de 10% a.m., a vida útil é de 6 anos e a depreciação é linear, nos 2 casos. Calcule pela taxa de retorno.

188. PROJETO SOBRE A ABERTURA DE UMA AVÍCOLA

Um grupo de pequenos empresários do ramo alimentício, representado pelos executivos Roberto, Ronaldo, Chang e Rogério, decidiu investir em uma avícola. Após analisarem detidamente duas situações, uma para consumidores com um poder aquisitivo menor, outra para um poder aquisitivo maior, os empresários chegaram aos seguintes valores:

	Caso 1	Caso 2
Investimento fixo	$ 18.370,00	$ 15.205,00
Custos mensais	$ 2.099,00	$ 1.179,00
Compras mensais	$ 10.899,00	$ 3.600,00
Receita mensal	$ 19.348,50	$ 9.558,00

Considere, ainda, a vida útil de 10 anos, a TMA de 3% a.m., depreciação linear, sem valor residual e alíquota de IR de 25%. Qual é o melhor investimento pelo método do VA? O investimento deve ser feito neste local? Por quê?

189. PROJETO DECIDIR ENTRE A IMPLANTAÇÃO DE EQUIPAMENTOS

Uma empresa que fabrica peças para interruptores tem um capital de $240.000,00 para ampliar suas atividades. Existem no mercado duas opções para aquisição de equipamentos. Para analisá-las, contratou os consultores Antares, Lisbeth, Ming e Vanessa, que consideraram os seguintes dados:

Valores anuais	Máquina A	Máquina B
Custo	$ 30.000,00	$ 160.000,00
Gasto de energia	10 kWh/mês	30 kWh/mês
Manutenção/ano	5% do valor	1% do 1º ao 5º ano; 3% nos demais
Residual	15% do valor	25% do valor
Produção	30 g/minuto	40g/15 segundos
Área ocupada	15 m^2	20 m^2
Vida útil	12 anos	12 anos

Cada peça tem 30 g, em média. A empresa trabalha em um turno diário de 8 horas e 22 dias por mês. Cada máquina precisa de 1 operário, cujo salário com encargos é de $575,00/mês. A fábrica precisará de mais 1 supervisor, cujo salário é de $1.500,00/mês computados os encargos. A área de serviço necessária obedece ao seguinte critério:
- até 5 operários   1.500 m^2
- de 6 a 10 operários   2.000 m^2
- de 11 a 15 operários   2.500 m^2
- de 16 a 20 operários   3.000 m^2

Sabendo-se que a fábrica tem um espaço disponível de até 3.000m^2, cujo valor de aluguel a ser pago é de $6,00/mês/m^2 utilizado, que cada peça produzida será colocada no mercado a $1,00 e que a empresa está sujeita a um imposto de renda é de 35% ao ano, para uma TMA de 50% ao ano, qual a melhor alternativa?

190. PROPOSTA PARA A CONTRATAÇÃO DE LIMPEZA INDUSTRIAL

A empresa Fancorp, em reunião de seus vice-presidentes, Cristina, Marcos, Marisa e Vivian, decidiu analisar um processo de serviço de terceirização para limpeza da empresa. Para isso solicitou uma proposta de uma importante empresa do ramo, a fim de compará-la com o processo interno que ali sempre ocorreu.

A empresa já conta há um ano com uma enceradeira adquirida pelo valor de $319,45 e um aspirador de pó no valor de $346,82. Caso opte pela terceirização, deve vender esses equipamentos de vida útil de 60 meses e 36 meses, respectivamente, pelos seus valores na data zero.

No caso de não terceirizar, a empresa não terá investimento inicial, terá uma despesa mensal, decorrente da mão-de-obra, material etc., de $ 900,00. Terá, ainda, de comprar, a cada vez que acabar a vida útil dos equipamentos, que não têm valor residual, um novo equipamento. A alíquota de IR é de 25% e a TMA é de 4% a.m..

No caso de terceirizar, o investimento inicial será de $ 1.449,50 para iniciar o contrato, mas terá a receita das máquinas que possuem. Além disso, deverá pagar uma mensalidade de $636,34, sem outras despesas. O IR e a TMA são os mesmos. Analise as opções para um contrato de 5 anos e recomende uma para a Fancorp.

191. PROJETO SOBRE ALTERNATIVAS DE TRANSPORTE OFF-SHORE

O processo de transporte entre as plataformas de petróleo e o continente constitui um problema real, visto que as plataformas são verdadeiras ilhas a quilômetros da costa brasileira. O transporte, geralmente feito por meio da combinação de helicópteros e catamarãs, não tem propiciado o resultado desejado; assim sendo, a Petrobras optou por encomendar ao Centro de Pesquisas de Engenharia Naval da USP um estudo sobre um sistema mais confortável, composto por helicóptero e Swath.

Para esse estudo, a Petrobras acabou escolhendo o pólo Nordeste, utilizando para análise Swath com capacidade de 250 passageiros, taxa de embarque de 360 passageiros/hora, velocidade de 23 nós, tempo máximo de viagem de 10 horas e base de saída em Macaé. Uma vez levantados os dados técnicos foram repassados para uma equipe de especialistas em análise de investimentos produtivos, composta pelos administradores Eduardo, Marcelo Assaf, Peterson e Marcelo Mazoni, que resolveu estudar a hipótese de substituir as embarcações atuais por outras mais modernas.

Para o sistema atual, a Petrobras já conhece os custos envolvidos, que podem ser resumidos da seguinte forma: o custo para os helicópteros que atendem a 78% da demanda é de $61.610.000,00/ano, enquanto o custo do catamarã é de $ 1.190.000,00/ano para atender aos 22% de demanda restantes.

Já na hipótese de modificar o meio de transporte, a partir das informações prestadas pelo Centro de Pesquisas de Engenharia Naval da USP, foi possível calcular os custos anuais por embarcação, que podem ser assim resumidos:

Combustível	$200.989,00
Tripulação	$75.480,00
Alimentação	$9.125,00
Material de bordo	$12.775,00
Manutenção e reparos	$102.180,00
Docagem	$56.199,00
Lubrificantes	$28.138,00
Seguro de casco	$51.090,00
Administração	$33.499,00
Pessoal envolvido em terra	$30.000,00
Agenciamento	$25.545,00
Custos eventuais de operadores	$42.403,00
Total custos operacionais	$466.434,00 / embarcação
Custos administrativos	$46.643,40 (10% s/ os custos operacionais)
Impostos sobre serviços	$25.653,87 (5% s/ os custos opers + adm.)
Preço das embarcações	$5.109.000,00
Preço do sucateamento	$1.021.800,00 (20% do preço da embarcação)

O novo projeto necessitará, ainda, de uma nova base de embarque de passageiros, em Barra do Furado, gerando o seguinte custo de investimento:

Complementação de entroncamento	$ 5.818.181,00
Estação de passageiros	$ 581.818,00
Piér para 3 embarcações de 500t	$ 1.181.818,00
Tanque de óleo para 700t	$ 545.454,00
Instalações elétricas	$ 636.363,00
Instalações de telecomunicações	$ 454.545,00
Estacionamento e urbanização	$ 181.818,00
Instalações industriais de tubulações	$ 454,545,00
Tubulações de ar comprimido	$ 1.272.727,00

Com o início do funcionamento do sistema proposto, os custos com helicópteros continuarão os mesmos, porém, a demanda será sensivelmente menor (cerca de 17%), apenas para atender a necessidades esporádicas. *Calcule, considerando uma TMA de 18% ao ano, se vale a pena mudar o meio de transporte.*

Apêndices

Resultados dos exercícios propostos

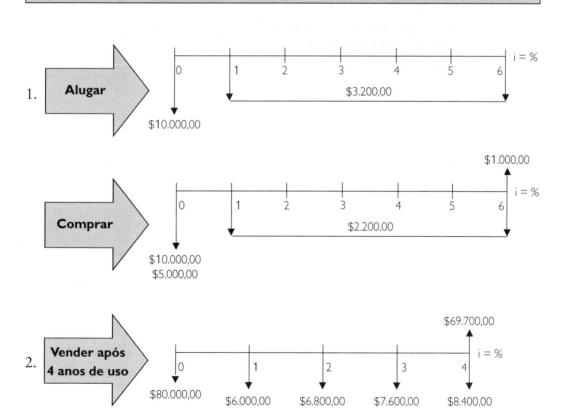

· **242** · Matemática Financeira e Engenharia Econômica

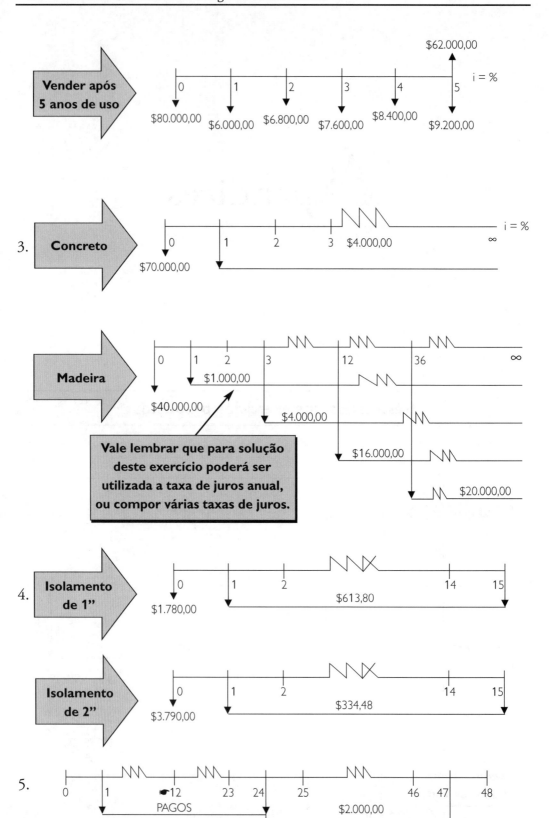

6. S = $222.000,00

7. S = $225.000,00

8. S = $260.000,00   J8 = $10.000,00   J4 = $20.000,00 ⇒ Como os juros incidem exclusivamente sobre o principal, os juros de 1 bimestre correspondem à somatória dos juros de 2 meses, no caso, $10.000,00 + $10.000,00 = $20.000,00.

9. P = $25.806,45

10. P = $156.250,00

11. Juros Simples ⇒ J12 = $15.000,00   Juros Compostos ⇒ J12 = $42.796,75

12. Juros Simples ⇒ J3 = $17.500,00   Juros Compostos ⇒ J3 = $31.893,75

13. Juros Simples ⇒ J1 = $75.000,00

14. Juros Simples ⇒ J2 = $75.000,00   Juros Compostos ⇒ J2 = $97.500,00
Como pode ser visto nos cálculos acima, as parcelas de juros referentes ao 2º ano são diferentes para juros simples e compostos em função de termos a taxa de juros incidindo exclusivamente sobre o principal, no caso de juros simples (portanto, sempre idêntico para qualquer período = $75.000,00), enquanto em juros compostos temos os juros incidindo sobre o principal mais os juros vencidos, no caso $ 97.500.

15. A taxa de juros praticada é de 8%. Isto ocorre porque a parcela de juros de $8.000,00 corresponde ao 1º período, dessa forma, pela fórmula da taxa de juros compostos para um período "k" qualquer temos: Jk = P (i) [(1 + i) elevado a k-1] $8.000,00 = $100.000,00 (i) [(1 + i)º] => i = $8.000,00 / $100.000,00 => i = 0,08 ou 8%.

16. I semestral ⇒ Juros Simples = 18%   Juros Compostos = 19,41%
    I anual   ⇒ Juros Simples = 36%   Juros Compostos = 42,58%

17. I bimestral ⇒ Juros Simples = 4%   Juros Compostos = 4,04%
    I trimestral ⇒ Juros Simples = 6%   Juros Compostos = 6,12%
    I semestral ⇒ Juros Simples = 12%   Juros Compostos = 12,62%
    I anual   ⇒ Juros Simples = 24%   Juros Compostos = 26,82%

18. I mensal ⇒ Juros Simples = 5%   Juros Compostos = 3,99%

19. Taxa de juros para 13 dias = 2,98%

20. i semestral = 22,47%   i para 45 dias = 5,2%

21. S = $241.265,59

22. S = $1.005.327,79

23. S = $268.019,13   J8 = $14.071,00   J4 = $26.620,00

24. P = $25.261,10

25. P = $147.928,99

26. S = $128.542,16

27. S = $170.222,29

28. S = $48.253,12

29. S = $241.278,67

30. S = $70.194,21

31. P = $17.534,50

32. P = $59.171,60

33. P = $20.093,88

34. S = $6.250,00

35. S1 = $359.171,27   S2 = $320.000,00. Como pode ser comprovado pelos cálculos, evidentemente que não alcançamos os mesmos resultados e o motivo é que os dois investimentos são absolutamente distintos. No primeiro caso, temos $200.000,00 aplicados por 12 períodos (no caso, meses) a uma taxa de 5%. No segundo caso, temos $200.000,00 aplicados por 1 período (no caso, 1 ano).

36. S1 = $17.958,56   S2 = $16.000,00. Os motivos são os mesmos do exercício anterior.

37. S = $113.319,78

38. Os valores a serem aplicados hoje, para ter direito a receber $300.000,00 são:
    6 meses = $223.864,62   7 meses = $213.204,40
    8 meses = $203.051,81   9 meses = $193.382,67
    10 meses = $184.173,98   11 meses = $175.403,79
    12 meses = $167.051,23   24 meses = $93.020,37

39. P = $100.000,00   S = $337.500,00

40. P = $300.000,00

41. R = $84.983,61

42. Último mês terá saldo a pagar de 70.819,68 ⇒ 20% = 14.163,93 ⇒ Saldo 0.

43. R = $129,50

44. S = $1.628,84

45. S = $1.628,89

Comentários: As importâncias de $1.000,00 hoje (data zero); $1.628,89 (data 10); ou $129,50, sendo pagas durante 10 meses consecutivos nas datas de seus respectivos vencimentos são importâncias equivalentes quando sujeitas a uma taxa de juros de 5% a.m.

46. P1 = $46.627,04   P2 = $53.372,96   S1 = $83.742,16   S2 = $167.484,33

47. P1 = $44.232,62   P2 = $55.767,38   S1 = $89.913,69   S2 = $179.849,81

48. R = $ 10.000,00

49. R = $ 27.755,06

50. R = $ 42.681,85

51. Dívida na data 6 = $ 35.834,76

52. Taxa de juros de 4% (por serem $2.000,00 os juros do 1º mês) e S = $128.165,21

53. Total a pagar no final do 1º ano = $24.469,19

54. Depósito em 31/12/2001 = $ 247.063,82

55. Depósito em 31/12/2001 = $ 216.435,95

56. Depósito em 31/12/2001 = $ 204.969,77

57. Carência de 3 meses para 12 pagamentos = 0,1306 e 24 pagamentos = 0,0839
    Carência de 4 meses para 24 pagamentos = 0,0881 e 35 pagamentos = 0,0742

58. Capital empregado = $23.933,75 ($16.384,00 + $7.549,75)

59. Valor a tomar emprestado = $3.722.420,00   Prestação = $1.676.794,90

60. Parcelas iguais = $493.387,43 Parcelas equivalentes = $441.209,51 e 559.560,34

61. Devem ser depositados = $41.350,42

62. A — Devem ser economizados anualmente R = $74.369,35. B — Não, pois como visto nos cálculos anteriores, faltarão $34.369,35 por ano. C — Deveríamos economizar anualmente $52.459,01.

63. O valor dos custos na data zero = $283.298,01

64. Deverá ser investido = $17.100.000,00

65. A reserva será de = $11.032.010,00

66. Na data zero teríamos = $ 13.578,52. Poderemos sacar em 2008 = $110.764,15

67. Série em Gradiente = $ 812,67

68. Não poderia ser de $6.000,00, pois isto levaria o fluxo a valores muito maiores que os do fluxo original, ou seja, na data um teríamos zero, na dois teríamos $6.000,00 na três $12.000,00 na quatro $18.000,00, e assim sucessivamente, contra zero na data um, $812,67 na data dois, $1.625,34 na data três, $2.438,01 na quatro etc.

69. Somatória do fluxo na data zero = $559.868,00

70. A — Somatória das receitas = $974.800,00
    B — Somatória despesas = –$ 577.520,00
    C — Somatória do fluxo descontado = $ 397.280,00

71. CAU (4 anos) = –$30.725,78
    CAU (5 anos) = –$30.090,73

72. a) CAU (Central) = –$27.010,88
       CAU (Multishop) = +$188,38
    b) O melhor local é o Multishop.
    c) Sim, pois o CAU é positivo, as receitas superam os custos a TMA de 25%.

73. CAU(X) = –$56.988,85 (melhor alternativa)
    CAU(Y) = –$64.451,07

74. CAU (concreto) = –$11.508,58
    CAU (alvenaria) = –$11.160,70 (melhor alternativa)

75. CAU (5 anos) = –$280.196,40
    CAU (6 anos) = –$276.446,50

76. CAU = –$26.424,00

77. a) O comprador que trocar o carro a cada 3 anos ($8.205,79 contra $9.286,95).
    b) Trocar todos os anos $8.444,00; trocar a cada 2 anos $9.286,95; trocar a cada 3 anos $8.205,79; trocar a cada 4 anos $7.749,30; trocar a cada 5 anos $7.469,13. Portanto, deveria trocar a cada 5 anos.

78. CAU (Todo ano) = –$10.300,00
    CAU (2 anos) = –$8.050,00 (melhor alternativa)

79. a) CAU (Nova) = –$167.029,02
       CAU(Usada)= –$ 89.621,61
    b) CAU (Variação novo) = $ 172.970,98 (melhor alternativa)
       CAU (Variação usado) = $122.878,39
    c) Melhor composição: 3 usadas + 1 usada com aplicação do excedente de capital para pagar manutenção anual.

80. CAU (X) = +$16.924,25
    CAU (Y) = +$12.269,99

81. VA(Aluguel) = –$ 266.353,48
    VA(Comprado) = –$ 30.767,00

82. VA(alternativa I) = –$ 86.000,00
    VA (alternativa II) = –$ 29.140,23

83. VA (Isolamento 1") = –$ 61.105,47
    VA (Isolamento 2") = –$ 60.585,00

84. a) Para um MMC de 30 anos => VA(X) = –$251.905,39 e VA(Y) = –$246.657,91
    b) Como ambas as alternativas são custos a "Y" é considerada a melhor alternativa já que tem o menor VA para uma vida útil igual o MMC de 30 anos.
    c) O CAU(X) = –S38.365,24 e o CAU(Y) = –$37.566,05. Portanto, a melhor alternativa é a "Y" que apresenta um menor custo anual, por quanto tempo mantivermos essa máquina funcionando.
    d) A melhor alternativa continua sendo a "Y". Mesmo porque o que é bom ou ruim é o investimento e não o método. Todos os métodos devem conservar a decisão, como ocorreu no VA e no CAU do exercício.
    e) A capitalização infinita pressupõem que os valores pagos a título de prestação referem-se exclusivamente a pagamento de juros. Assim, para capitalização infinita, teremos: VA(X) = –$255.768,27 e VA(Y) = –$250.440,33. Portanto "Y" é a melhor alternativa, gera um VA menor (trata-se de custos) para uma vida útil perpétua, mantendo assim as respostas anteriores.

85. a) VA (Central) = –$96.442,45
    VA (Multishop) = +$672,00
    b) CAU (Central) = –$27.010,88
    CAU (Multishop) = +$188,38
    c) O melhor local é o Multishop.
    d) Sim, pois o VA (ou o CAU) é positivo, portanto, remunera acima da expectativa de 25% ao ano.

86. VA (Diesel) = –$122.371,14
    VA (Gasolina) = –$118.298,49

87. VA (Estrutura X) = –$485.135,64
    VA (Estrutura Y) = –$396.023,94 ajustando para o MMC (20 anos) –$548.708,31
    No Exercício 73 tínhamos CAU(X) = –$56.988,85 e CAU(Y) = –$64.451,07
    o primeiro como a melhor alternativa, o que continua prevalecendo em VA.

88. Galpão concreto VA(40 anos) = –$57.504,56
    Galpão alvenaria VA(20 anos + 20 anos) = –$55.767,51 (melhor alternativa)

89. Ponte de madeira VA (infinito) = –$29.027,00
    Ponte de concreto VA (infinito) = –$30.603,30

90. 5 alternativas = 3/3; 3(1/3); 2(1/2); (1/3) + (2/3); (2/3) + (1/3)
    VA (3/3) = –$ 340.000,00
    VA(1/3 + 2/3) = –$ 397.579,19
    VA(2/3+ 1/3) = –$ 326.246,45

91. TIR = 27,33% ao ano

92. a) TIR = 14,472% aa
    b) TIR = 14,90% aa

93. TIR = 26,85%

94. TIR (Origem japonesa) = 12,04% am
    TIR(Origem italiana) = 16,875% am

95. Por capitalização infinita teremos:
    TIR(A) = 17,20%
    TIR(B) = 15%
    TIR(C) = 20%

96. TRI C → B = 6,667% ao ano.
    TRI B → A = 26% ao ano.
    TRI C → A = 14,4% ao ano.

a e b) Para uma TMA de 5% e 8% a melhor alternativa é a "A".
c) Para uma TMA de 15% ao ano a melhor é a "C".
d) Para uma TMA de 21% nenhuma das alternativas interessam!

97. a) TIR (X) = 17,71% ao ano
    TIR (Y) = 18,39% ao ano
    TIR (Z) = 18,02% ao ano
    b) Neste caso específico é o (Y), por possuir a maior taxa e o maior I.I.
    c) (X) valor do investimento inicial = - $325.878,35

98. CAU(X) = $16.925,00
    CAU(Y) = $ 12.270,00
    A melhor alternativa é (X)
    TIR (X) = 19,94%
    TIR (Y)= 17,76%
    Sim, continua sendo o local (X), isto porque a TRI (X =>Y) = TIR (incremento) 10,785 % ao ano que é menor que 15 % (TMA).
    Sim, o investimento deverá ser feito no local "X", pois ele paga mais que a TMA.

99. TIR (Loja I) = 3% ao mês.
    Na 2ª loja: VA = –$100,00 – $92,00 (R → P)$_{3\%}^{12}$ ⇒ VA = –$1.015,77. Portanto, a melhor alternativa é comprar na loja 1.

100. Testar diversas taxas e encontrar os VAs correspondentes para ambos.

101. Antes do IR ⇒ TIR = 18,415% ao ano.
     Após o IR ⇒ TIR = 13,654% ao ano.

102. Antes do IR ⇒ TIR = 12,87% ao ano.
     Após o IR ⇒ TIR = 6,01% ao ano.

103. TIR = 9,14% ao ano.

104. TIR (antes da tributação) = 14,472% ao ano.
     TIR (após a tributação) = 10,03% ao ano.

105. a — TIR = 10,2% ao ano; b — TIR = 10,46% a.a.; c — TIR = 9,76% a.a.

106. VA (Usada) = –$148.552,44
     VA (Nova) = –$181.307,55

107. VA (Usada) = –$185.526,43
     VA (Nova) = –$233.898,03

108. VA (Diesel) = –$93.844,53
     VA (Nova) = –$88.774,97

109. VA(velha) = +$ 56.602,37 a velha é a melhor!
VA(nova) = –$ 100.484,74

110. a — VA (Nova — a prazo) = –$53.642,20
b — Sim, pois a manutenção da máquina velha é a única opção cujo VA é positivo.

111. VA (Usada) = +$1.492,33
VA (Nova) = +$4.176.98

112. CAU (Usada) = +$5.303,73
CAU (Nova) = –$14.745,18

113. CAU (*Leasing*) = +$6.894,34

114. VA (A) = –$107.871,42
VA (B) = –$129.396,11
VA (C) = –$173.804,43

115. VA (A) = –$96.356,54
VA (B) = –$77.908,27
VA (C) = –$94.646,44

116. VA (base monetária 2001) = $12.519,00

117. Prestação = $11.340,00

118. Taxa de retorno = 5,83%. Ele não deve aceitar o negócio, pois a taxa da poupança é maior.

119. Plano A = $56.700,00
Plano B = $56.590,00
Plano C = $72.084,00
Melhor alternativa: 10 pagamentos iguais

120. Prestação = $15.219,00. Taxa de juros mensal aparente = 13,68% ao ano, ou 1,07% a. m. Taxa de juros real mensal = inexistente (negativa em –2,91% a. m.)

121. A taxa aparente de financiamento = 13,2% ao mês, portanto, comprar à vista.

122. Manter a máquina em funcionamento, visto que gera um VA positivo, enquanto a sua substituição neste momento irá gerar um VA negativo, ou seja, aquém da remuneração mínima, ou da TMA.

123. A compra do equipamento não é viável sob essas condições. O preço mínimo deve ser de $10,63. A quantidade mínima vendida a um preço de $10,00 por unidade será de 106.274 unidades.

124. O problema, aqui, foi resolvido pelo Método do VA utilizando-se a taxa de juros aparente quando os valores forem da época em que ocorrem a entrada ou a saída de dinheiro e/ou não reajustáveis, e a taxa de juros real *"i"* quando forem valores reajustáveis ou estiverem no índice monetário do momento zero.

a.1) Calcular a taxa de juros aparente trimestral: 10% a.a. $\Rightarrow$ 2,41% ao trimestre. 30% a.a. $\Rightarrow$ 6,78% a. tr. $\Rightarrow$ e = 0,0241 + 0,0678 + (0,0241) * (0,0678) = 0,0935
Portanto, $VA_{(1)}$ = $2.079.732,00.
a.2) *"i"* = 0,046 a.a., ou 0,0113 (1,13%) ao tr $\Rightarrow$ $VA_{(2)}$ = $2.156.708,00.
a.3) $VA_{(3)}$ = $1.996.434,00.
b.1) $VA_{(4)}$ = $3.035.511,00.
b.2) $VA_{(5)}$ = $2.483.521,00.
c.1) $VA_{(6)}$ = $2.116.403,00.
c.2) $VA_{(7)}$ = $3.616.178,00.
Os itens: a.1, a.2, b.1, e c.1 são compras, portanto, o menor $VA_{(a1)}$. Os itens: a.3, b.2, e c.2 são alugados ou arrendados, portanto, o menor desses valores é a.3. Portanto, temos que compara a.1 e a.3 após o IR.
a.1 após IR => VA = $2.038.264,00.
a.3 após IR => VA = $1.284.558,00.
Note que para os cálculos após o IR utilizamos 0,10/0,70 = 0,1429 ou 14,29%, se considerarmos a nossa argumentação, no livro, sobre as taxas antes e após o IR deverá ser utilizada a taxa de 10% ao ano.
Portanto, para as premissas aqui levantadas, a melhor alternativa é a.3, ou alugar do fornecedor *SIM – International System Machines*.

125. Utilizando base monetária em 2002, a melhor alternativa é o Modelo Francês.

Observação: Não estamos fornecendo o resultado dos demais exercícios, identificados como *"exercícios extras de aplicação"*, em função de que todos eles podem ser resolvidos de inúmeras formas diferentes, a critério do interesse e das necessidades de cada professor em cada curso — veja, por exemplo, todas as considerações que fizemos no Exercício 124. Portanto, os resultados dos demais exercícios deverão ser objeto de discussão entre professores e alunos, em sala de aula, em função do método escolhido e/ou dos pressupostos estabelecidos pelo professor para sua solução.

TABELA DE JUROS POR PERÍODO DE CAPITALIZAÇÃO   i = 0,01 ou 1%

n	(P=>S)	(S=>P)	(P=>R)	(R=>P)	(R=>S)	(S=>R)	(G=>R)	(G=>P)	(G=>S)	n
1	1,01000	0,9901	1,0100	0,9901	1,00000	1,0000	0,0000	0,0000	0,00000	1
2	1,02010	0,9803	0,5075	1,9704	2,01000	0,4975	0,4975	0,9803	1,00000	2
3	1,03030	0,9706	0,3400	2,9410	3,03010	0,3300	0,9934	2,9215	3,01000	3
4	1,04060	0,9610	0,2563	3,9020	4,06040	0,2463	1,4876	5,8044	6,04010	4
5	1,05101	0,9515	0,2060	4,8534	5,10101	0,1960	1,9801	9,6103	10,10050	5
6	1,06152	0,9420	0,1725	5,7955	6,15202	0,1625	2,4710	14,3205	15,20151	6
7	1,07214	0,9327	0,1486	6,7282	7,21354	0,1386	2,9602	19,9168	21,35352	7
8	1,08286	0,9235	0,1307	7,6517	8,28567	0,1207	3,4478	26,3812	28,56706	8
9	1,09369	0,9143	0,1167	8,5660	9,36853	0,1067	3,9337	33,6959	36,85273	9
10	1,10462	0,9053	0,1056	9,4713	10,46221	0,0956	4,4179	41,8435	46,22125	10
11	1,11567	0,8963	0,0965	10,3676	11,56683	0,0865	4,9005	50,8067	56,68347	11
12	1,12683	0,8874	0,0888	11,2551	12,68250	0,0788	5,3815	60,5687	68,25030	12
13	1,13809	0,8787	0,0824	12,1337	13,80933	0,0724	5,8607	71,1126	80,93280	13
14	1,14947	0,8700	0,0769	13,0037	14,94742	0,0669	6,3384	82,4221	94,74213	14
15	1,16097	0,8613	0,0721	13,8651	16,09690	0,0621	6,8143	94,4810	109,68955	15
16	1,17258	0,8528	0,0679	14,7179	17,25786	0,0579	7,2886	107,2734	125,78645	16
17	1,18430	0,8444	0,0643	15,5623	18,43044	0,0543	7,7613	120,7834	143,04431	17
18	1,19615	0,8360	0,0610	16,3983	19,61475	0,0510	8,2323	134,9957	161,47476	18
19	1,20811	0,8277	0,0581	17,2260	20,81090	0,0481	8,7017	149,8950	181,08950	19
20	1,22019	0,8195	0,0554	18,0456	22,01900	0,0454	9,1694	165,4664	201,90040	20
21	1,23239	0,8114	0,0530	18,8570	23,23919	0,0430	9,6354	181,6950	223,91940	21
22	1,24472	0,8034	0,0509	19,6604	24,47159	0,0409	10,0998	198,5663	247,15860	22
23	1,25716	0,7954	0,0489	20,4558	25,71630	0,0389	10,5626	216,0660	271,63018	23
24	1,26973	0,7876	0,0471	21,2434	26,97346	0,0371	11,0237	234,1800	297,34649	24
25	1,28243	0,7798	0,0454	22,0232	28,24320	0,0354	11,4831	252,8945	324,31995	25
26	1,29526	0,7720	0,0439	22,7952	29,52563	0,0339	11,9409	272,1957	352,56315	26
27	1,30821	0,7644	0,0424	23,5596	30,82089	0,0324	12,3971	292,0702	382,08878	27
28	1,32129	0,7568	0,0411	24,3164	32,12910	0,0311	12,8516	312,5047	412,90967	28
29	1,33450	0,7493	0,0399	25,0658	33,45039	0,0299	13,3044	333,4863	445,03877	29
30	1,34785	0,7419	0,0387	25,8077	34,78489	0,0287	13,7557	355,0021	478,48915	30
31	1,36133	0,7346	0,0377	26,5423	36,13274	0,0277	14,2052	377,0394	513,27404	31
32	1,37494	0,7273	0,0367	27,2696	37,49407	0,0267	14,6532	399,5858	549,40679	32
33	1,38869	0,7201	0,0357	27,9897	38,86901	0,0257	15,0995	422,6291	586,90085	33
34	1,40258	0,7130	0,0348	28,7027	40,25770	0,0248	15,5441	446,1572	625,76986	34
35	1,41660	0,7059	0,0340	29,4086	41,66028	0,0240	15,9871	470,1583	666,02756	35
36	1,43077	0,6989	0,0332	30,1075	43,07688	0,0232	16,4285	494,6207	707,68784	36
40	1,48886	0,6717	0,0305	32,8347	48,88637	0,0205	18,1776	596,8561	888,63734	40
45	1,56481	0,6391	0,0277	36,0945	56,48107	0,0177	20,3273	733,7037	1148,10747	45
48	1,61223	0,6203	0,0263	37,9740	61,22261	0,0163	21,5976	820,1460	1322,26078	48
50	1,64463	0,6080	0,0255	39,1961	64,46318	0,0155	22,4363	879,4176	1446,31822	50
55	1,72852	0,5785	0,0237	42,1472	72,85246	0,0137	24,5049	1032,815	1785,24573	55
60	1,81670	0,5504	0,0222	44,9550	81,66967	0,0122	26,5333	1192,806	2166,96699	60
65	1,90937	0,5237	0,0210	47,6266	90,93665	0,0110	28,5217	1358,390	2593,66648	65
70	2,00676	0,4983	0,0199	50,1685	100,6763	0,0099	30,4703	1528,647	3067,63368	70
72	2,04710	0,4885	0,0196	51,1504	104,7099	0,0096	31,2386	1597,867	3270,99312	72
75	2,10913	0,4741	0,0190	52,5871	110,9128	0,0090	32,3793	1702,734	3591,28468	75
80	2,21672	0,4511	0,0182	54,8882	121,6715	0,0082	34,2492	1879,877	4167,15217	80
84	2,30672	0,4335	0,0177	56,6485	130,6723	0,0077	35,7170	2023,315	4667,22744	84
85	2,32979	0,4292	0,0175	57,0777	132,9790	0,0075	36,0801	2059,370	4797,89971	85
90	2,44863	0,4084	0,0169	59,1609	144,8633	0,0069	37,8724	2240,567	5486,32675	90
95	2,57354	0,3886	0,0164	61,1430	157,3538	0,0064	39,6265	2422,881	6235,37550	95
96	2,59927	0,3847	0,0163	61,5277	159,9273	0,0063	39,9727	2459,430	6392,72926	96
100	2,70481	0,3697	0,0159	63,0289	170,4814	0,0059	41,3426	2605,776	7048,13829	100
105	2,84279	0,3518	0,0154	64,8232	184,2787	0,0054	43,0211	2788,766	7927,86518	105
108	2,92893	0,3414	0,0152	65,8578	192,8926	0,0052	44,0103	2898,420	8489,25793	108
110	2,98780	0,3347	0,0150	66,5305	198,7797	0,0050	44,6624	2971,411	8877,97201	110
120	3,30039	0,3030	0,0143	69,7005	230,0387	0,0043	47,8349	3334,115	11003,86895	120

TABELA DE JUROS POR PERÍODO DE CAPITALIZAÇÃO — i = 0,02 ou 2%

n	(P=>S)	(S=>P)	(P=>R)	(R=>P)	(R=>S)	(S=>R)	(G=>R)	(G=>P)	(G=>S)	n
1	1,02000	0,9804	1,0200	0,9804	1,00000	1,0000	0,0000	0,0000	0,00000	1
2	1,04040	0,9612	0,5150	1,9416	2,02000	0,4950	0,4950	0,9612	1,00000	2
3	1,06121	0,9423	0,3468	2,8839	3,06040	0,3268	0,9868	2,8458	3,02000	3
4	1,08243	0,9238	0,2626	3,8077	4,12161	0,2426	1,4752	5,6173	6,08040	4
5	1,10408	0,9057	0,2122	4,7135	5,20404	0,1922	1,9604	9,2403	10,20201	5
6	1,12616	0,8880	0,1785	5,6014	6,30812	0,1585	2,4423	13,6801	15,40605	6
7	1,14869	0,8706	0,1545	6,4720	7,43428	0,1345	2,9208	18,9035	21,71417	7
8	1,17166	0,8535	0,1365	7,3255	8,58297	0,1165	3,3961	24,8779	29,14845	8
9	1,19509	0,8368	0,1225	8,1622	9,75463	0,1025	3,8681	31,5720	37,73142	9
10	1,21899	0,8203	0,1113	8,9826	10,94972	0,0913	4,3367	38,9551	47,48605	10
11	1,24337	0,8043	0,1022	9,7868	12,16872	0,0822	4,8021	46,9977	58,43577	11
12	1,26824	0,7885	0,0946	10,5753	13,41209	0,0746	5,2642	55,6712	70,60449	12
13	1,29361	0,7730	0,0881	11,3484	14,68033	0,0681	5,7231	64,9475	84,01658	13
14	1,31948	0,7579	0,0826	12,1062	15,97394	0,0626	6,1786	74,7999	98,69691	14
15	1,34587	0,7430	0,0778	12,8493	17,29342	0,0578	6,6309	85,2021	114,67085	15
16	1,37279	0,7284	0,0737	13,5777	18,63929	0,0537	7,0799	96,1288	131,96426	16
17	1,40024	0,7142	0,0700	14,2919	20,01207	0,0500	7,5256	107,5554	150,60355	17
18	1,42825	0,7002	0,0667	14,9920	21,41231	0,0467	7,9681	119,4581	170,61562	18
19	1,45681	0,6864	0,0638	15,6785	22,84056	0,0438	8,4073	131,8139	192,02793	19
20	1,48595	0,6730	0,0612	16,3514	24,29737	0,0412	8,8433	144,6003	214,86849	20
21	1,51567	0,6598	0,0588	17,0112	25,78332	0,0388	9,2760	157,7959	239,16586	21
22	1,54598	0,6468	0,0566	17,6580	27,29898	0,0366	9,7055	171,3795	264,94918	22
23	1,57690	0,6342	0,0547	18,2922	28,84496	0,0347	10,1317	185,3309	292,24816	23
24	1,60844	0,6217	0,0529	18,9139	30,42186	0,0329	10,5547	199,6305	321,09312	24
25	1,64061	0,6095	0,0512	19,5235	32,03030	0,0312	10,9745	214,2592	351,51499	25
26	1,67342	0,5976	0,0497	20,1210	33,67091	0,0297	11,3910	229,1987	383,54529	26
27	1,70689	0,5859	0,0483	20,7069	35,34432	0,0283	11,8043	244,4311	417,21619	27
28	1,74102	0,5744	0,0470	21,2813	37,05121	0,0270	12,2145	259,9392	452,56052	28
29	1,77584	0,5631	0,0458	21,8444	38,79223	0,0258	12,6214	275,7064	489,61173	29
30	1,81136	0,5521	0,0446	22,3965	40,56808	0,0246	13,0251	291,7164	528,40396	30
31	1,84759	0,5412	0,0436	22,9377	42,37944	0,0236	13,4257	307,9538	568,97204	31
32	1,88454	0,5306	0,0426	23,4683	44,22703	0,0226	13,8230	324,4035	611,35148	32
33	1,92223	0,5202	0,0417	23,9886	46,11157	0,0217	14,2172	341,0508	655,57851	33
34	1,96068	0,5100	0,0408	24,4986	48,03380	0,0208	14,6083	357,8817	701,69008	34
35	1,99989	0,5000	0,0400	24,9986	49,99448	0,0200	14,9961	374,8826	749,72388	35
36	2,03989	0,4902	0,0392	25,4888	51,99437	0,0192	15,3809	392,0405	799,71836	36
40	2,20804	0,4529	0,0366	27,3555	60,40198	0,0166	16,8885	461,9931	1020,09916	40
45	2,43785	0,4102	0,0339	29,4902	71,89271	0,0139	18,7034	551,5652	1344,63551	45
48	2,58707	0,3865	0,0326	30,6731	79,35352	0,0126	19,7556	605,9657	1567,67596	48
50	2,69159	0,3715	0,0318	31,4236	84,57940	0,0118	20,4420	642,3606	1728,97007	50
55	2,97173	0,3365	0,0301	33,1748	98,58653	0,0101	22,1057	733,3527	2179,32668	55
60	3,28103	0,3048	0,0288	34,7609	114,0515	0,0088	23,6961	823,6975	2702,57697	60
65	3,62252	0,2761	0,0276	36,1975	131,1262	0,0076	25,2147	912,7085	3306,30777	65
70	3,99956	0,2500	0,0267	37,4986	149,9779	0,0067	26,6632	999,8343	3998,89556	70
72	4,16114	0,2403	0,0263	37,9841	158,0570	0,0063	27,2234	1034,056	4302,85094	72
75	4,41584	0,2265	0,0259	38,6771	170,7918	0,0059	28,0434	1084,639	4789,58864	75
80	4,87544	0,2051	0,0252	39,7445	193,7720	0,0052	29,3572	1166,787	5688,59789	80
84	5,27733	0,1895	0,0247	40,5255	213,8666	0,0047	30,3616	1230,419	6493,33034	84
85	5,38288	0,1858	0,0246	40,7113	219,1439	0,0046	30,6064	1246,024	6707,19695	85
90	5,94313	0,1683	0,0240	41,5869	247,1567	0,0040	31,7929	1322,170	7857,83282	90
95	6,56170	0,1524	0,0236	42,3800	278,0850	0,0036	32,9189	1395,103	9154,24799	95
96	6,69293	0,1494	0,0235	42,5294	284,6467	0,0035	33,1370	1409,297	9432,33295	96
100	7,24465	0,1380	0,0232	43,0984	312,2323	0,0032	33,9863	1464,753	10611,61530	100
105	7,99867	0,1250	0,0229	43,7490	349,9337	0,0029	34,9972	1531,089	12246,68676	105
108	8,48826	0,1178	0,0227	44,1095	374,4129	0,0027	35,5774	1569,303	13320,64397	108
110	8,83118	0,1132	0,0226	44,3382	391,5592	0,0026	35,9536	1594,119	14077,95798	110
120	10,7652	0,0929	0,0220	45,3554	488,2582	0,0020	37,7114	1710,416	18412,90759	120

TABELA DE JUROS POR PERÍODO DE CAPITALIZAÇÃO   i = 0,03 ou 3%

n	(P=>S)	(S=>P)	(P=>R)	(R=>P)	(R=>S)	(S=>R)	(G=>R)	(G=>P)	(G=>S)	n
1	1,03000	0,9709	1,0300	0,9709	1,00000	1,0000	0,0000	0,0000	0,00000	1
2	1,06090	0,9426	0,5226	1,9135	2,03000	0,4926	0,4926	0,9426	1,00000	2
3	1,09273	0,9151	0,3535	2,8286	3,09090	0,3235	0,9803	2,7729	3,03000	3
4	1,12551	0,8885	0,2690	3,7171	4,18363	0,2390	1,4631	5,4383	6,12090	4
5	1,15927	0,8626	0,2184	4,5797	5,30914	0,1884	1,9409	8,8888	10,30453	5
6	1,19405	0,8375	0,1846	5,4172	6,46841	0,1546	2,4138	13,0762	15,61366	6
7	1,22987	0,8131	0,1605	6,2303	7,66246	0,1305	2,8819	17,9547	22,08207	7
8	1,26677	0,7894	0,1425	7,0197	8,89234	0,1125	3,3450	23,4806	29,74453	8
9	1,30477	0,7664	0,1284	7,7861	10,15911	0,0984	3,8032	29,6119	38,63687	9
10	1,34392	0,7441	0,1172	8,5302	11,46388	0,0872	4,2565	36,3088	48,79598	10
11	1,38423	0,7224	0,1081	9,2526	12,80780	0,0781	4,7049	43,5330	60,25986	11
12	1,42576	0,7014	0,1005	9,9540	14,19203	0,0705	5,1485	51,2482	73,06765	12
13	1,46853	0,6810	0,0940	10,6350	15,61779	0,0640	5,5872	59,4196	87,25968	13
14	1,51259	0,6611	0,0885	11,2961	17,08632	0,0585	6,0210	68,0141	102,87747	14
15	1,55797	0,6419	0,0838	11,9379	18,59891	0,0538	6,4500	77,0002	119,96380	15
16	1,60471	0,6232	0,0796	12,5611	20,15688	0,0496	6,8742	86,3477	138,56271	16
17	1,65285	0,6050	0,0760	13,1661	21,76159	0,0460	7,2936	96,0280	158,71959	17
18	1,70243	0,5874	0,0727	13,7535	23,41444	0,0427	7,7081	106,0137	180,48118	18
19	1,75351	0,5703	0,0698	14,3238	25,11687	0,0398	8,1179	116,2788	203,89561	19
20	1,80611	0,5537	0,0672	14,8775	26,87037	0,0372	8,5229	126,7987	229,01248	20
21	1,86029	0,5375	0,0649	15,4150	28,67649	0,0349	8,9231	137,5496	255,88286	21
22	1,91610	0,5219	0,0627	15,9369	30,53678	0,0327	9,3186	148,5094	284,55934	22
23	1,97359	0,5067	0,0608	16,4436	32,45288	0,0308	9,7093	159,6566	315,09612	23
24	2,03279	0,4919	0,0590	16,9355	34,42647	0,0290	10,0954	170,9711	347,54901	24
25	2,09378	0,4776	0,0574	17,4131	36,45926	0,0274	10,4768	182,4336	381,97548	25
26	2,15659	0,4637	0,0559	17,8768	38,55304	0,0259	10,8535	194,0260	418,43474	26
27	2,22129	0,4502	0,0546	18,3270	40,70963	0,0246	11,2255	205,7309	456,98778	27
28	2,28793	0,4371	0,0533	18,7641	42,93092	0,0233	11,5930	217,5320	497,69742	28
29	2,35657	0,4243	0,0521	19,1885	45,21885	0,0221	11,9558	229,4137	540,62834	29
30	2,42726	0,4120	0,0510	19,6004	47,57542	0,0210	12,3141	241,3613	585,84719	30
31	2,50008	0,4000	0,0500	20,0004	50,00268	0,0200	12,6678	253,3609	633,42261	31
32	2,57508	0,3883	0,0490	20,3888	52,50276	0,0190	13,0169	265,3993	683,42528	32
33	2,65234	0,3770	0,0482	20,7658	55,07784	0,0182	13,3616	277,4642	735,92804	33
34	2,73191	0,3660	0,0473	21,1318	57,73018	0,0173	13,7018	289,5437	791,00588	34
35	2,81386	0,3554	0,0465	21,4872	60,46208	0,0165	14,0375	301,6267	848,73606	35
36	2,89828	0,3450	0,0458	21,8323	63,27594	0,0158	14,3688	313,7028	909,19814	36
40	3,26204	0,3066	0,0433	23,1148	75,40126	0,0133	15,6502	361,7499	1180,04199	40
45	3,78160	0,2644	0,0408	24,5187	92,71986	0,0108	17,1556	420,6325	1590,66205	45
48	4,13225	0,2420	0,0396	25,2667	104,4084	0,0096	18,0089	455,0255	1880,27987	48
50	4,38391	0,2281	0,0389	25,7298	112,7969	0,0089	18,5575	477,4803	2093,22891	50
55	5,08215	0,1968	0,0373	26,7744	136,0716	0,0073	19,8600	531,7411	2702,38732	55
60	5,89160	0,1697	0,0361	27,6756	163,0534	0,0061	21,0674	583,0526	3435,11456	60
65	6,82998	0,1464	0,0351	28,4529	194,3328	0,0051	22,1841	631,2010	4311,09193	65
70	7,91782	0,1263	0,0343	29,1234	230,5941	0,0043	23,2145	676,0869	5353,13546	70
72	8,40002	0,1190	0,0341	29,3651	246,6672	0,0041	23,6036	693,1226	5822,24141	72
75	9,17893	0,1089	0,0337	29,7018	272,6309	0,0037	24,1634	717,6978	6587,69519	75
80	10,6409	0,0940	0,0331	30,2008	321,3630	0,0031	25,0353	756,0865	8045,43395	80
84	11,9764	0,0835	0,0327	30,5501	365,8805	0,0027	25,6806	784,5434	9396,01785	84
85	12,3357	0,0811	0,0326	30,6312	377,8570	0,0026	25,8349	791,3529	9761,89839	85
90	14,3005	0,0699	0,0323	31,0024	443,3489	0,0023	26,5667	823,6302	11778,29679	90
95	16,5782	0,0603	0,0319	31,3227	519,2720	0,0019	27,2351	853,0742	14142,40086	95
96	17,0755	0,0586	0,0319	31,3812	535,8502	0,0019	27,3615	858,6377	14661,67288	96
100	19,2186	0,0520	0,0316	31,5989	607,2877	0,0016	27,8444	879,8540	16909,59109	100
105	22,2797	0,0449	0,0314	31,8372	709,3221	0,0014	28,3990	904,1461	20144,06867	105
108	24,3456	0,0411	0,0313	31,9642	778,1863	0,0013	28,7072	917,6013	22339,54222	108
110	25,8282	0,0387	0,0312	32,0428	827,6078	0,0012	28,9029	926,1284	23920,26034	110
120	34,7110	0,0288	0,0309	32,3730	1123,700	0,0009	29,7737	963,8635	33456,65237	120

TABELA DE JUROS POR PERÍODO DE CAPITALIZAÇÃO   i = 0,04 ou 4%

n	(P=>S)	(S=>P)	(P=>R)	(R=>P)	(R=>S)	(S=>R)	(G=>R)	(G=>P)	(G=>S)	n
1	1,04000	0,9615	1,0400	0,9615	1,00000	1,0000	0,0000	0,0000	0,00000	1
2	1,08160	0,9246	0,5302	1,8861	2,04000	0,4902	0,4902	0,9246	1,00000	2
3	1,12486	0,8890	0,3603	2,7751	3,12160	0,3203	0,9739	2,7025	3,04000	3
4	1,16986	0,8548	0,2755	3,6299	4,24646	0,2355	1,4510	5,2670	6,16160	4
5	1,21665	0,8219	0,2246	4,4518	5,41632	0,1846	1,9216	8,5547	10,40806	5
6	1,26532	0,7903	0,1908	5,2421	6,63298	0,1508	2,3857	12,5062	15,82439	6
7	1,31593	0,7599	0,1666	6,0021	7,89829	0,1266	2,8433	17,0657	22,45736	7
8	1,36857	0,7307	0,1485	6,7327	9,21423	0,1085	3,2944	22,1806	30,35566	8
9	1,42331	0,7026	0,1345	7,4353	10,58280	0,0945	3,7391	27,8013	39,56988	9
10	1,48024	0,6756	0,1233	8,1109	12,00611	0,0833	4,1773	33,8814	50,15268	10
11	1,53945	0,6496	0,1141	8,7605	13,48635	0,0741	4,6090	40,3772	62,15879	11
12	1,60103	0,6246	0,1066	9,3851	15,02581	0,0666	5,0343	47,2477	75,64514	12
13	1,66507	0,6006	0,1001	9,9856	16,62684	0,0601	5,4533	54,4546	90,67094	13
14	1,73168	0,5775	0,0947	10,5631	18,29191	0,0547	5,8659	61,9618	107,29778	14
15	1,80094	0,5553	0,0899	11,1184	20,02359	0,0499	6,2721	69,7355	125,58969	15
16	1,87298	0,5339	0,0858	11,6523	21,82453	0,0458	6,6720	77,7441	145,61328	16
17	1,94790	0,5134	0,0822	12,1657	23,69751	0,0422	7,0656	85,9581	167,43781	17
18	2,02582	0,4936	0,0790	12,6593	25,64541	0,0390	7,4530	94,3498	191,13532	18
19	2,10685	0,4746	0,0761	13,1339	27,67123	0,0361	7,8342	102,8933	216,78073	19
20	2,19112	0,4564	0,0736	13,5903	29,77808	0,0336	8,2091	111,5647	244,45196	20
21	2,27877	0,4388	0,0713	14,0292	31,96920	0,0313	8,5779	120,3414	274,23004	21
22	2,36992	0,4220	0,0692	14,4511	34,24797	0,0292	8,9407	129,2024	306,19924	22
23	2,46472	0,4057	0,0673	14,8568	36,61789	0,0273	9,2973	138,1284	340,44721	23
24	2,56330	0,3901	0,0656	15,2470	39,08260	0,0256	9,6479	147,1012	377,06510	24
25	2,66584	0,3751	0,0640	15,6221	41,64591	0,0240	9,9925	156,1040	416,14771	25
26	2,77247	0,3607	0,0626	15,9828	44,31174	0,0226	10,3312	165,1212	457,79362	26
27	2,88337	0,3468	0,0612	16,3296	47,08421	0,0212	10,6640	174,1385	502,10536	27
28	2,99870	0,3335	0,0600	16,6631	49,96758	0,0200	10,9909	183,1424	549,18957	28
29	3,11865	0,3207	0,0589	16,9837	52,96629	0,0189	11,3120	192,1206	599,15716	29
30	3,24340	0,3083	0,0578	17,2920	56,08494	0,0178	11,6274	201,0618	652,12344	30
31	3,37313	0,2965	0,0569	17,5885	59,32834	0,0169	11,9371	209,9556	708,20838	31
32	3,50806	0,2851	0,0559	17,8736	62,70147	0,0159	12,2411	218,7924	767,53672	32
33	3,64838	0,2741	0,0551	18,1476	66,20953	0,0151	12,5396	227,5634	830,23819	33
34	3,79432	0,2636	0,0543	18,4112	69,85791	0,0143	12,8324	236,2607	896,44771	34
35	3,94609	0,2534	0,0536	18,6646	73,65222	0,0136	13,1198	244,8768	966,30562	35
36	4,10393	0,2437	0,0529	18,9083	77,59831	0,0129	13,4018	253,4052	1039,95785	36
40	4,80102	0,2083	0,0505	19,7928	95,02552	0,0105	14,4765	286,5303	1375,63789	40
45	5,84118	0,1712	0,0483	20,7200	121,0294	0,0083	15,7047	325,4028	1900,73480	45
48	6,57053	0,1522	0,0472	21,1951	139,2632	0,0072	16,3832	347,2446	2281,58015	48
50	7,10668	0,1407	0,0466	21,4822	152,6671	0,0066	16,8122	361,1638	2566,67709	50
55	8,64637	0,1157	0,0452	22,1086	191,1592	0,0052	17,8070	393,6890	3403,97932	55
60	10,5196	0,0951	0,0442	22,6235	237,9907	0,0042	18,6972	422,9966	4449,76713	60
65	12,7987	0,0781	0,0434	23,0467	294,9684	0,0034	19,4909	449,2014	5749,20951	65
70	15,5716	0,0642	0,0427	23,3945	364,2905	0,0027	20,1961	472,4789	7357,26147	70
72	16,8423	0,0594	0,0425	23,5156	396,0566	0,0025	20,4552	481,0170	8101,41400	72
75	18,9453	0,0528	0,0422	23,6804	448,6314	0,0022	20,8206	493,0408	9340,78416	75
80	23,0498	0,0434	0,0418	23,9154	551,2450	0,0018	21,3718	511,1161	11781,12442	80
84	26,9650	0,0371	0,0415	24,0729	649,1251	0,0015	21,7649	523,9431	14128,12797	84
85	28,0436	0,0357	0,0415	24,1085	676,0901	0,0015	21,8569	526,9384	14777,25309	85
90	34,1193	0,0293	0,0412	24,2673	827,9833	0,0012	22,2826	540,7369	18449,58334	90
95	41,5114	0,0241	0,0410	24,3978	1012,785	0,0010	22,6550	552,7307	22944,61621	95
96	43,1718	0,0232	0,0409	24,4209	1054,296	0,0009	22,7236	554,9312	23957,40086	96
100	50,5049	0,0198	0,0408	24,5050	1237,624	0,0008	22,9800	563,1249	28440,59262	100
105	61,4470	0,0163	0,0407	24,5931	1511,175	0,0007	23,2629	572,1089	35154,36987	105
108	69,1195	0,0145	0,0406	24,6383	1702,988	0,0006	23,4146	576,8949	39874,69311	108
110	74,7597	0,0134	0,0405	24,6656	1843,992	0,0005	23,5087	579,8553	43349,78807	110
120	110,663	0,0090	0,0404	24,7741	2741,564	0,0004	23,9057	592,2428	65539,10050	120

TABELA DE JUROS POR PERÍODO DE CAPITALIZAÇÃO i = 0,05 ou 5%

n	(P=>S)	(S=>P)	(P=>R)	(R=>P)	(R=>S)	(S=>R)	(G=>R)	(G=>P)	(G=>S)	n
1	1,05000	0,9524	1,0500	0,9524	1,00000	1,0000	0,0000	0,0000	0,00000	1
2	1,10250	0,9070	0,5378	1,8594	2,05000	0,4878	0,4878	0,9070	1,00000	2
3	1,15763	0,8638	0,3672	2,7232	3,15250	0,3172	0,9675	2,6347	3,05000	3
4	1,21551	0,8227	0,2820	3,5460	4,31013	0,2320	1,4391	5,1028	6,20250	4
5	1,27628	0,7835	0,2310	4,3295	5,52563	0,1810	1,9025	8,2369	10,51263	5
6	1,34010	0,7462	0,1970	5,0757	6,80191	0,1470	2,3579	11,9680	16,03826	6
7	1,40710	0,7107	0,1728	5,7864	8,14201	0,1228	2,8052	16,2321	22,84017	7
8	1,47746	0,6768	0,1547	6,4632	9,54911	0,1047	3,2445	20,9700	30,98218	8
9	1,55133	0,6446	0,1407	7,1078	11,02656	0,0907	3,6758	26,1268	40,53129	9
10	1,62889	0,6139	0,1295	7,7217	12,57789	0,0795	4,0991	31,6520	51,55785	10
11	1,71034	0,5847	0,1204	8,3064	14,20679	0,0704	4,5144	37,4988	64,13574	11
12	1,79586	0,5568	0,1128	8,8633	15,91713	0,0628	4,9219	43,6241	78,34253	12
13	1,88565	0,5303	0,1065	9,3936	17,71298	0,0565	5,3215	49,9879	94,25966	13
14	1,97993	0,5051	0,1010	9,8986	19,59863	0,0510	5,7133	56,5538	111,97264	14
15	2,07893	0,4810	0,0963	10,3797	21,57856	0,0463	6,0973	63,2880	131,57127	15
16	2,18287	0,4581	0,0923	10,8378	23,65749	0,0423	6,4736	70,1597	153,14984	16
17	2,29202	0,4363	0,0887	11,2741	25,84037	0,0387	6,8423	77,1405	176,80733	17
18	2,40662	0,4155	0,0855	11,6896	28,13238	0,0355	7,2034	84,2043	202,64769	18
19	2,52695	0,3957	0,0827	12,0853	30,53900	0,0327	7,5569	91,3275	230,78008	19
20	2,65330	0,3769	0,0802	12,4622	33,06595	0,0302	7,9030	98,4884	261,31908	20
21	2,78596	0,3589	0,0780	12,8212	35,71925	0,0280	8,2416	105,6673	294,38504	21
22	2,92526	0,3418	0,0760	13,1630	38,50521	0,0260	8,5730	112,8461	330,10429	22
23	3,07152	0,3256	0,0741	13,4886	41,43048	0,0241	8,8971	120,0087	368,60950	23
24	3,22510	0,3101	0,0725	13,7986	44,50200	0,0225	9,2140	127,1402	410,03998	24
25	3,38635	0,2953	0,0710	14,0939	47,72710	0,0210	9,5238	134,2275	454,54198	25
26	3,55567	0,2812	0,0696	14,3752	51,11345	0,0196	9,8266	141,2585	502,26908	26
27	3,73346	0,2678	0,0683	14,6430	54,66913	0,0183	10,1224	148,2226	553,38253	27
28	3,92013	0,2551	0,0671	14,8981	58,40258	0,0171	10,4114	155,1101	608,05166	28
29	4,11614	0,2429	0,0660	15,1411	62,32271	0,0160	10,6936	161,9126	666,45424	29
30	4,32194	0,2314	0,0651	15,3725	66,43885	0,0151	10,9691	168,6226	728,77695	30
31	4,53804	0,2204	0,0641	15,5928	70,76079	0,0141	11,2381	175,2333	795,21580	31
32	4,76494	0,2099	0,0633	15,8027	75,29883	0,0133	11,5005	181,7392	865,97659	32
33	5,00319	0,1999	0,0625	16,0025	80,06377	0,0125	11,7566	188,1351	941,27542	33
34	5,25335	0,1904	0,0618	16,1929	85,06696	0,0118	12,0063	194,4168	1021,33919	34
35	5,51602	0,1813	0,0611	16,3742	90,32031	0,0111	12,2498	200,5807	1106,40615	35
36	5,79182	0,1727	0,0604	16,5469	95,83632	0,0104	12,4872	206,6237	1196,72645	36
40	7,03999	0,1420	0,0583	17,1591	120,7998	0,0083	13,3775	229,5452	1615,99548	40
45	8,98501	0,1113	0,0563	17,7741	159,7002	0,0063	14,3644	255,3145	2294,00312	45
48	10,4013	0,0961	0,0553	18,0772	188,0254	0,0053	14,8943	269,2467	2800,50786	48
50	11,4674	0,0872	0,0548	18,2559	209,3480	0,0048	15,2233	277,9148	3186,95991	50
55	14,6356	0,0683	0,0537	18,6335	272,7126	0,0037	15,9664	297,5104	4354,25237	55
60	18,6792	0,0535	0,0528	18,9293	353,5837	0,0028	16,6062	314,3432	5871,67436	60
65	23,8399	0,0419	0,0522	19,1611	456,7980	0,0022	17,1541	328,6910	7835,96022	65
70	30,4264	0,0329	0,0517	19,3427	588,5285	0,0017	17,6212	340,8409	10370,57021	70
72	33,5451	0,0298	0,0515	19,4038	650,9027	0,0015	17,7877	345,1485	11578,05366	72
75	38,8327	0,0258	0,0513	19,4850	756,6537	0,0013	18,0176	351,0721	13633,07437	75
80	49,5614	0,0202	0,0510	19,5965	971,2288	0,0010	18,3526	359,6460	17824,57643	80
84	60,2422	0,0166	0,0508	19,6680	1184,845	0,0008	18,5821	365,4727	22016,89655	84
85	63,2544	0,0158	0,0508	19,6838	1245,087	0,0008	18,6346	366,8007	23201,74138	85
90	80,7304	0,0124	0,0506	19,7523	1594,607	0,0006	18,8712	372,7488	30092,14602	90
95	103,035	0,0097	0,0505	19,8059	2040,694	0,0005	19,0689	377,6774	38913,87058	95
96	108,186	0,0092	0,0505	19,8151	2143,728	0,0005	19,1044	378,5555	40954,56411	96
100	131,501	0,0076	0,0504	19,8479	2610,025	0,0004	19,2337	381,7492	50200,50314	100
105	167,833	0,0060	0,0503	19,8808	3336,653	0,0003	19,3706	385,1042	64633,05233	105
108	194,287	0,0051	0,0503	19,8971	3865,745	0,0003	19,4412	386,8236	75154,89971	108
110	214,202	0,0047	0,0502	19,9066	4264,034	0,0002	19,4841	387,8619	83080,67693	110
120	348,912	0,0029	0,0501	19,9427	6958,240	0,0001	19,6551	391,9751	136764,7943	120

Apêndices · 257 ·

TABELA DE JUROS POR PERÍODO DE CAPITALIZAÇÃO i = 0,06 ou 6%

n	(P=>S)	(S=>P)	(P=>R)	(R=>P)	(R=>S)	(S=>R)	(G=>R)	(G=>P)	(G=>S)	n
1	1,06000	0,9434	1,0600	0,9434	1,00000	1,0000	0,0000	0,0000	0,00000	1
2	1,12360	0,8900	0,5454	1,8334	2,06000	0,4854	0,4854	0,8900	1,00000	2
3	1,19102	0,8396	0,3741	2,6730	3,18360	0,3141	0,9612	2,5692	3,06000	3
4	1,26248	0,7921	0,2886	3,4651	4,37462	0,2286	1,4272	4,9455	6,24360	4
5	1,33823	0,7473	0,2374	4,2124	5,63709	0,1774	1,8836	7,9345	10,61822	5
6	1,41852	0,7050	0,2034	4,9173	6,97532	0,1434	2,3304	11,4594	16,25531	6
7	1,50363	0,6651	0,1791	5,5824	8,39384	0,1191	2,7676	15,4497	23,23063	7
8	1,59385	0,6274	0,1610	6,2098	9,89747	0,1010	3,1952	19,8416	31,62447	8
9	1,68948	0,5919	0,1470	6,8017	11,49132	0,0870	3,6133	24,5768	41,52193	9
10	1,79085	0,5584	0,1359	7,3601	13,18079	0,0759	4,0220	29,6023	53,01325	10
11	1,89830	0,5268	0,1268	7,8869	14,97164	0,0668	4,4213	34,8702	66,19404	11
12	2,01220	0,4970	0,1193	8,3838	16,86994	0,0593	4,8113	40,3369	81,16569	12
13	2,13293	0,4688	0,1130	8,8527	18,88214	0,0530	5,1920	45,9629	98,03563	13
14	2,26090	0,4423	0,1076	9,2950	21,01507	0,0476	5,5635	51,7128	116,91777	14
15	2,39656	0,4173	0,1030	9,7122	23,27597	0,0430	5,9260	57,5546	137,93283	15
16	2,54035	0,3936	0,0990	10,1059	25,67253	0,0390	6,2794	63,4592	161,20880	16
17	2,69277	0,3714	0,0954	10,4773	28,21288	0,0354	6,6240	69,4011	186,88133	17
18	2,85434	0,3503	0,0924	10,8276	30,90565	0,0324	6,9597	75,3569	215,09421	18
19	3,02560	0,3305	0,0896	11,1581	33,75999	0,0296	7,2867	81,3062	245,99986	19
20	3,20714	0,3118	0,0872	11,4699	36,78559	0,0272	7,6051	87,2304	279,75985	20
21	3,39956	0,2942	0,0850	11,7641	39,99273	0,0250	7,9151	93,1136	316,54544	21
22	3,60354	0,2775	0,0830	12,0416	43,39229	0,0230	8,2166	98,9412	356,53817	22
23	3,81975	0,2618	0,0813	12,3034	46,99583	0,0213	8,5099	104,7007	399,93046	23
24	4,04893	0,2470	0,0797	12,5504	50,81558	0,0197	8,7951	110,3812	446,92629	24
25	4,29187	0,2330	0,0782	12,7834	54,86451	0,0182	9,0722	115,9732	497,74187	25
26	4,54938	0,2198	0,0769	13,0032	59,15638	0,0169	9,3414	121,4684	552,60638	26
27	4,82235	0,2074	0,0757	13,2105	63,70577	0,0157	9,6029	126,8600	611,76276	27
28	5,11169	0,1956	0,0746	13,4062	68,52811	0,0146	9,8568	132,1420	675,46853	28
29	5,41839	0,1846	0,0736	13,5907	73,63980	0,0136	10,1032	137,3096	743,99664	29
30	5,74349	0,1741	0,0726	13,7648	79,05819	0,0126	10,3422	142,3588	817,63644	30
31	6,08810	0,1643	0,0718	13,9291	84,80168	0,0118	10,5740	147,2864	896,69462	31
32	6,45339	0,1550	0,0710	14,0840	90,88978	0,0110	10,7988	152,0901	981,49630	32
33	6,84059	0,1462	0,0703	14,2302	97,34316	0,0103	11,0166	156,7681	1072,38608	33
34	7,25103	0,1379	0,0696	14,3681	104,1838	0,0096	11,2276	161,3192	1169,72924	34
35	7,68609	0,1301	0,0690	14,4982	111,4348	0,0090	11,4319	165,7427	1273,91300	35
36	8,14725	0,1227	0,0684	14,6210	119,1209	0,0084	11,6298	170,0387	1385,34778	36
40	10,2857	0,0972	0,0665	15,0463	154,7620	0,0065	12,3590	185,9568	1912,69943	40
45	13,7646	0,0727	0,0647	15,4558	212,7435	0,0047	13,1413	203,1096	2795,72523	45
48	16,3939	0,0610	0,0639	15,6500	256,5645	0,0039	13,5485	212,0351	3476,07548	48
50	18,4202	0,0543	0,0634	15,7619	290,3359	0,0034	13,7964	217,4574	4005,59841	50
55	24,6503	0,0406	0,0625	15,9905	394,1720	0,0025	14,3411	229,3222	5652,86711	55
60	32,9877	0,0303	0,0619	16,1614	533,1282	0,0019	14,7909	239,0428	7885,46968	60
65	44,1450	0,0227	0,0614	16,2891	719,0829	0,0014	15,1601	246,9450	10901,38101	65
70	59,0759	0,0169	0,0610	16,3845	967,9322	0,0010	15,4613	253,3271	14965,53616	70
72	66,3777	0,0151	0,0609	16,4156	1089,629	0,0009	15,5654	255,5146	16960,47643	72
75	79,0569	0,0126	0,0608	16,4558	1300,949	0,0008	15,7058	258,4527	20432,47800	75
80	105,796	0,0095	0,0606	16,5091	1746,600	0,0006	15,9033	262,5493	27776,66486	80
84	133,565	0,0075	0,0605	16,5419	2209,417	0,0005	16,0330	265,2163	35423,61229	84
85	141,579	0,0071	0,0604	16,5489	2342,982	0,0004	16,0620	265,8096	37633,02902	85
90	189,465	0,0053	0,0603	16,5787	3141,075	0,0003	16,1891	268,3946	50851,25312	90
95	253,546	0,0039	0,0602	16,6009	4209,104	0,0002	16,2905	270,4375	68568,40416	95
96	268,759	0,0037	0,0602	16,6047	4462,651	0,0002	16,3081	270,7909	72777,50841	96
100	339,302	0,0029	0,0602	16,6175	5638,368	0,0002	16,3711	272,0471	92306,13431	100
105	454,063	0,0022	0,0601	16,6300	7551,045	0,0001	16,4349	273,3119	124100,7574	105
108	540,796	0,0018	0,0601	16,6358	8996,600	0,0001	16,4666	273,9357	148143,3257	108
110	607,638	0,0016	0,0601	16,6392	10110,64	0,0001	16,4853	274,3035	166677,3207	110
120	1088,19	0,0009	0,0601	16,6514	18119,80	0,0001	16,5563	275,6846	299996,5966	120

TABELA DE JUROS POR PERÍODO DE CAPITALIZAÇÃO   i = 0,07 ou 7%

n	(P=>S)	(S=>P)	(P=>R)	(R=>P)	(R=>S)	(S=>R)	(G=>R)	(G=>P)	(G=>S)	n
1	1,07000	0,9346	1,0700	0,9346	1,00000	1,0000	0,0000	0,0000	0,00000	1
2	1,14490	0,8734	0,5531	1,8080	2,07000	0,4831	0,4831	0,8734	1,00000	2
3	1,22504	0,8163	0,3811	2,6243	3,21490	0,3111	0,9549	2,5060	3,07000	3
4	1,31080	0,7629	0,2952	3,3872	4,43994	0,2252	1,4155	4,7947	6,28490	4
5	1,40255	0,7130	0,2439	4,1002	5,75074	0,1739	1,8650	7,6467	10,72484	5
6	1,50073	0,6663	0,2098	4,7665	7,15329	0,1398	2,3032	10,9784	16,47558	6
7	1,60578	0,6227	0,1856	5,3893	8,65402	0,1156	2,7304	14,7149	23,62887	7
8	1,71819	0,5820	0,1675	5,9713	10,25980	0,0975	3,1465	18,7889	32,28289	8
9	1,83846	0,5439	0,1535	6,5152	11,97799	0,0835	3,5517	23,1404	42,54270	9
10	1,96715	0,5083	0,1424	7,0236	13,81645	0,0724	3,9461	27,7156	54,52069	10
11	2,10485	0,4751	0,1334	7,4987	15,78360	0,0634	4,3296	32,4665	68,33713	11
12	2,25219	0,4440	0,1259	7,9427	17,88845	0,0559	4,7025	37,3506	84,12073	12
13	2,40985	0,4150	0,1197	8,3577	20,14064	0,0497	5,0648	42,3302	102,00918	13
14	2,57853	0,3878	0,1143	8,7455	22,55049	0,0443	5,4167	47,3718	122,14983	14
15	2,75903	0,3624	0,1098	9,1079	25,12902	0,0398	5,7583	52,4461	144,70031	15
16	2,95216	0,3387	0,1059	9,4466	27,88805	0,0359	6,0897	57,5271	169,82934	16
17	3,15882	0,3166	0,1024	9,7632	30,84022	0,0324	6,4110	62,5923	197,71739	17
18	3,37993	0,2959	0,0994	10,0591	33,99903	0,0294	6,7225	67,6219	228,55761	18
19	3,61653	0,2765	0,0968	10,3356	37,37896	0,0268	7,0242	72,5991	262,55664	19
20	3,86968	0,2584	0,0944	10,5940	40,99549	0,0244	7,3163	77,5091	299,93560	20
21	4,14056	0,2415	0,0923	10,8355	44,86518	0,0223	7,5990	82,3393	340,93110	21
22	4,43040	0,2257	0,0904	11,0612	49,00574	0,0204	7,8725	87,0793	385,79627	22
23	4,74053	0,2109	0,0887	11,2722	53,43614	0,0187	8,1369	91,7201	434,80201	23
24	5,07237	0,1971	0,0872	11,4693	58,17667	0,0172	8,3923	96,2545	488,23815	24
25	5,42743	0,1842	0,0858	11,6536	63,24904	0,0158	8,6391	100,6765	546,41482	25
26	5,80735	0,1722	0,0846	11,8258	68,67647	0,0146	8,8773	104,9814	609,66386	26
27	6,21387	0,1609	0,0834	11,9867	74,48382	0,0134	9,1072	109,1656	678,34033	27
28	6,64884	0,1504	0,0824	12,1371	80,69769	0,0124	9,3289	113,2264	752,82416	28
29	7,11426	0,1406	0,0814	12,2777	87,34653	0,0114	9,5427	117,1622	833,52185	29
30	7,61226	0,1314	0,0806	12,4090	94,46079	0,0106	9,7487	120,9718	920,86838	30
31	8,14511	0,1228	0,0798	12,5318	102,0730	0,0098	9,9471	124,6550	1015,32916	31
32	8,71527	0,1147	0,0791	12,6466	110,2182	0,0091	10,1381	128,2120	1117,40220	32
33	9,32534	0,1072	0,0784	12,7538	118,9334	0,0084	10,3219	131,6435	1227,62036	33
34	9,97811	0,1002	0,0778	12,8540	128,2588	0,0078	10,4987	134,9507	1346,55378	34
35	10,6766	0,0937	0,0772	12,9477	138,2369	0,0072	10,6687	138,1353	1474,81255	35
36	11,4239	0,0875	0,0767	13,0352	148,9135	0,0067	10,8321	141,1990	1613,04943	36
40	14,9745	0,0668	0,0750	13,3317	199,6351	0,0050	11,4233	152,2928	2280,50160	40
45	21,0025	0,0476	0,0735	13,6055	285,7493	0,0035	12,0360	163,7559	3439,27587	45
48	25,7289	0,0389	0,0728	13,7305	353,2701	0,0028	12,3447	169,4981	4361,00133	48
50	29,4570	0,0339	0,0725	13,8007	406,5289	0,0025	12,5287	172,9051	5093,27042	50
55	41,3150	0,0242	0,0717	13,9399	575,9286	0,0017	12,9215	180,1243	7441,83704	55
60	57,9464	0,0173	0,0712	14,0392	813,5204	0,0012	13,2321	185,7677	10764,57691	60
65	81,2729	0,0123	0,0709	14,1099	1146,755	0,0009	13,4760	190,1452	15453,64515	65
70	113,989	0,0088	0,0706	14,1604	1614,134	0,0006	13,6662	193,5185	22059,05963	70
72	130,506	0,0077	0,0705	14,1763	1850,092	0,0005	13,7298	194,6365	25401,31737	72
75	159,876	0,0063	0,0704	14,1964	2269,657	0,0004	13,8136	196,1035	31352,24884	75
80	224,234	0,0045	0,0703	14,2220	3189,063	0,0003	13,9273	198,0748	44415,18114	80
84	293,926	0,0034	0,0702	14,2371	4184,651	0,0002	13,9990	199,3046	58580,72256	84
85	314,500	0,0032	0,0702	14,2403	4478,576	0,0002	14,0146	199,5717	62765,37314	85
90	441,103	0,0023	0,0702	14,2533	6287,185	0,0002	14,0812	200,7042	88531,22038	90
95	618,670	0,0016	0,0701	14,2626	8823,854	0,0001	14,1319	201,5581	124697,9077	95
96	661,977	0,0015	0,0701	14,2641	9442,523	0,0001	14,1405	201,7016	133521,7613	96
100	867,716	0,0012	0,0701	14,2693	12381,66	0,0001	14,1703	202,2001	175452,3113	100
105	1217,02	0,0008	0,0701	14,2740	17371,67	0,0001	14,1994	202,6814	246666,7417	105
108	1490,90	0,0007	0,0700	14,2761	21284,26	0,0000	14,2132	202,9099	302517,9997	108
110	1706,93	0,0006	0,0700	14,2773	24370,42	0,0000	14,2212	203,0415	346577,4179	110
120	3357,79	0,0003	0,0700	14,2815	47954,12	0,0000	19,6551	203,5103	683344,5679	120

TABELA DE JUROS POR PERÍODO DE CAPITALIZAÇÃO   i = 0,08 ou 8%

n	(P=>S)	(S=>P)	(P=>R)	(R=>P)	(R=>S)	(S=>R)	(G=>R)	(G=>P)	(G=>S)	n
1	1,08000	0,9259	1,0800	0,9259	1,00000	1,0000	0,0000	0,0000	0,00000	1
2	1,16640	0,8573	0,5608	1,7833	2,08000	0,4808	0,4808	0,8573	1,00000	2
3	1,25971	0,7938	0,3880	2,5771	3,24640	0,3080	0,9487	2,4450	3,08000	3
4	1,36049	0,7350	0,3019	3,3121	4,50611	0,2219	1,4040	4,6501	6,32640	4
5	1,46933	0,6806	0,2505	3,9927	5,86660	0,1705	1,8465	7,3724	10,83251	5
6	1,58687	0,6302	0,2163	4,6229	7,33593	0,1363	2,2763	10,5233	16,69911	6
7	1,71382	0,5835	0,1921	5,2064	8,92280	0,1121	2,6937	14,0242	24,03504	7
8	1,85093	0,5403	0,1740	5,7466	10,63663	0,0940	3,0985	17,8061	32,95785	8
9	1,99900	0,5002	0,1601	6,2469	12,48756	0,0801	3,4910	21,8081	43,59447	9
10	2,15892	0,4632	0,1490	6,7101	14,48656	0,0690	3,8713	25,9768	56,08203	10
11	2,33164	0,4289	0,1401	7,1390	16,64549	0,0601	4,2395	30,2657	70,56859	11
12	2,51817	0,3971	0,1327	7,5361	18,97713	0,0527	4,5957	34,6339	87,21408	12
13	2,71962	0,3677	0,1265	7,9038	21,49530	0,0465	4,9402	39,0463	106,19121	13
14	2,93719	0,3405	0,1213	8,2442	24,21492	0,0413	5,2731	43,4723	127,68650	14
15	3,17217	0,3152	0,1168	8,5595	27,15211	0,0368	5,5945	47,8857	151,90142	15
16	3,42594	0,2919	0,1130	8,8514	30,32428	0,0330	5,9046	52,2640	179,05354	16
17	3,70002	0,2703	0,1096	9,1216	33,75023	0,0296	6,2037	56,5883	209,37782	17
18	3,99602	0,2502	0,1067	9,3719	37,45024	0,0267	6,4920	60,8426	243,12805	18
19	4,31570	0,2317	0,1041	9,6036	41,44626	0,0241	6,7697	65,0134	280,57829	19
20	4,66096	0,2145	0,1019	9,8181	45,76196	0,0219	7,0369	69,0898	322,02455	20
21	5,03383	0,1987	0,0998	10,0168	50,42292	0,0198	7,2940	73,0629	367,78652	21
22	5,43654	0,1839	0,0980	10,2007	55,45676	0,0180	7,5412	76,9257	418,20944	22
23	5,87146	0,1703	0,0964	10,3711	60,89330	0,0164	7,7786	80,6726	473,66619	23
24	6,34118	0,1577	0,0950	10,5288	66,76476	0,0150	8,0066	84,2997	534,55949	24
25	6,84848	0,1460	0,0937	10,6748	73,10594	0,0137	8,2254	87,8041	601,32425	25
26	7,39635	0,1352	0,0925	10,8100	79,95442	0,0125	8,4352	91,1842	674,43019	26
27	7,98806	0,1252	0,0914	10,9352	87,35077	0,0114	8,6363	94,4390	754,38460	27
28	8,62711	0,1159	0,0905	11,0511	95,33883	0,0105	8,8289	97,5687	841,73537	28
29	9,31727	0,1073	0,0896	11,1584	103,9659	0,0096	9,0133	100,5738	937,07420	29
30	10,0627	0,0994	0,0888	11,2578	113,2832	0,0088	9,1897	103,4558	1041,04014	30
31	10,8677	0,0920	0,0881	11,3498	123,3459	0,0081	9,3584	106,2163	1154,32335	31
32	11,7371	0,0852	0,0875	11,4350	134,2135	0,0075	9,5197	108,8575	1277,66922	32
33	12,6760	0,0789	0,0869	11,5139	145,9506	0,0069	9,6737	111,3819	1411,88276	33
34	13,6901	0,0730	0,0863	11,5869	158,6267	0,0063	9,8208	113,7924	1557,83338	34
35	14,7853	0,0676	0,0858	11,6546	172,3168	0,0058	9,9611	116,0920	1716,46005	35
36	15,9682	0,0626	0,0853	11,7172	187,1021	0,0053	10,0949	118,2839	1888,77685	36
40	21,7245	0,0460	0,0839	11,9246	259,0565	0,0039	10,5699	126,0422	2738,20648	40
45	31,9204	0,0313	0,0826	12,1084	386,5056	0,0026	11,0447	133,7331	4268,82022	45
48	40,2106	0,0249	0,0820	12,1891	490,1322	0,0020	11,2758	137,4428	5526,65205	48
50	46,9016	0,0213	0,0817	12,2335	573,7702	0,0017	11,4107	139,5928	6547,12696	50
55	68,9139	0,0145	0,0812	12,3186	848,9232	0,0012	11,6902	144,0065	9924,04002	55
60	101,257	0,0099	0,0808	12,3766	1253,213	0,0008	11,9015	147,3000	14915,16620	60
65	148,780	0,0067	0,0805	12,4160	1847,248	0,0005	12,0602	149,7387	22278,10103	65
70	218,606	0,0046	0,0804	12,4428	2720,080	0,0004	12,1783	151,5326	33126,00092	70
72	254,983	0,0039	0,0803	12,4510	3174,781	0,0003	12,2165	152,1076	38784,76748	72
75	321,205	0,0031	0,0802	12,4611	4002,557	0,0002	12,2658	152,8448	49094,45781	75
80	471,955	0,0021	0,0802	12,4735	5886,935	0,0002	12,3301	153,8001	72586,69285	80
84	642,089	0,0016	0,0801	12,4805	8013,617	0,0001	12,3690	154,3714	99120,20963	84
85	693,456	0,0014	0,0801	12,4820	8655,706	0,0001	12,3772	154,4925	107133,8264	85
90	1018,92	0,0010	0,0801	12,4877	12723,94	0,0001	12,4116	154,9925	157924,2327	90
95	1497,12	0,0007	0,0801	12,4917	18701,51	0,0001	12,4365	155,3524	232581,3357	95
96	1616,89	0,0006	0,0800	12,4923	20198,63	0,0000	12,4406	155,4112	251282,8426	96
100	2199,76	0,0005	0,0800	12,4943	27484,52	0,0000	12,4545	155,6107	342306,4463	100
105	3232,17	0,0003	0,0800	12,4961	40389,64	0,0000	12,4675	155,7956	503557,9650	105
108	4071,60	0,0002	0,0800	12,4969	50882,56	0,0000	12,4735	155,8801	634681,9632	108
110	4749,12	0,0002	0,0800	12,4974	59351,49	0,0000	12,4768	155,9276	740518,6819	110
120	10253,0	0,0001	0,0700	12,4988	128149,9	0,0000	12,4883	156,0885	1600373,897	120

TABELA DE JUROS POR PERÍODO DE CAPITALIZAÇÃO   i = 0,09 ou 9%

n	(P=>S)	(S=>P)	(P=>R)	(R=>P)	(R=>S)	(S=>R)	(G=>R)	(G=>P)	(G=>S)	n
1	1,09000	0,9174	1,0900	0,9174	1,00000	1,0000	0,0000	0,0000	0,00000	1
2	1,18810	0,8417	0,5685	1,7591	2,09000	0,4785	0,4785	0,8417	1,00000	2
3	1,29503	0,7722	0,3951	2,5313	3,27810	0,3051	0,9426	2,3860	3,09000	3
4	1,41158	0,7084	0,3087	3,2397	4,57313	0,2187	1,3925	4,5113	6,36810	4
5	1,53862	0,6499	0,2571	3,8897	5,98471	0,1671	1,8282	7,1110	10,94123	5
6	1,67710	0,5963	0,2229	4,4859	7,52333	0,1329	2,2498	10,0924	16,92594	6
7	1,82804	0,5470	0,1987	5,0330	9,20043	0,1087	2,6574	13,3746	24,44927	7
8	1,99256	0,5019	0,1807	5,5348	11,02847	0,0907	3,0512	16,8877	33,64971	8
9	2,17189	0,4604	0,1668	5,9952	13,02104	0,0768	3,4312	20,5711	44,67818	9
10	2,36736	0,4224	0,1558	6,4177	15,19293	0,0658	3,7978	24,3728	57,69922	10
11	2,58043	0,3875	0,1469	6,8052	17,56029	0,0569	4,1510	28,2481	72,89215	11
12	2,81266	0,3555	0,1397	7,1607	20,14072	0,0497	4,4910	32,1590	90,45244	12
13	3,06580	0,3262	0,1336	7,4869	22,95338	0,0436	4,8182	36,0731	110,59316	13
14	3,34173	0,2992	0,1284	7,7862	26,01919	0,0384	5,1326	39,9633	133,54655	14
15	3,64248	0,2745	0,1241	8,0607	29,36092	0,0341	5,4346	43,8069	159,56574	15
16	3,97031	0,2519	0,1203	8,3126	33,00340	0,0303	5,7245	47,5849	188,92665	16
17	4,32763	0,2311	0,1170	8,5436	36,97370	0,0270	6,0024	51,2821	221,93005	17
18	4,71712	0,2120	0,1142	8,7556	41,30134	0,0242	6,2687	54,8860	258,90376	18
19	5,14166	0,1945	0,1117	8,9501	46,01846	0,0217	6,5236	58,3868	300,20509	19
20	5,60441	0,1784	0,1095	9,1285	51,16012	0,0195	6,7674	61,7770	346,22355	20
21	6,10881	0,1637	0,1076	9,2922	56,76453	0,0176	7,0006	65,0509	397,38367	21
22	6,65860	0,1502	0,1059	9,4424	62,87334	0,0159	7,2232	68,2048	454,14820	22
23	7,25787	0,1378	0,1044	9,5802	69,53194	0,0144	7,4357	71,2359	517,02154	23
24	7,91108	0,1264	0,1030	9,7066	76,78981	0,0130	7,6384	74,1433	586,55348	24
25	8,62308	0,1160	0,1018	9,8226	84,70090	0,0118	7,8316	76,9265	663,34329	25
26	9,39916	0,1064	0,1007	9,9290	93,32398	0,0107	8,0156	79,5863	748,04419	26
27	10,2451	0,0976	0,0997	10,0266	102,7231	0,0097	8,1906	82,1241	841,36816	27
28	11,1671	0,0895	0,0989	10,1161	112,9682	0,0089	8,3571	84,5419	944,09130	28
29	12,1722	0,0822	0,0981	10,1983	124,1354	0,0081	8,5154	86,8422	1057,05952	29
30	13,2677	0,0754	0,0973	10,2737	136,3075	0,0073	8,6657	89,0280	1181,19487	30
31	14,4618	0,0691	0,0967	10,3428	149,5752	0,0067	8,8083	91,1024	1317,50241	31
32	15,7633	0,0634	0,0961	10,4062	164,0370	0,0061	8,9436	93,0690	1467,07763	32
33	17,1820	0,0582	0,0956	10,4644	179,8003	0,0056	9,0718	94,9314	1631,11461	33
34	18,7284	0,0534	0,0951	10,5178	196,9823	0,0051	9,1933	96,6935	1810,91493	34
35	20,4140	0,0490	0,0946	10,5668	215,7108	0,0046	9,3083	98,3590	2007,89727	35
36	22,2512	0,0449	0,0942	10,6118	236,1247	0,0042	9,4171	99,9319	2223,60803	36
40	31,4094	0,0318	0,0930	10,7574	337,8824	0,0030	9,7957	105,3762	3309,80494	40
45	48,3273	0,0207	0,0919	10,8812	525,8587	0,0019	10,1603	110,5561	5342,87483	45
48	62,5852	0,0160	0,0915	10,9336	684,2804	0,0015	10,3317	112,9625	7069,78235	48
50	74,3575	0,0134	0,0912	10,9617	815,0836	0,0012	10,4295	114,3251	8500,92840	50
55	114,408	0,0087	0,0908	11,0140	1260,092	0,0008	10,6261	117,0362	13389,90884	55
60	176,031	0,0057	0,0905	11,0480	1944,792	0,0005	10,7683	118,9683	20942,13481	60
65	270,846	0,0037	0,0903	11,0701	2998,288	0,0003	10,8702	120,3344	32592,09415	65
70	416,730	0,0024	0,0902	11,0844	4619,223	0,0002	10,9427	121,2942	50546,92422	70
72	495,117	0,0020	0,0902	11,0887	5490,189	0,0002	10,9654	121,5917	60202,10067	72
75	641,191	0,0016	0,0901	11,0938	7113,232	0,0001	10,9940	121,9646	78202,57942	75
80	986,552	0,0010	0,0901	11,0998	10950,57	0,0001	11,0299	122,4306	120784,1566	80
84	1392,60	0,0007	0,0901	11,1031	15462,20	0,0001	11,0507	122,6979	170868,9126	84
85	1517,93	0,0007	0,0901	11,1038	16854,80	0,0001	11,0551	122,7533	186331,1147	85
90	2335,53	0,0004	0,0900	11,1064	25939,18	0,0000	11,0726	122,9758	287213,1583	90
95	3593,50	0,0003	0,0900	11,1080	39916,63	0,0000	11,0847	123,1287	442462,6107	95
96	3916,91	0,0003	0,0900	11,1083	43510,13	0,0000	11,0866	123,1529	482379,2457	96
100	5529,04	0,0002	0,0900	11,1091	61422,68	0,0000	11,0930	123,2335	681363,0607	100
105	8507,11	0,0001	0,0900	11,1098	94512,38	0,0000	11,0988	123,3051	1048970,939	105
108	11017,0	0,0001	0,0900	11,1101	122399,6	0,0000	11,1013	123,3367	1358795,077	108
110	13089,3	0,0001	0,0900	11,1103	145425,0	0,0000	11,1027	123,3540	1614611,151	110
120	10253,0	0,0001	0,0700	12,4988	128149,9	0,0000	12,4883	156,0885	1600373,897	120

TABELA DE JUROS POR PERÍODO DE CAPITALIZAÇÃO i = 0,10 ou 10%

n	(P=>S)	(S=>P)	(P=>R)	(R=>P)	(R=>S)	(S=>R)	(G=>R)	(G=>P)	(G=>S)	n
1	1,10000	0,9091	1,1000	0,9091	1,00000	1,0000	0,0000	0,0000	0,00000	1
2	1,21000	0,8264	0,5762	1,7355	2,10000	0,4762	0,4762	0,8264	1,00000	2
3	1,33100	0,7513	0,4021	2,4869	3,31000	0,3021	0,9366	2,3291	3,10000	3
4	1,46410	0,6830	0,3155	3,1699	4,64100	0,2155	1,3812	4,3781	6,41000	4
5	1,61051	0,6209	0,2638	3,7908	6,10510	0,1638	1,8101	6,8618	11,05100	5
6	1,77156	0,5645	0,2296	4,3553	7,71561	0,1296	2,2236	9,6842	17,15610	6
7	1,94872	0,5132	0,2054	4,8684	9,48717	0,1054	2,6216	12,7631	24,87171	7
8	2,14359	0,4665	0,1874	5,3349	11,43589	0,0874	3,0045	16,0287	34,35888	8
9	2,35795	0,4241	0,1736	5,7590	13,57948	0,0736	3,3724	19,4215	45,79477	9
10	2,59374	0,3855	0,1627	6,1446	15,93742	0,0627	3,7255	22,8913	59,37425	10
11	2,85312	0,3505	0,1540	6,4951	18,53117	0,0540	4,0641	26,3963	75,31167	11
12	3,13843	0,3186	0,1468	6,8137	21,38428	0,0468	4,3884	29,9012	93,84284	12
13	3,45227	0,2897	0,1408	7,1034	24,52271	0,0408	4,6988	33,3772	115,22712	13
14	3,79750	0,2633	0,1357	7,3667	27,97498	0,0357	4,9955	36,8005	139,74983	14
15	4,17725	0,2394	0,1315	7,6061	31,77248	0,0315	5,2789	40,1520	167,72482	15
16	4,59497	0,2176	0,1278	7,8237	35,94973	0,0278	5,5493	43,4164	199,49730	16
17	5,05447	0,1978	0,1247	8,0216	40,54470	0,0247	5,8071	46,5819	235,44703	17
18	5,55992	0,1799	0,1219	8,2014	45,59917	0,0219	6,0526	49,6395	275,99173	18
19	6,11591	0,1635	0,1195	8,3649	51,15909	0,0195	6,2861	52,5827	321,59090	19
20	6,72750	0,1486	0,1175	8,5136	57,27500	0,0175	6,5081	55,4069	372,74999	20
21	7,40025	0,1351	0,1156	8,6487	64,00250	0,0156	6,7189	58,1095	430,02499	21
22	8,14027	0,1228	0,1140	8,7715	71,40275	0,0140	6,9189	60,6893	494,02749	22
23	8,95430	0,1117	0,1126	8,8832	79,54302	0,0126	7,1085	63,1462	565,43024	23
24	9,84973	0,1015	0,1113	8,9847	88,49733	0,0113	7,2881	65,4813	644,97327	24
25	10,8347	0,0923	0,1102	9,0770	98,34706	0,0102	7,4580	67,6964	733,47059	25
26	11,9182	0,0839	0,1092	9,1609	109,1818	0,0092	7,6186	69,7940	831,81765	26
27	13,1100	0,0763	0,1083	9,2372	121,0999	0,0083	7,7704	71,7773	940,99942	27
28	14,4210	0,0693	0,1075	9,3066	134,2099	0,0075	7,9137	73,6495	1062,09936	28
29	15,8631	0,0630	0,1067	9,3696	148,6309	0,0067	8,0489	75,4146	1196,30930	29
30	17,4494	0,0573	0,1061	9,4269	164,4940	0,0061	8,1762	77,0766	1344,94023	30
31	19,1943	0,0521	0,1055	9,4790	181,9434	0,0055	8,2962	78,6395	1509,43425	31
32	21,1138	0,0474	0,1050	9,5264	201,1378	0,0050	8,4091	80,1078	1691,37767	32
33	23,2252	0,0431	0,1045	9,5694	222,2515	0,0045	8,5152	81,4856	1892,51544	33
34	25,5477	0,0391	0,1041	9,6086	245,4767	0,0041	8,6149	82,7773	2114,76699	34
35	28,1024	0,0356	0,1037	9,6442	271,0244	0,0037	8,7086	83,9872	2360,24368	35
36	30,9127	0,0323	0,1033	9,6765	299,1268	0,0033	8,7965	85,1194	2631,26805	36
40	45,2593	0,0221	0,1023	9,7791	442,5926	0,0023	9,0962	88,9525	4025,92556	40
45	72,8905	0,0137	0,1014	9,8628	718,9048	0,0014	9,3740	92,4544	6739,04837	45
48	97,0172	0,0103	0,1010	9,8969	960,1723	0,0010	9,5001	94,0217	9121,72338	48
50	117,391	0,0085	0,1009	9,9148	1163,909	0,0009	9,5704	94,8889	11139,08529	50
55	189,059	0,0053	0,1005	9,9471	1880,591	0,0005	9,7075	96,5619	18255,91425	55
60	304,482	0,0033	0,1003	9,9672	3034,816	0,0003	9,8023	97,7010	29748,16395	60
65	490,371	0,0020	0,1002	9,9796	4893,707	0,0002	9,8672	98,4705	48287,07253	65
70	789,747	0,0013	0,1001	9,9873	7887,470	0,0001	9,9113	98,9870	78174,69568	70
72	955,594	0,0010	0,1001	9,9895	9545,938	0,0001	9,9246	99,1419	94739,38177	72
75	1271,90	0,0008	0,1001	9,9921	12708,95	0,0001	9,9410	99,3317	126339,5371	75
80	2048,40	0,0005	0,1000	9,9951	20474,00	0,0000	9,9609	99,5606	203940,0215	80
84	2999,06	0,0003	0,1000	9,9967	29980,63	0,0000	9,9720	99,6866	298966,2754	84
85	3298,97	0,0003	0,1000	9,9970	32979,69	0,0000	9,9742	99,7120	328946,9030	85
90	5313,02	0,0002	0,1000	9,9981	53120,23	0,0000	9,9831	99,8118	530302,2612	90
95	8556,68	0,0001	0,1000	9,9988	85556,76	0,0000	9,9889	99,8773	854617,6047	95
96	9412,34	0,0001	0,1000	9,9989	94113,44	0,0000	9,9898	99,8874	940174,3651	96
100	13780,6	0,0001	0,1000	9,9993	137796,1	0,0000	9,9927	99,9202	1376961,234	100
105	22193,8	0,0000	0,1000	9,9995	221928,1	0,0000	9,9953	99,9482	2218231,398	105
108	29540,0	0,0000	0,1000	9,9997	295389,7	0,0000	9,9963	99,9601	2952816,641	108
110	35743,4	0,0000	0,1000	9,9997	357423,6	0,0000	9,9969	99,9664	3573135,935	110
120	92709,1	0,0000	0,1000	9,9999	927080,7	0,0000	9,9987	99,9860	9269606,882	120

TABELA DE JUROS POR PERÍODO DE CAPITALIZAÇÃO i = 0,11 ou 11%

n	(P=>S)	(S=>P)	(P=>R)	(R=>P)	(R=>S)	(S=>R)	(G=>R)	(G=>P)	(G=>S)	n
1	1,11000	0,9009	1,1100	0,9009	1,00000	1,0000	0,0000	0,0000	0,00000	1
2	1,23210	0,8116	0,5839	1,7125	2,11000	0,4739	0,4739	0,8116	1,00000	2
3	1,36763	0,7312	0,4092	2,4437	3,34210	0,2992	0,9306	2,2740	3,11000	3
4	1,51807	0,6587	0,3223	3,1024	4,70973	0,2123	1,3700	4,2502	6,45210	4
5	1,68506	0,5935	0,2706	3,6959	6,22780	0,1606	1,7923	6,6240	11,16183	5
6	1,87041	0,5346	0,2364	4,2305	7,91286	0,1264	2,1976	9,2972	17,38963	6
7	2,07616	0,4817	0,2122	4,7122	9,78327	0,1022	2,5863	12,1872	25,30249	7
8	2,30454	0,4339	0,1943	5,1461	11,85943	0,0843	2,9585	15,2246	35,08577	8
9	2,55804	0,3909	0,1806	5,5370	14,16397	0,0706	3,3144	18,3520	46,94520	9
10	2,83942	0,3522	0,1698	5,8892	16,72201	0,0598	3,6544	21,5217	61,10917	10
11	3,15176	0,3173	0,1611	6,2065	19,56143	0,0511	3,9788	24,6945	77,83118	11
12	3,49845	0,2858	0,1540	6,4924	22,71319	0,0440	4,2879	27,8388	97,39261	12
13	3,88328	0,2575	0,1482	6,7499	26,21164	0,0382	4,5822	30,9290	120,10580	13
14	4,31044	0,2320	0,1432	6,9819	30,09492	0,0332	4,8619	33,9449	146,31744	14
15	4,78459	0,2090	0,1391	7,1909	34,40536	0,0291	5,1275	36,8709	176,41235	15
16	5,31089	0,1883	0,1355	7,3792	39,18995	0,0255	5,3794	39,6953	210,81771	16
17	5,89509	0,1696	0,1325	7,5488	44,50084	0,0225	5,6180	42,4095	250,00766	17
18	6,54355	0,1528	0,1298	7,7016	50,39594	0,0198	5,8439	45,0074	294,50850	18
19	7,26334	0,1377	0,1276	7,8393	56,93949	0,0176	6,0574	47,4856	344,90444	19
20	8,06231	0,1240	0,1256	7,9633	64,20283	0,0156	6,2590	49,8423	401,84393	20
21	8,94917	0,1117	0,1238	8,0751	72,26514	0,0138	6,4491	52,0771	466,04676	21
22	9,93357	0,1007	0,1223	8,1757	81,21431	0,0123	6,6283	54,1912	538,31190	22
23	11,02627	0,0907	0,1210	8,2664	91,14788	0,0110	6,7969	56,1864	619,52621	23
24	12,23916	0,0817	0,1198	8,3481	102,17415	0,0098	6,9555	58,0656	710,67410	24
25	13,58546	0,0736	0,1187	8,4217	114,41331	0,0087	7,1045	59,8322	812,84825	25
26	15,07986	0,0663	0,1178	8,4881	127,99877	0,0078	7,2443	61,4900	927,26156	26
27	16,73865	0,0597	0,1170	8,5478	143,07864	0,0070	7,3754	63,0433	1055,26033	27
28	18,57990	0,0538	0,1163	8,6016	159,81729	0,0063	7,4982	64,4965	1198,33896	28
29	20,62369	0,0485	0,1156	8,6501	178,39719	0,0056	7,6131	65,8542	1358,15625	29
30	22,89230	0,0437	0,1150	8,6938	199,02088	0,0050	7,7206	67,1210	1536,55344	30
31	25,41045	0,0394	0,1145	8,7331	221,91317	0,0045	7,8210	68,3016	1735,57431	31
32	28,20560	0,0355	0,1140	8,7686	247,32362	0,0040	7,9147	69,4007	1957,48749	32
33	31,30821	0,0319	0,1136	8,8005	275,52922	0,0036	8,0021	70,4228	2204,81111	33
34	34,75212	0,0288	0,1133	8,8293	306,83744	0,0033	8,0836	71,3724	2480,34033	34
35	38,57485	0,0259	0,1129	8,8552	341,58955	0,0029	8,1594	72,2538	2787,17777	35
36	42,81808	0,0234	0,1126	8,8786	380,16441	0,0026	8,2300	73,0712	3128,76733	36
40	65,00087	0,0154	0,1117	8,9511	581,82607	0,0017	8,4659	75,7789	4925,69151	40
45	109,53024	0,0091	0,1110	9,0079	986,63856	0,0010	8,6763	78,1551	8560,35054	45
48	149,79695	0,0067	0,1107	9,0302	1352,69958	0,0007	8,7683	79,1799	11860,90527	48
50	184,56483	0,0054	0,1106	9,0417	1668,77115	0,0006	8,8185	79,7341	14716,10138	50
55	311,00247	0,0032	0,1104	9,0617	2818,20424	0,0004	8,9135	80,7712	25120,03855	55
60	524,05724	0,0019	0,1102	9,0736	4755,06584	0,0002	8,9762	81,4461	42682,41672	60
65	883,06693	0,0011	0,1101	9,0806	8018,79027	0,0001	9,0172	81,8819	72307,18429	65
70	1488,0191	0,0007	0,1101	9,0848	13518,3557	0,0001	9,0438	82,1614	122257,7795	70
72	1833,3884	0,0005	0,1101	9,0860	16658,0761	0,0001	9,0516	82,2425	150782,5101	72
75	2507,3988	0,0004	0,1100	9,0873	22785,4434	0,0000	9,0610	82,3397	206458,5763	75
80	4225,1128	0,0002	0,1100	9,0888	38401,0250	0,0000	9,0720	82,4529	348372,9546	80
84	6414,0186	0,0002	0,1100	9,0895	58300,1695	0,0000	9,0778	82,5127	529237,9046	84
85	7119,5607	0,0001	0,1100	9,0896	64714,1881	0,0000	9,0790	82,5245	587538,0741	85
90	11996,874	0,0001	0,1100	9,0902	109053,398	0,0000	9,0834	82,5695	990576,3481	90
95	20215,430	0,0000	0,1100	9,0905	183767,546	0,0000	9,0862	82,5978	1669750,418	95
96	22439,127	0,0000	0,1100	9,0905	203982,976	0,0000	9,0866	82,6021	1853517,964	96
100	34064,175	0,0000	0,1100	9,0906	309665,230	0,0000	9,0880	82,6155	2814229,361	100
105	57400,116	0,0000	0,1100	9,0908	521810,148	0,0000	9,0891	82,6266	4742774,077	105
108	78502,179	0,0000	0,1100	9,0908	713647,077	0,0000	9,0895	82,6311	6486718,885	108
110	96722,534	0,0000	0,1100	9,0908	879286,674	0,0000	9,0898	82,6334	7992515,218	110
120	274635,99	0,0000	0,1100	9,0909	2496681,76	0,0000	9,0905	82,6404	22696015,97	120

TABELA DE JUROS POR PERÍODO DE CAPITALIZAÇÃO i = 0,12 ou 12%

n	(P=>S)	(S=>P)	(P=>R)	(R=>P)	(R=>S)	(S=>R)	(G=>R)	(G=>P)	(G=>S)	n
1	1,12000	0,8929	1,1200	0,8929	1,00000	1,0000	0,0000	0,0000	0,00000	1
2	1,25440	0,7972	0,5917	1,6901	2,12000	0,4717	0,4717	0,7972	1,00000	2
3	1,40493	0,7118	0,4163	2,4018	3,37440	0,2963	0,9246	2,2208	3,12000	3
4	1,57352	0,6355	0,3292	3,0373	4,77933	0,2092	1,3589	4,1273	6,49440	4
5	1,76234	0,5674	0,2774	3,6048	6,35285	0,1574	1,7746	6,3970	11,27373	5
6	1,97382	0,5066	0,2432	4,1114	8,11519	0,1232	2,1720	8,9302	17,62658	6
7	2,21068	0,4523	0,2191	4,5638	10,08901	0,0991	2,5515	11,6443	25,74176	7
8	2,47596	0,4039	0,2013	4,9676	12,29969	0,0813	2,9131	14,4714	35,83078	8
9	2,77308	0,3606	0,1877	5,3282	14,77566	0,0677	3,2574	17,3563	48,13047	9
10	3,10585	0,3220	0,1770	5,6502	17,54874	0,0570	3,5847	20,2541	62,90613	10
11	3,47855	0,2875	0,1684	5,9377	20,65458	0,0484	3,8953	23,1288	80,45486	11
12	3,89598	0,2567	0,1614	6,1944	24,13313	0,0414	4,1897	25,9523	101,10944	12
13	4,36349	0,2292	0,1557	6,4235	28,02911	0,0357	4,4683	28,7024	125,24258	13
14	4,88711	0,2046	0,1509	6,6282	32,39260	0,0309	4,7317	31,3624	153,27169	14
15	5,47357	0,1827	0,1468	6,8109	37,27971	0,0268	4,9803	33,9202	185,66429	15
16	6,13039	0,1631	0,1434	6,9740	42,75328	0,0234	5,2147	36,3670	222,94400	16
17	6,86604	0,1456	0,1405	7,1196	48,88367	0,0205	5,4353	38,6973	265,69728	17
18	7,68997	0,1300	0,1379	7,2497	55,74971	0,0179	5,6427	40,9080	314,58096	18
19	8,61276	0,1161	0,1358	7,3658	63,43968	0,0158	5,8375	42,9979	370,33067	19
20	9,64629	0,1037	0,1339	7,4694	72,05244	0,0139	6,0202	44,9676	433,77035	20
21	10,80385	0,0926	0,1322	7,5620	81,69874	0,0122	6,1913	46,8188	505,82280	21
22	12,10031	0,0826	0,1308	7,6446	92,50258	0,0108	6,3514	48,5543	587,52153	22
23	13,55235	0,0738	0,1296	7,7184	104,60289	0,0096	6,5010	50,1776	680,02412	23
24	15,17863	0,0659	0,1285	7,7843	118,15524	0,0085	6,6406	51,6929	784,62701	24
25	17,00006	0,0588	0,1275	7,8431	133,33387	0,0075	6,7708	53,1046	902,78225	25
26	19,04007	0,0525	0,1267	7,8957	150,33393	0,0067	6,8921	54,4177	1036,11612	26
27	21,32488	0,0469	0,1259	7,9426	169,37401	0,0059	7,0049	55,6369	1186,45005	27
28	23,88387	0,0419	0,1252	7,9844	190,69889	0,0052	7,1098	56,7674	1355,82406	28
29	26,74993	0,0374	0,1247	8,0218	214,58275	0,0047	7,2071	57,8141	1546,52295	29
30	29,95992	0,0334	0,1241	8,0552	241,33268	0,0041	7,2974	58,7821	1761,10570	30
31	33,55511	0,0298	0,1237	8,0850	271,29261	0,0037	7,3811	59,6761	2002,43839	31
32	37,58173	0,0266	0,1233	8,1116	304,84772	0,0033	7,4586	60,5010	2273,73099	32
33	42,09153	0,0238	0,1229	8,1354	342,42945	0,0029	7,5302	61,2612	2578,57871	33
34	47,14252	0,0212	0,1226	8,1566	384,52098	0,0026	7,5965	61,9612	2921,00816	34
35	52,79962	0,0189	0,1223	8,1755	431,66350	0,0023	7,6577	62,6052	3305,52914	35
36	59,13557	0,0169	0,1221	8,1924	484,46312	0,0021	7,7141	63,1970	3737,19263	36
40	93,05097	0,0107	0,1213	8,2438	767,09142	0,0013	7,8988	65,1159	6059,09517	40
45	163,98760	0,0061	0,1207	8,2825	1358,23003	0,0007	8,0572	66,7342	10943,58360	45
48	230,39078	0,0043	0,1205	8,2972	1911,58980	0,0005	8,1241	67,4068	15529,91502	48
50	289,00219	0,0035	0,1204	8,3045	2400,01825	0,0004	8,1597	67,7624	19583,48540	50
55	509,32061	0,0020	0,1202	8,3170	4236,00505	0,0002	8,2251	68,4082	34841,70873	55
60	897,59693	0,0011	0,1201	8,3240	7471,64111	0,0001	8,2664	68,8100	61763,67594	60
65	1581,8725	0,0006	0,1201	8,3281	13173,9374	0,0001	8,2922	69,0581	109241,1452	65
70	2787,7998	0,0004	0,1200	8,3303	23223,3319	0,0000	8,3082	69,2103	192944,4325	70
72	3497,0161	0,0003	0,1200	8,3310	29133,4675	0,0000	8,3127	69,2530	242178,8961	72
75	4913,0558	0,0002	0,1200	8,3316	40933,7987	0,0000	8,3181	69,3031	340489,9889	75
80	8658,4831	0,0001	0,1200	8,3324	72145,6925	0,0000	8,3241	69,3594	600547,4375	80
84	13624,291	0,0001	0,1200	8,3327	113527,423	0,0000	8,3272	69,3880	945361,8602	84
85	15259,206	0,0001	0,1200	8,3328	127151,714	0,0000	8,3278	69,3935	1058889,283	85
90	26891,934	0,0000	0,1200	8,3330	224091,119	0,0000	8,3300	69,4140	1866675,988	90
95	47392,777	0,0000	0,1200	8,3332	394931,472	0,0000	8,3313	69,4263	3290303,932	95
96	53079,910	0,0000	0,1200	8,3332	442324,248	0,0000	8,3315	69,4281	3685235,404	96
100	83522,266	0,0000	0,1200	8,3332	696010,548	0,0000	8,3321	69,4336	5799254,564	100
105	147194,77	0,0000	0,1200	8,3333	1226614,75	0,0000	8,3326	69,4380	10220914,61	105
108	206798,05	0,0000	0,1200	8,3333	1723308,79	0,0000	8,3328	69,4398	14360006,55	108
110	259407,48	0,0000	0,1200	8,3333	2161720,66	0,0000	8,3329	69,4406	18013422,18	110
120	805680,26	0,0000	0,1200	8,3333	6713993,79	0,0000	8,3332	69,4431	55948948,26	120

TABELA DE JUROS POR PERÍODO DE CAPITALIZAÇÃO   i = 0,13 ou 13%

n	(P=>S)	(S=>P)	(P=>R)	(R=>P)	(R=>S)	(S=>R)	(G=>R)	(G=>P)	(G=>S)	n
1	1,13000	0,8850	1,1300	0,8850	1,00000	1,0000	0,0000	0,0000	0,00000	1
2	1,27690	0,7831	0,5995	1,6681	2,13000	0,4695	0,4695	0,7831	1,00000	2
3	1,44290	0,6931	0,4235	2,3612	3,40690	0,2935	0,9187	2,1692	3,13000	3
4	1,63047	0,6133	0,3362	2,9745	4,84980	0,2062	1,3479	4,0092	6,53690	4
5	1,84244	0,5428	0,2843	3,5172	6,48027	0,1543	1,7571	6,1802	11,38670	5
6	2,08195	0,4803	0,2502	3,9975	8,32271	0,1202	2,1468	8,5818	17,86697	6
7	2,35261	0,4251	0,2261	4,4226	10,40466	0,0961	2,5171	11,1322	26,18967	7
8	2,65844	0,3762	0,2084	4,7988	12,75726	0,0784	2,8685	13,7653	36,59433	8
9	3,00404	0,3329	0,1949	5,1317	15,41571	0,0649	3,2014	16,4284	49,35159	9
10	3,39457	0,2946	0,1843	5,4262	18,41975	0,0543	3,5162	19,0797	64,76730	10
11	3,83586	0,2607	0,1758	5,6869	21,81432	0,0458	3,8134	21,6867	83,18705	11
12	4,33452	0,2307	0,1690	5,9176	25,65018	0,0390	4,0936	24,2244	105,00137	12
13	4,89801	0,2042	0,1634	6,1218	29,98470	0,0334	4,3573	26,6744	130,65154	13
14	5,53475	0,1807	0,1587	6,3025	34,88271	0,0287	4,6050	29,0232	160,63625	14
15	6,25427	0,1599	0,1547	6,4624	40,41746	0,0247	4,8375	31,2617	195,51896	15
16	7,06733	0,1415	0,1514	6,6039	46,67173	0,0214	5,0552	33,3841	235,93642	16
17	7,98608	0,1252	0,1486	6,7291	53,73906	0,0186	5,2589	35,3876	282,60816	17
18	9,02427	0,1108	0,1462	6,8399	61,72514	0,0162	5,4491	37,2714	336,34722	18
19	10,19742	0,0981	0,1441	6,9380	70,74941	0,0141	5,6265	39,0366	398,07236	19
20	11,52309	0,0868	0,1424	7,0248	80,94683	0,0124	5,7917	40,6854	468,82176	20
21	13,02109	0,0768	0,1408	7,1016	92,46992	0,0108	5,9454	42,2214	549,76859	21
22	14,71383	0,0680	0,1395	7,1695	105,49101	0,0095	6,0881	43,6486	642,23851	22
23	16,62663	0,0601	0,1383	7,2297	120,20484	0,0083	6,2205	44,9718	747,72951	23
24	18,78809	0,0532	0,1373	7,2829	136,83147	0,0073	6,3431	46,1960	867,93435	24
25	21,23054	0,0471	0,1364	7,3300	155,61956	0,0064	6,4566	47,3264	1004,76581	25
26	23,99051	0,0417	0,1357	7,3717	176,85010	0,0057	6,5614	48,3685	1160,38537	26
27	27,10928	0,0369	0,1350	7,4086	200,84061	0,0050	6,6582	49,3276	1337,23547	27
28	30,63349	0,0326	0,1344	7,4412	227,94989	0,0044	6,7474	50,2090	1538,07608	28
29	34,61584	0,0289	0,1339	7,4701	258,58338	0,0039	6,8296	51,0179	1766,02597	29
30	39,11590	0,0256	0,1334	7,4957	293,19922	0,0034	6,9052	51,7592	2024,60935	30
31	44,20096	0,0226	0,1330	7,5183	332,31511	0,0030	6,9747	52,4380	2317,80856	31
32	49,94709	0,0200	0,1327	7,5383	376,51608	0,0027	7,0385	53,0586	2650,12367	32
33	56,44021	0,0177	0,1323	7,5560	426,46317	0,0023	7,0971	53,6256	3026,63975	33
34	63,77744	0,0157	0,1321	7,5717	482,90338	0,0021	7,1507	54,1430	3453,10292	34
35	72,06851	0,0139	0,1318	7,5856	546,68082	0,0018	7,1998	54,6148	3936,00630	35
36	81,43741	0,0123	0,1316	7,5979	618,74933	0,0016	7,2448	55,0446	4482,68712	36
40	132,78155	0,0075	0,1310	7,6344	1013,70424	0,0010	7,3888	56,4087	7490,03264	40
45	244,64140	0,0041	0,1305	7,6609	1874,16463	0,0005	7,5076	57,5148	14070,49715	45
48	352,99234	0,0028	0,1304	7,6705	2707,63342	0,0004	7,5559	57,9580	20458,71863	48
50	450,73593	0,0022	0,1303	7,6752	3459,50712	0,0003	7,5811	58,1870	26226,97782	50
55	830,45173	0,0012	0,1302	7,6830	6380,39789	0,0002	7,6260	58,5909	48656,90681	55
60	1530,0535	0,0007	0,1301	7,6873	11761,9498	0,0001	7,6531	58,8313	90014,99840	60
65	2819,0243	0,0004	0,1300	7,6896	21677,1103	0,0000	7,6692	58,9732	166247,0027	65
70	5193,8696	0,0002	0,1300	7,6908	39945,1510	0,0000	7,6788	59,0565	306731,9304	70
72	6632,0521	0,0002	0,1300	7,6911	51008,0933	0,0000	7,6814	59,0792	391816,1020	72
75	9569,3681	0,0001	0,1300	7,6915	73602,8316	0,0000	7,6845	59,1051	565598,7049	75
80	17630,940	0,0001	0,1300	7,6919	135614,927	0,0000	7,6878	59,1333	1042576,358	80
84	28746,783	0,0000	0,1300	7,6920	221121,409	0,0000	7,6894	59,1471	1700287,759	84
85	32483,865	0,0000	0,1300	7,6921	249868,192	0,0000	7,6897	59,1496	1921409,168	85
90	59849,416	0,0000	0,1300	7,6922	460372,427	0,0000	7,6908	59,1590	3540634,054	90
95	110268,67	0,0000	0,1300	7,6922	848212,835	0,0000	7,6914	59,1644	6523983,350	95
96	124603,60	0,0000	0,1300	7,6922	958481,504	0,0000	7,6915	59,1652	7372196,185	96
100	203162,87	0,0000	0,1300	7,6923	1562783,65	0,0000	7,6918	59,1675	12020643,45	100
105	374314,43	0,0000	0,1300	7,6923	2879334,05	0,0000	7,6920	59,1693	22147915,78	105
108	540097,16	0,0000	0,1300	7,6923	4154585,87	0,0000	7,6921	59,1699	31957522,08	108
110	689650,07	0,0000	0,1300	7,6923	5304992,83	0,0000	7,6921	59,1703	40806790,99	110
120	2341063,6	0,0000	0,1300	7,6923	18008174,1	0,0000	7,6923	59,1712	138523492,9	120

TABELA DE JUROS POR PERÍODO DE CAPITALIZAÇÃO   i = 0,14 ou 14%

n	(P=>S)	(S=>P)	(P=>R)	(R=>P)	(R=>S)	(S=>R)	(G=>R)	(G=>P)	(G=>S)	n
1	1,14000	0,8772	1,1400	0,8772	1,00000	1,0000	0,0000	0,0000	0,00000	1
2	1,29960	0,7695	0,6073	1,6467	2,14000	0,4673	0,4673	0,7695	1,00000	2
3	1,48154	0,6750	0,4307	2,3216	3,43960	0,2907	0,9129	2,1194	3,14000	3
4	1,68896	0,5921	0,3432	2,9137	4,92114	0,2032	1,3370	3,8957	6,57960	4
5	1,92541	0,5194	0,2913	3,4331	6,61010	0,1513	1,7399	5,9731	11,50074	5
6	2,19497	0,4556	0,2572	3,8887	8,53552	0,1172	2,1218	8,2511	18,11085	6
7	2,50227	0,3996	0,2332	4,2883	10,73049	0,0932	2,4832	10,6489	26,64637	7
8	2,85259	0,3506	0,2156	4,6389	13,23276	0,0756	2,8246	13,1028	37,37686	8
9	3,25195	0,3075	0,2022	4,9464	16,08535	0,0622	3,1463	15,5629	50,60962	9
10	3,70722	0,2697	0,1917	5,2161	19,33730	0,0517	3,4490	17,9906	66,69497	10
11	4,22623	0,2366	0,1834	5,4527	23,04452	0,0434	3,7333	20,3567	86,03226	11
12	4,81790	0,2076	0,1767	5,6603	27,27075	0,0367	3,9998	22,6399	109,07678	12
13	5,49241	0,1821	0,1712	5,8424	32,08865	0,0312	4,2491	24,8247	136,34753	13
14	6,26135	0,1597	0,1666	6,0021	37,58107	0,0266	4,4819	26,9009	168,43618	14
15	7,13794	0,1401	0,1628	6,1422	43,84241	0,0228	4,6990	28,8623	206,01724	15
16	8,13725	0,1229	0,1596	6,2651	50,98035	0,0196	4,9011	30,7057	249,85966	16
17	9,27646	0,1078	0,1569	6,3729	59,11760	0,0169	5,0888	32,4305	300,84001	17
18	10,57517	0,0946	0,1546	6,4674	68,39407	0,0146	5,2630	34,0380	359,95761	18
19	12,05569	0,0829	0,1527	6,5504	78,96923	0,0127	5,4243	35,5311	428,35168	19
20	13,74349	0,0728	0,1510	6,6231	91,02493	0,0110	5,5734	36,9135	507,32091	20
21	15,66758	0,0638	0,1495	6,6870	104,76842	0,0095	5,7111	38,1901	598,34584	21
22	17,86104	0,0560	0,1483	6,7429	120,43600	0,0083	5,8381	39,3658	703,11426	22
23	20,36158	0,0491	0,1472	6,7921	138,29704	0,0072	5,9549	40,4463	823,55025	23
24	23,21221	0,0431	0,1463	6,8351	158,65862	0,0063	6,0624	41,4371	961,84729	24
25	26,46192	0,0378	0,1455	6,8729	181,87083	0,0055	6,1610	42,3441	1120,50591	25
26	30,16658	0,0331	0,1448	6,9061	208,33274	0,0048	6,2514	43,1728	1302,37674	26
27	34,38991	0,0291	0,1442	6,9352	238,49933	0,0042	6,3342	43,9289	1510,70948	27
28	39,20449	0,0255	0,1437	6,9607	272,88923	0,0037	6,4100	44,6176	1749,20881	28
29	44,69312	0,0224	0,1432	6,9830	312,09373	0,0032	6,4791	45,2441	2022,09804	29
30	50,95016	0,0196	0,1428	7,0027	356,78685	0,0028	6,5423	45,8132	2334,19176	30
31	58,08318	0,0172	0,1425	7,0199	407,73701	0,0025	6,5998	46,3297	2690,97861	31
32	66,21483	0,0151	0,1421	7,0350	465,82019	0,0021	6,6522	46,7979	3098,71562	32
33	75,48490	0,0132	0,1419	7,0482	532,03501	0,0019	6,6998	47,2218	3564,53580	33
34	86,05279	0,0116	0,1416	7,0599	607,51991	0,0016	6,7431	47,6053	4096,57082	34
35	98,10018	0,0102	0,1414	7,0700	693,57270	0,0014	6,7824	47,9519	4704,09073	35
36	111,83420	0,0089	0,1413	7,0790	791,67288	0,0013	6,8180	48,2649	5397,66343	36
40	188,88351	0,0053	0,1407	7,1050	1342,02510	0,0007	6,9300	49,2376	9300,17928	40
45	363,67907	0,0027	0,1404	7,1232	2590,56480	0,0004	7,0188	49,9963	18182,60571	45
48	538,80655	0,0019	0,1403	7,1296	3841,47534	0,0003	7,0536	50,2894	27096,25240	48
50	700,23299	0,0014	0,1402	7,1327	4994,52135	0,0002	7,0714	50,4375	35318,00962	50
55	1348,2388	0,0007	0,1401	7,1376	9623,13434	0,0001	7,1020	50,6912	68343,81669	55
60	2595,9187	0,0004	0,1401	7,1401	18535,1333	0,0001	7,1197	50,8357	131965,2377	60
65	4998,2196	0,0002	0,1400	7,1414	35694,4260	0,0000	7,1298	50,9173	254495,9001	65
70	9623,6450	0,0001	0,1400	7,1421	68733,1785	0,0000	7,1356	50,9632	490451,2747	70
72	12506,889	0,0001	0,1400	7,1423	89327,7787	0,0000	7,1371	50,9752	637541,2766	72
75	18529,506	0,0001	0,1400	7,1425	132346,474	0,0000	7,1388	50,9887	944796,2444	75
80	35676,982	0,0000	0,1400	7,1427	254828,441	0,0000	7,1406	51,0030	1819631,725	80
84	60257,001	0,0000	0,1400	7,1427	430400,006	0,0000	7,1415	51,0096	3073685,760	84
85	68692,981	0,0000	0,1400	7,1428	490657,007	0,0000	7,1416	51,0108	3504085,767	85
90	132262,5	0,0000	0,1400	7,1428	944724,767	0,0000	7,1422	51,0152	6747391,193	90
95	254660,1	0,0000	0,1400	7,1428	1818993,45	0,0000	7,1425	51,0175	12992131,81	95
96	290312,5	0,0000	0,1400	7,1428	2073653,54	0,0000	7,1425	51,0179	14811125,26	96
100	490326,2	0,0000	0,1400	7,1428	3502323,13	0,0000	7,1427	51,0188	25015879,50	100
105	944081,3	0,0000	0,1400	7,1428	6743430,64	0,0000	7,1427	51,0196	48166611,68	105
108	1398698,0	0,0000	0,1400	7,1429	9990692,64	0,0000	7,1428	51,0198	71361318,84	108
110	1817747,9	0,0000	0,1400	7,1429	12983906,3	0,0000	7,1428	51,0199	92741402,08	110
120	6738793,7	0,0000	0,1400	7,1429	48134233,5	0,0000	7,1428	51,0203	343815096,3	120

TABELA DE JUROS POR PERÍODO DE CAPITALIZAÇÃO i = 0,15 ou 15%

n	(P=>S)	(S=>P)	(P=>R)	(R=>P)	(R=>S)	(S=>R)	(G=>R)	(G=>P)	(G=>S)	n
1	1,15000	0,8696	1,1500	0,8696	1,00000	1,0000	0,0000	0,0000	0,00000	1
2	1,32250	0,7561	0,6151	1,6257	2,15000	0,4651	0,4651	0,7561	1,00000	2
3	1,52088	0,6575	0,4380	2,2832	3,47250	0,2880	0,9071	2,0712	3,15000	3
4	1,74901	0,5718	0,3503	2,8550	4,99338	0,2003	1,3263	3,7864	6,62250	4
5	2,01136	0,4972	0,2983	3,3522	6,74238	0,1483	1,7228	5,7751	11,61588	5
6	2,31306	0,4323	0,2642	3,7845	8,75374	0,1142	2,0972	7,9368	18,35826	6
7	2,66002	0,3759	0,2404	4,1604	11,06680	0,0904	2,4498	10,1924	27,11199	7
8	3,05902	0,3269	0,2229	4,4873	13,72682	0,0729	2,7813	12,4807	38,17879	8
9	3,51788	0,2843	0,2096	4,7716	16,78584	0,0596	3,0922	14,7548	51,90561	9
10	4,04556	0,2472	0,1993	5,0188	20,30372	0,0493	3,3832	16,9795	68,69145	10
11	4,65239	0,2149	0,1911	5,2337	24,34928	0,0411	3,6549	19,1289	88,99517	11
12	5,35025	0,1869	0,1845	5,4206	29,00167	0,0345	3,9082	21,1849	113,34445	12
13	6,15279	0,1625	0,1791	5,5831	34,35192	0,0291	4,1438	23,1352	142,34612	13
14	7,07571	0,1413	0,1747	5,7245	40,50471	0,0247	4,3624	24,9725	176,69803	14
15	8,13706	0,1229	0,1710	5,8474	47,58041	0,0210	4,5650	26,6930	217,20274	15
16	9,35762	0,1069	0,1679	5,9542	55,71747	0,0179	4,7522	28,2960	264,78315	16
17	10,76126	0,0929	0,1654	6,0472	65,07509	0,0154	4,9251	29,7828	320,50062	17
18	12,37545	0,0808	0,1632	6,1280	75,83636	0,0132	5,0843	31,1565	385,57572	18
19	14,23177	0,0703	0,1613	6,1982	88,21181	0,0113	5,2307	32,4213	461,41207	19
20	16,36654	0,0611	0,1598	6,2593	102,44358	0,0098	5,3651	33,5822	549,62388	20
21	18,82152	0,0531	0,1584	6,3125	118,81012	0,0084	5,4883	34,6448	652,06747	21
22	21,64475	0,0462	0,1573	6,3587	137,63164	0,0073	5,6010	35,6150	770,87759	22
23	24,89146	0,0402	0,1563	6,3988	159,27638	0,0063	5,7040	36,4988	908,50922	23
24	28,62518	0,0349	0,1554	6,4338	184,16784	0,0054	5,7979	37,3023	1067,78561	24
25	32,91895	0,0304	0,1547	6,4641	212,79302	0,0047	5,8834	38,0314	1251,95345	25
26	37,85680	0,0264	0,1541	6,4906	245,71197	0,0041	5,9612	38,6918	1464,74647	26
27	43,53531	0,0230	0,1535	6,5135	283,56877	0,0035	6,0319	39,2890	1710,45844	27
28	50,06561	0,0200	0,1531	6,5335	327,10408	0,0031	6,0960	39,8283	1994,02720	28
29	57,57545	0,0174	0,1527	6,5509	377,16969	0,0027	6,1541	40,3146	2321,13128	29
30	66,21177	0,0151	0,1523	6,5660	434,74515	0,0023	6,2066	40,7526	2698,30098	30
31	76,14354	0,0131	0,1520	6,5791	500,95692	0,0020	6,2541	41,1466	3133,04612	31
32	87,56507	0,0114	0,1517	6,5905	577,10046	0,0017	6,2970	41,5006	3634,00304	32
33	100,69983	0,0099	0,1515	6,6005	664,66552	0,0015	6,3357	41,8184	4211,10350	33
34	115,80480	0,0086	0,1513	6,6091	765,36535	0,0013	6,3705	42,1033	4875,76902	34
35	133,17552	0,0075	0,1511	6,6166	881,17016	0,0011	6,4019	42,3586	5641,13437	35
36	153,15185	0,0065	0,1510	6,6231	1014,34568	0,0010	6,4301	42,5872	6522,30453	36
40	267,86355	0,0037	0,1506	6,6418	1779,09031	0,0006	6,5168	43,2830	11593,93539	40
45	538,76927	0,0019	0,1503	6,6543	3585,12846	0,0003	6,5830	43,8051	23600,85640	45
48	819,40071	0,0012	0,1502	6,6585	5456,00475	0,0002	6,6080	43,9997	36053,36498	48
50	1083,6574	0,0009	0,1501	6,6605	7217,71628	0,0001	6,6205	44,0958	47784,77518	50
55	2179,6222	0,0005	0,1501	6,6636	14524,1479	0,0001	6,6414	44,2558	96460,98595	55
60	4383,9987	0,0002	0,1500	6,6651	29219,9916	0,0000	6,6530	44,3431	194399,9443	60
65	8817,7874	0,0001	0,1500	6,6659	58778,5826	0,0000	6,6593	44,3903	391423,8839	65
70	17735,720	0,0001	0,1500	6,6663	118231,467	0,0000	6,6627	44,4156	787743,1128	70
72	23455,490	0,0000	0,1500	6,6664	156363,265	0,0000	6,6636	44,4221	1041941,767	72
75	35672,868	0,0000	0,1500	6,6665	237812,453	0,0000	6,6646	44,4292	1584916,354	75
80	71750,879	0,0000	0,1500	6,6666	478332,529	0,0000	6,6656	44,4364	3188350,196	80
84	125492,74	0,0000	0,1500	6,6666	836611,577	0,0000	6,6660	44,4396	5576850,512	84
85	144316,65	0,0000	0,1500	6,6666	962104,313	0,0000	6,6661	44,4402	6413462,089	85
90	290272,33	0,0000	0,1500	6,6667	1935142,17	0,0000	6,6664	44,4422	12900347,79	90
95	583841,33	0,0000	0,1500	6,6667	3892268,85	0,0000	6,6665	44,4433	25947825,67	95
96	671417,53	0,0000	0,1500	6,6667	4476110,18	0,0000	6,6665	44,4434	29840094,52	96
100	1174313,5	0,0000	0,1500	6,6667	7828749,67	0,0000	6,6666	44,4438	52190997,81	100
105	2361963,8	0,0000	0,1500	6,6667	15746418,7	0,0000	6,6666	44,4441	104975424,4	105
108	3592251,7	0,0000	0,1500	6,6667	23948338,0	0,0000	6,6666	44,4442	159654866,4	108
110	4750752,9	0,0000	0,1500	6,6667	31671679,1	0,0000	6,6666	44,4443	211143794,0	110
120	19219445	0,0000	0,1500	6,6667	128129627	0,0000	6,6666	44,4444	854196711,2	120

TABELA DE JUROS POR PERÍODO DE CAPITALIZAÇÃO   i = 0,20 ou 20%

n	(P=>S)	(S=>P)	(P=>R)	(R=>P)	(R=>S)	(S=>R)	(G=>R)	(G=>P)	(G=>S)	n
1	1,20000	0,8333	1,2000	0,8333	1,00000	1,0000	0,0000	0,0000	0,00000	1
2	1,44000	0,6944	0,6545	1,5278	2,20000	0,4545	0,4545	0,6944	1,00000	2
3	1,72800	0,5787	0,4747	2,1065	3,64000	0,2747	0,8791	1,8519	3,20000	3
4	2,07360	0,4823	0,3863	2,5887	5,36800	0,1863	1,2742	3,2986	6,84000	4
5	2,48832	0,4019	0,3344	2,9906	7,44160	0,1344	1,6405	4,9061	12,20800	5
6	2,98598	0,3349	0,3007	3,3255	9,92992	0,1007	1,9788	6,5806	19,64960	6
7	3,58318	0,2791	0,2774	3,6046	12,91590	0,0774	2,2902	8,2551	29,57952	7
8	4,29982	0,2326	0,2606	3,8372	16,49908	0,0606	2,5756	9,8831	42,49542	8
9	5,15978	0,1938	0,2481	4,0310	20,79890	0,0481	2,8364	11,4335	58,99451	9
10	6,19174	0,1615	0,2385	4,1925	25,95868	0,0385	3,0739	12,8871	79,79341	10
11	7,43008	0,1346	0,2311	4,3271	32,15042	0,0311	3,2893	14,2330	105,75209	11
12	8,91610	0,1122	0,2253	4,4392	39,58050	0,0253	3,4841	15,4667	137,90251	12
13	10,69932	0,0935	0,2206	4,5327	48,49660	0,0206	3,6597	16,5883	177,48301	13
14	12,83918	0,0779	0,2169	4,6106	59,19592	0,0169	3,8175	17,6008	225,97962	14
15	15,40702	0,0649	0,2139	4,6755	72,03511	0,0139	3,9588	18,5095	285,17554	15
16	18,48843	0,0541	0,2114	4,7296	87,44213	0,0114	4,0851	19,3208	357,21065	16
17	22,18611	0,0451	0,2094	4,7746	105,93056	0,0094	4,1976	20,0419	444,65278	17
18	26,62333	0,0376	0,2078	4,8122	128,11667	0,0078	4,2975	20,6805	550,58333	18
19	31,94800	0,0313	0,2065	4,8435	154,74000	0,0065	4,3861	21,2439	678,70000	19
20	38,33760	0,0261	0,2054	4,8696	186,68800	0,0054	4,4643	21,7395	833,44000	20
21	46,00512	0,0217	0,2044	4,8913	225,02560	0,0044	4,5334	22,1742	1020,12800	21
22	55,20614	0,0181	0,2037	4,9094	271,03072	0,0037	4,5941	22,5546	1245,15360	22
23	66,24737	0,0151	0,2031	4,9245	326,23686	0,0031	4,6475	22,8867	1516,18432	23
24	79,49685	0,0126	0,2025	4,9371	392,48424	0,0025	4,6943	23,1760	1842,42118	24
25	95,39622	0,0105	0,2021	4,9476	471,98108	0,0021	4,7352	23,4276	2234,90542	25
26	114,47546	0,0087	0,2018	4,9563	567,37730	0,0018	4,7709	23,6460	2706,88650	26
27	137,37055	0,0073	0,2015	4,9636	681,85276	0,0015	4,8020	23,8353	3274,26380	27
28	164,84466	0,0061	0,2012	4,9697	819,22331	0,0012	4,8291	23,9991	3956,11656	28
29	197,81359	0,0051	0,2010	4,9747	984,06797	0,0010	4,8527	24,1406	4775,33987	29
30	237,37631	0,0042	0,2008	4,9789	1181,88157	0,0008	4,8731	24,2628	5759,40784	30
31	284,85158	0,0035	0,2007	4,9824	1419,25788	0,0007	4,8908	24,3681	6941,28941	31
32	341,82189	0,0029	0,2006	4,9854	1704,10946	0,0006	4,9061	24,4588	8360,54730	32
33	410,18627	0,0024	0,2005	4,9878	2045,93135	0,0005	4,9194	24,5368	10064,65676	33
34	492,22352	0,0020	0,2004	4,9898	2456,11762	0,0004	4,9308	24,6038	12110,58811	34
35	590,66823	0,0017	0,2003	4,9915	2948,34115	0,0003	4,9406	24,6614	14566,70573	35
36	708,80187	0,0014	0,2003	4,9929	3539,00937	0,0003	4,9491	24,7108	17515,04687	36
40	1469,7716	0,0007	0,2001	4,9966	7343,85784	0,0001	4,9728	24,8469	36519,28920	40
45	3657,2620	0,0003	0,2001	4,9986	18281,3099	0,0001	4,9877	24,9316	91181,54970	45
48	6319,7487	0,0002	0,2000	4,9992	31593,7436	0,0000	4,9924	24,9581	157728,7179	48
50	9100,4382	0,0001	0,2000	4,9995	45497,1908	0,0000	4,9945	24,9698	227235,9538	50
55	22644,802	0,0000	0,2000	4,9998	113219,011	0,0000	4,9976	24,9868	565820,0564	55
60	56347,514	0,0000	0,2000	4,9999	281732,572	0,0000	4,9989	24,9942	1408362,859	60
65	140210,65	0,0000	0,2000	5,0000	701048,235	0,0000	4,9995	24,9975	3504916,173	65
70	348888,96	0,0000	0,2000	5,0000	1744439,78	0,0000	4,9998	24,9989	8721848,923	70
72	502400,10	0,0000	0,2000	5,0000	2511995,49	0,0000	4,9999	24,9992	12559617,45	72
75	868147,37	0,0000	0,2000	5,0000	4340731,85	0,0000	4,9999	24,9995	21703284,23	75
80	2160228,5	0,0000	0,2000	5,0000	10801137,3	0,0000	5,0000	24,9998	54005286,55	80
84	4479449,7	0,0000	0,2000	5,0000	22397243,7	0,0000	5,0000	24,9999	111985798,5	84
85	5375339,7	0,0000	0,2000	5,0000	26876693,4	0,0000	5,0000	24,9999	134383042,2	85
90	13375565	0,0000	0,2000	5,0000	66877821,2	0,0000	5,0000	25,0000	334388656,2	90
95	33282687	0,0000	0,2000	5,0000	166413428	0,0000	5,0000	25,0000	832066663,0	95
96	39939224	0,0000	0,2000	5,0000	199696114	0,0000	5,0000	25,0000	998480090,6	96
100	82817975	0,0000	0,2000	5,0000	414089868	0,0000	5,0000	25,0000	2070448838	100
105	206077622	0,0000	0,2000	5,0000	1030388107	0,0000	5,0000	25,0000	5151940009	105
108	356102131	0,0000	0,2000	5,0000	1780510652	0,0000	5,0000	25,0000	8902552721	108
110	512787069	0,0000	0,2000	5,0000	2563935341	0,0000	5,0000	25,0000	12819676157	110
120	3175042374	0,0000	0,2000	5,0000	15875211864	0,0000	5,0000	25,0000	79376058720	120

TABELA DE JUROS POR PERÍODO DE CAPITALIZAÇÃO   i = 0,25 ou 25%

n	(P=>S)	(S=>P)	(P=>R)	(R=>P)	(R=>S)	(S=>R)	(G=>R)	(G=>P)	(G=>S)	n
1	1,25000	0,8000	1,2500	0,8000	1,00000	1,0000	0,0000	0,0000	0,00000	1
2	1,56250	0,6400	0,6944	1,4400	2,25000	0,4444	0,4444	0,6400	1,00000	2
3	1,95313	0,5120	0,5123	1,9520	3,81250	0,2623	0,8525	1,6640	3,25000	3
4	2,44141	0,4096	0,4234	2,3616	5,76563	0,1734	1,2249	2,8928	7,06250	4
5	3,05176	0,3277	0,3718	2,6893	8,20703	0,1218	1,5631	4,2035	12,82813	5
6	3,81470	0,2621	0,3388	2,9514	11,25879	0,0888	1,8683	5,5142	21,03516	6
7	4,76837	0,2097	0,3163	3,1611	15,07349	0,0663	2,1424	6,7725	32,29395	7
8	5,96046	0,1678	0,3004	3,3289	19,84186	0,0504	2,3872	7,9469	47,36743	8
9	7,45058	0,1342	0,2888	3,4631	25,80232	0,0388	2,6048	9,0207	67,20929	9
10	9,31323	0,1074	0,2801	3,5705	33,25290	0,0301	2,7971	9,9870	93,01161	10
11	11,64153	0,0859	0,2735	3,6564	42,56613	0,0235	2,9663	10,8460	126,26451	11
12	14,55192	0,0687	0,2684	3,7251	54,20766	0,0184	3,1145	11,6020	168,83064	12
13	18,18989	0,0550	0,2645	3,7801	68,75958	0,0145	3,2437	12,2617	223,03830	13
14	22,73737	0,0440	0,2615	3,8241	86,94947	0,0115	3,3559	12,8334	291,79788	14
15	28,42171	0,0352	0,2591	3,8593	109,68684	0,0091	3,4530	13,3260	378,74735	15
16	35,52714	0,0281	0,2572	3,8874	138,10855	0,0072	3,5366	13,7482	488,43419	16
17	44,40892	0,0225	0,2558	3,9099	173,63568	0,0058	3,6084	14,1085	626,54274	17
18	55,51115	0,0180	0,2546	3,9279	218,04460	0,0046	3,6698	14,4147	800,17842	18
19	69,38894	0,0144	0,2537	3,9424	273,55576	0,0037	3,7222	14,6741	1018,22302	19
20	86,73617	0,0115	0,2529	3,9539	342,94470	0,0029	3,7667	14,8932	1291,77878	20
21	108,42022	0,0092	0,2523	3,9631	429,68087	0,0023	3,8045	15,0777	1634,72348	21
22	135,52527	0,0074	0,2519	3,9705	538,10109	0,0019	3,8365	15,2326	2064,40434	22
23	169,40659	0,0059	0,2515	3,9764	673,62636	0,0015	3,8634	15,3625	2602,50543	23
24	211,75824	0,0047	0,2512	3,9811	843,03295	0,0012	3,8861	15,4711	3276,13179	24
25	264,69780	0,0038	0,2509	3,9849	1054,79118	0,0009	3,9052	15,5618	4119,16474	25
26	330,87225	0,0030	0,2508	3,9879	1319,48898	0,0008	3,9212	15,6373	5173,95592	26
27	413,59031	0,0024	0,2506	3,9903	1650,36123	0,0006	3,9346	15,7002	6493,44490	27
28	516,98788	0,0019	0,2505	3,9923	2063,95153	0,0005	3,9457	15,7524	8143,80613	28
29	646,23485	0,0015	0,2504	3,9938	2580,93941	0,0004	3,9551	15,7957	10207,75766	29
30	807,79357	0,0012	0,2503	3,9950	3227,17427	0,0003	3,9628	15,8316	12788,69707	30
31	1009,7420	0,0010	0,2502	3,9960	4034,96783	0,0002	3,9693	15,8614	16015,87134	31
32	1262,1774	0,0008	0,2502	3,9968	5044,70979	0,0002	3,9746	15,8859	20050,83917	32
33	1577,7218	0,0006	0,2502	3,9975	6306,88724	0,0002	3,9791	15,9062	25095,54897	33
34	1972,1523	0,0005	0,2501	3,9980	7884,60905	0,0001	3,9828	15,9229	31402,43621	34
35	2465,1903	0,0004	0,2501	3,9984	9856,76132	0,0001	3,9858	15,9367	39287,04526	35
36	3081,4879	0,0003	0,2501	3,9987	12321,9516	0,0001	3,9883	15,9481	49143,80658	36
40	7523,1638	0,0001	0,2500	3,9995	30088,6554	0,0000	3,9947	15,9766	120194,6215	40
45	22958,874	0,0000	0,2500	3,9998	91831,4962	0,0000	3,9980	15,9915	367145,9846	45
48	44841,551	0,0000	0,2500	3,9999	179362,203	0,0000	3,9989	15,9954	717256,8137	48
50	70064,923	0,0000	0,2500	3,9999	280255,693	0,0000	3,9993	15,9969	1120822,771	50
55	213821,18	0,0000	0,2500	4,0000	855280,707	0,0000	3,9997	15,9989	3420902,829	55
60	652530,45	0,0000	0,2500	4,0000	2610117,79	0,0000	3,9999	15,9996	10440231,15	60
65	1991364,9	0,0000	0,2500	4,0000	7965455,56	0,0000	4,0000	15,9999	31861562,22	65
70	6077163,4	0,0000	0,2500	4,0000	24308649,4	0,0000	4,0000	16,0000	97234317,72	70
72	9495567,7	0,0000	0,2500	4,0000	37982267,0	0,0000	4,0000	16,0000	151928779,9	72
75	18546031	0,0000	0,2500	4,0000	74184119,0	0,0000	4,0000	16,0000	296736176,1	75
80	56597994	0,0000	0,2500	4,0000	226391973	0,0000	4,0000	16,0000	905567571,9	80
84	138178697	0,0000	0,2500	4,0000	552714784	0,0000	4,0000	16,0000	2210858798	84
85	172723371	0,0000	0,2500	4,0000	690893480	0,0000	4,0000	16,0000	2763573582	85
90	527109897	0,0000	0,2500	4,0000	2108439585	0,0000	4,0000	16,0000	8433757979	90
95	1608611747	0,0000	0,2500	4,0000	6434446983	0,0000	4,0000	16,0000	25737787551	95
96	2010764683	0,0000	0,2500	4,0000	8043058730	0,0000	4,0000	16,0000	32172234534	96
100	4909093465	0,0000	0,2500	4,0000	19636373857	0,0000	4,0000	16,0000	78545495029	100
105	14981364335	0,0000	0,2500	4,0000	59925457336	0,0000	4,0000	16,0000	239701828924	105
108	29260477217	0,0000	0,2500	4,0000	117041908863	0,0000	4,0000	16,0000	468167635021	108
110	45719495651	0,0000	0,2500	4,0000	182877982601	0,0000	4,0000	16,0000	731511929965	110
120	425795984001	0,0000	0,2500	4,0000	1703183935999	0,0000	4,0000	16,0000	6812735743517	120

TABELA DE JUROS POR PERÍODO DE CAPITALIZAÇÃO   i = 0,30 ou 30%

n	(P=>S)	(S=>P)	(P=>R)	(R=>P)	(R=>S)	(S=>R)	(G=>R)	(G=>P)	(G=>S)	n
1	1,30000	0,7692	1,3000	0,7692	1,00000	1,0000	0,0000	0,0000	0,00000	1
2	1,69000	0,5917	0,7348	1,3609	2,30000	0,4348	0,4348	0,5917	1,00000	2
3	2,19700	0,4552	0,5506	1,8161	3,99000	0,2506	0,8271	1,5020	3,30000	3
4	2,85610	0,3501	0,4616	2,1662	6,18700	0,1616	1,1783	2,5524	7,29000	4
5	3,71293	0,2693	0,4106	2,4356	9,04310	0,1106	1,4903	3,6297	13,47700	5
6	4,82681	0,2072	0,3784	2,6427	12,75603	0,0784	1,7654	4,6656	22,52010	6
7	6,27485	0,1594	0,3569	2,8021	17,58284	0,0569	2,0063	5,6218	35,27613	7
8	8,15731	0,1226	0,3419	2,9247	23,85769	0,0419	2,2156	6,4800	52,85897	8
9	10,60450	0,0943	0,3312	3,0190	32,01500	0,0312	2,3963	7,2343	76,71666	9
10	13,78585	0,0725	0,3235	3,0915	42,61950	0,0235	2,5512	7,8872	108,73166	10
11	17,92160	0,0558	0,3177	3,1473	56,40535	0,0177	2,6833	8,4452	151,35115	11
12	23,29809	0,0429	0,3135	3,1903	74,32695	0,0135	2,7952	8,9173	207,75650	12
13	30,28751	0,0330	0,3102	3,2233	97,62504	0,0102	2,8895	9,3135	282,08345	13
14	39,37376	0,0254	0,3078	3,2487	127,91255	0,0078	2,9685	9,6437	379,70849	14
15	51,18589	0,0195	0,3060	3,2682	167,28631	0,0060	3,0344	9,9172	507,62103	15
16	66,54166	0,0150	0,3046	3,2832	218,47220	0,0046	3,0892	10,1426	674,90734	16
17	86,50416	0,0116	0,3035	3,2948	285,01386	0,0035	3,1345	10,3276	893,37955	17
18	112,45541	0,0089	0,3027	3,3037	371,51802	0,0027	3,1718	10,4788	1178,39341	18
19	146,19203	0,0068	0,3021	3,3105	483,97343	0,0021	3,2025	10,6019	1549,91143	19
20	190,04964	0,0053	0,3016	3,3158	630,16546	0,0016	3,2275	10,7019	2033,88486	20
21	247,06453	0,0040	0,3012	3,3198	820,21510	0,0012	3,2480	10,7828	2664,05032	21
22	321,18389	0,0031	0,3009	3,3230	1067,27963	0,0009	3,2646	10,8482	3484,26542	22
23	417,53905	0,0024	0,3007	3,3254	1388,46351	0,0007	3,2781	10,9009	4551,54505	23
24	542,80077	0,0018	0,3006	3,3272	1806,00257	0,0006	3,2890	10,9433	5940,00856	24
25	705,64100	0,0014	0,3004	3,3286	2348,80334	0,0004	3,2979	10,9773	7746,01113	25
26	917,33330	0,0011	0,3003	3,3297	3054,44434	0,0003	3,3050	11,0045	10094,81447	26
27	1192,5333	0,0008	0,3003	3,3305	3971,77764	0,0003	3,3107	11,0263	13149,25881	27
28	1550,2933	0,0006	0,3002	3,3312	5164,31093	0,0002	3,3153	11,0437	17121,03645	28
29	2015,3813	0,0005	0,3001	3,3317	6714,60421	0,0001	3,3189	11,0576	22285,34738	29
30	2619,9956	0,0004	0,3001	3,3321	8729,98548	0,0001	3,3219	11,0687	28999,95160	30
31	3405,9943	0,0003	0,3001	3,3324	11349,98112	0,0001	3,3242	11,0775	37729,93707	31
32	4427,7926	0,0002	0,3001	3,3326	14755,97546	0,0001	3,3261	11,0845	49079,91820	32
33	5756,1304	0,0002	0,3001	3,3328	19183,76810	0,0001	3,3276	11,0901	63835,89366	33
34	7482,9696	0,0001	0,3000	3,3329	24939,89853	0,0000	3,3288	11,0945	83019,66175	34
35	9727,8604	0,0001	0,3000	3,3330	32422,86808	0,0000	3,3297	11,0980	107959,5603	35
36	12646,219	0,0001	0,3000	3,3331	42150,72851	0,0000	3,3305	11,1007	140382,4284	36
40	36118,865	0,0000	0,3000	3,3332	120392,8827	0,0000	3,3322	11,1071	401176,2756	40
45	134106,82	0,0000	0,3000	3,3333	447019,3890	0,0000	3,3330	11,1099	1489914,630	45
48	294632,68	0,0000	0,3000	3,3333	982105,5877	0,0000	3,3332	11,1105	3273525,292	48
50	497929,22	0,0000	0,3000	3,3333	1659760,743	0,0000	3,3332	11,1108	5532369,144	50
55	1848776,3	0,0000	0,3000	3,3333	6162584,500	0,0000	3,3333	11,1110	20541765,00	55
60	6864377,2	0,0000	0,3000	3,3333	22881253,9	0,0000	3,3333	11,1111	76270646,36	60
65	25486952	0,0000	0,3000	3,3333	84956503,1	0,0000	3,3333	11,1111	283188127,1	65
70	94631268	0,0000	0,3000	3,3333	315437558,2	0,0000	3,3333	11,1111	1051458294	70
72	159926844	0,0000	0,3000	3,3333	533089475,6	0,0000	3,3333	11,1111	1776964679	72
75	351359276	0,0000	0,3000	3,3333	1171197582	0,0000	3,3333	11,1111	3903991690	75
80	1304572395	0,0000	0,3000	3,3333	4348574647	0,0000	3,3333	11,1111	14495248556	80
84	3725989218	0,0000	0,3000	3,3333	12419964055	0,0000	3,3333	11,1111	41399879903	84
85	4843785983	0,0000	0,3000	3,3333	16145953273	0,0000	3,3333	11,1111	53819843958	85
90	17984638289	0,0000	0,3000	3,3333	59948794293	0,0000	3,3333	11,1111	199829314011	90
95	66775703042	0,0000	0,3000	3,3333	222585676804	0,0000	3,3333	11,1111	741952255697	95
96	86808413955	0,0000	0,3000	3,3333	289361379846	0,0000	3,3333	11,1111	964537932501	96
100	247933511097	0,0000	0,3000	3,3333	826445036985	0,0000	3,3333	11,1111	2754816789618	100
105	920559771356	0,0000	0,3000	3,3333	3068532571183	0,0000	3,3333	11,1111	10228441903593	105
108	2022469817669	0,0000	0,3000	3,3333	6741566058893	0,0000	3,3333	11,1111	22471886862617	108
110	3417973991860	0,0000	0,3000	3,3333	11393246639532	0,0000	3,3333	11,1111	37977488798072	110
120	47119673969699	0,0000	0,3000	3,3333	157065579898992	0,0000	3,3333	11,1111	523551932996240	120

TABELA DE JUROS POR PERÍODO DE CAPITALIZAÇÃO   i = 0,35 ou 35%

n	(P=>S)	(S=>P)	(P=>R)	(R=>P)	(R=>S)	(S=>R)	(G=>R)	(G=>P)	(G=>S)	n
1	1,35000	0,7407	1,3500	0,7407	1,00000	1,0000	0,0000	0,0000	0,00000	1
2	1,82250	0,5487	0,7755	1,2894	2,35000	0,4255	0,4255	0,5487	1,00000	2
3	2,46038	0,4064	0,5897	1,6959	4,17250	0,2397	0,8029	1,3616	3,35000	3
4	3,32151	0,3011	0,5008	1,9969	6,63288	0,1508	1,1341	2,2648	7,52250	4
5	4,48403	0,2230	0,4505	2,2200	9,95438	0,1005	1,4220	3,1568	14,15538	5
6	6,05345	0,1652	0,4193	2,3852	14,43841	0,0693	1,6698	3,9828	24,10976	6
7	8,17215	0,1224	0,3988	2,5075	20,49186	0,0488	1,8811	4,7170	38,54817	7
8	11,03240	0,0906	0,3849	2,5982	28,66401	0,0349	2,0597	5,3515	59,04003	8
9	14,89375	0,0671	0,3752	2,6653	39,69641	0,0252	2,2094	5,8886	87,70404	9
10	20,10656	0,0497	0,3683	2,7150	54,59016	0,0183	2,3338	6,3363	127,40046	10
11	27,14385	0,0368	0,3634	2,7519	74,69672	0,0134	2,4364	6,7047	181,99062	11
12	36,64420	0,0273	0,3598	2,7792	101,84057	0,0098	2,5205	7,0049	256,68733	12
13	49,46967	0,0202	0,3572	2,7994	138,48476	0,0072	2,5889	7,2474	358,52790	13
14	66,78405	0,0150	0,3553	2,8144	187,95443	0,0053	2,6443	7,4421	497,01266	14
15	90,15847	0,0111	0,3539	2,8255	254,73848	0,0039	2,6889	7,5974	684,96709	15
16	121,71393	0,0082	0,3529	2,8337	344,89695	0,0029	2,7246	7,7206	939,70557	16
17	164,31381	0,0061	0,3521	2,8398	466,61088	0,0021	2,7530	7,8180	1284,60253	17
18	221,82364	0,0045	0,3516	2,8443	630,92469	0,0016	2,7756	7,8946	1751,21341	18
19	299,46192	0,0033	0,3512	2,8476	852,74834	0,0012	2,7935	7,9547	2382,13810	19
20	404,27359	0,0025	0,3509	2,8501	1152,21025	0,0009	2,8075	8,0017	3234,88644	20
21	545,76935	0,0018	0,3506	2,8519	1556,48384	0,0006	2,8186	8,0384	4387,09669	21
22	736,78862	0,0014	0,3505	2,8533	2102,25319	0,0005	2,8272	8,0669	5943,58054	22
23	994,66463	0,0010	0,3504	2,8543	2839,04180	0,0004	2,8340	8,0890	8045,83372	23
24	1342,7973	0,0007	0,3503	2,8550	3833,70643	0,0003	2,8393	8,1061	10884,87553	24
25	1812,7763	0,0006	0,3502	2,8556	5176,50369	0,0002	2,8433	8,1194	14718,58196	25
26	2447,2480	0,0004	0,3501	2,8560	6989,27998	0,0001	2,8465	8,1296	19895,08565	26
27	3303,7848	0,0003	0,3501	2,8563	9436,52797	0,0001	2,8490	8,1374	26884,36563	27
28	4460,1095	0,0002	0,3501	2,8565	12740,31276	0,0001	2,8509	8,1435	36320,89360	28
29	6021,1478	0,0002	0,3501	2,8567	17200,42223	0,0001	2,8523	8,1481	49061,20636	29
30	8128,5495	0,0001	0,3500	2,8568	23221,57000	0,0000	2,8535	8,1517	66261,62858	30
31	10973,542	0,0001	0,3500	2,8569	31350,11951	0,0000	2,8543	8,1545	89483,19859	31
32	14814,281	0,0001	0,3500	2,8569	42323,66133	0,0000	2,8550	8,1565	120833,3181	32
33	19999,280	0,0001	0,3500	2,8570	57137,94280	0,0000	2,8555	8,1581	163156,9794	33
34	26999,028	0,0000	0,3500	2,8570	77137,22278	0,0000	2,8559	8,1594	220294,9222	34
35	36448,688	0,0000	0,3500	2,8571	104136,2508	0,0000	2,8562	8,1603	297432,1450	35
36	49205,728	0,0000	0,3500	2,8571	140584,9385	0,0000	2,8564	8,1610	401568,3958	36
40	163437,13	0,0000	0,3500	2,8571	466960,3848	0,0000	2,8569	8,1625	1334058,242	40
45	732857,58	0,0000	0,3500	2,8571	2093875,934	0,0000	2,8571	8,1631	5982374,097	45
48	1803104,5	0,0000	0,3500	2,8571	5151724,173	0,0000	2,8571	8,1632	14719074,78	48
50	3286157,9	0,0000	0,3500	2,8571	9389019,656	0,0000	2,8571	8,1632	26825627,59	50
55	14735242	0,0000	0,3500	2,8571	42100688,04	0,0000	2,8571	8,1633	120287523,0	55
60	66073317	0,0000	0,3500	2,8571	188780902,8	0,0000	2,8571	8,1633	539373836,7	60
65	296274963	0,0000	0,3500	2,8571	846499890,7	0,0000	2,8571	8,1633	2418570931	65
70	1328506840	0,0000	0,3500	2,8571	3795733825	0,0000	2,8571	8,1633	10844953585	70
72	2421203715	0,0000	0,3500	2,8571	6917724898	0,0000	2,8571	8,1633	19764928073	72
75	5957069091	0,0000	0,3500	2,8571	17020197399	0,0000	2,8571	8,1633	48629135212	75
80	26711696993	0,0000	0,3500	2,8571	76319134261	0,0000	2,8571	8,1633	218054669090	80
84	88723068509	0,0000	0,3500	2,8571	253494481451	0,0000	2,8571	8,1633	724269946762	84
85	119776142487	0,0000	0,3500	2,8571	342217549960	0,0000	2,8571	8,1633	977764428213	85
90	537080227926	0,0000	0,3500	2,8571	1534514936928	0,0000	2,8571	8,1633	4384328390966	90
95	2408285700639	0,0000	0,3500	2,8571	6880816287538	0,0000	2,8571	8,1633	19659475106981	95
96	3251185695863	0,0000	0,3500	2,8571	9289101988178	0,0000	2,8571	8,1633	26540291394519	96
100	10798833608720	0,0000	0,3500	2,8571	30853810310626	0,0000	2,8571	8,1633	88153743744361	100
105	48422330987500	0,0000	0,3500	2,8571	138349517107140	0,0000	2,8571	8,1633	395284334591530	105
108	119137092603371	0,0000	0,3500	2,8571	340391693152485	0,0000	2,8571	8,1633	972547694721077	108
110	217127351269643	0,0000	0,3500	2,8571	620363860770406	0,0000	2,8571	8,1633	1772468173629420	110
120	4365683218908140	0,0000	0,3500	2,8571	12473380625451800	0,0000	2,8571	8,1633	35638230358433500	120

TABELA DE JUROS POR PERÍODO DE CAPITALIZAÇÃO — i = 0,40 ou 40%

n	(P=>S)	(S=>P)	(P=>R)	(R=>P)	(R=>S)	(S=>R)	(G=>R)	(G=>P)	(G=>S)	n
1	1,40000	0,7143	1,4000	0,7143	1,00000	1,0000	0,0000	0,0000	0,00000	1
2	1,96000	0,5102	0,8167	1,2245	2,40000	0,4167	0,4167	0,5102	1,00000	2
3	2,74400	0,3644	0,6294	1,5889	4,36000	0,2294	0,7798	1,2391	3,40000	3
4	3,84160	0,2603	0,5408	1,8492	7,10400	0,1408	1,0923	2,0200	7,76000	4
5	5,37824	0,1859	0,4914	2,0352	10,94560	0,0914	1,3580	2,7637	14,86400	5
6	7,52954	0,1328	0,4613	2,1680	16,32384	0,0613	1,5811	3,4278	25,80960	6
7	10,54135	0,0949	0,4419	2,2628	23,85338	0,0419	1,7664	3,9970	42,13344	7
8	14,75789	0,0678	0,4291	2,3306	34,39473	0,0291	1,9185	4,4713	65,98682	8
9	20,66105	0,0484	0,4203	2,3790	49,15262	0,0203	2,0422	4,8585	100,38154	9
10	28,92547	0,0346	0,4143	2,4136	69,81366	0,0143	2,1419	5,1696	149,53416	10
11	40,49565	0,0247	0,4101	2,4383	98,73913	0,0101	2,2215	5,4166	219,34782	11
12	56,69391	0,0176	0,4072	2,4559	139,23478	0,0072	2,2845	5,6106	318,08695	12
13	79,37148	0,0126	0,4051	2,4685	195,92869	0,0051	2,3341	5,7618	457,32173	13
14	111,12007	0,0090	0,4036	2,4775	275,30017	0,0036	2,3729	5,8788	653,25043	14
15	155,56810	0,0064	0,4026	2,4839	386,42024	0,0026	2,4030	5,9688	928,55060	15
16	217,79533	0,0046	0,4018	2,4885	541,98833	0,0018	2,4262	6,0376	1314,97084	16
17	304,91347	0,0033	0,4013	2,4918	759,78367	0,0013	2,4441	6,0901	1856,95917	17
18	426,87885	0,0023	0,4009	2,4941	1064,69714	0,0009	2,4577	6,1299	2616,74284	18
19	597,63040	0,0017	0,4007	2,4958	1491,57599	0,0007	2,4682	6,1601	3681,43997	19
20	836,68255	0,0012	0,4005	2,4970	2089,20639	0,0005	2,4761	6,1828	5173,01596	20
21	1171,3556	0,0009	0,4003	2,4979	2925,88894	0,0003	2,4821	6,1998	7262,22235	21
22	1639,8978	0,0006	0,4002	2,4985	4097,24452	0,0002	2,4866	6,2127	10188,11129	22
23	2295,8569	0,0004	0,4002	2,4989	5737,14232	0,0002	2,4900	6,2222	14285,35581	23
24	3214,1997	0,0003	0,4001	2,4992	8032,99925	0,0001	2,4925	6,2294	20022,49813	24
25	4499,8796	0,0002	0,4001	2,4994	11247,19895	0,0001	2,4944	6,2347	28055,49738	25
26	6299,8314	0,0002	0,4001	2,4996	15747,07853	0,0001	2,4959	6,2387	39302,69633	26
27	8819,7640	0,0001	0,4000	2,4997	22046,90994	0,0000	2,4969	6,2416	55049,77486	27
28	12347,670	0,0001	0,4000	2,4998	30866,67392	0,0000	2,4977	6,2438	77096,68481	28
29	17286,737	0,0001	0,4000	2,4999	43214,34349	0,0000	2,4983	6,2454	107963,3587	29
30	24201,432	0,0000	0,4000	2,4999	60501,08089	0,0000	2,4988	6,2466	151177,7022	30
31	33882,005	0,0000	0,4000	2,4999	84702,51324	0,0000	2,4991	6,2475	211678,7831	31
32	47434,807	0,0000	0,4000	2,4999	118584,5185	0,0000	2,4993	6,2482	296381,2964	32
33	66408,730	0,0000	0,4000	2,5000	166019,3260	0,0000	2,4995	6,2487	414965,8149	33
34	92972,223	0,0000	0,4000	2,5000	232428,0563	0,0000	2,4996	6,2490	580985,1409	34
35	130161,11	0,0000	0,4000	2,5000	325400,2789	0,0000	2,4997	6,2493	813413,1972	35
36	182225,56	0,0000	0,4000	2,5000	455561,3904	0,0000	2,4998	6,2495	1138813,476	36
40	700037,70	0,0000	0,4000	2,5000	1750091,741	0,0000	2,4999	6,2498	4375129,354	40
45	3764970,7	0,0000	0,4000	2,5000	9412424,353	0,0000	2,5000	6,2500	23530948,38	45
48	10331080	0,0000	0,4000	2,5000	25827696,79	0,0000	2,5000	6,2500	64569121,96	48
50	20248916	0,0000	0,4000	2,5000	50622288,10	0,0000	2,5000	6,2500	126555595,2	50
55	108903531	0,0000	0,4000	2,5000	272258825,7	0,0000	2,5000	6,2500	680646926,7	55
60	585709328	0,0000	0,4000	2,5000	1464273318	0,0000	2,5000	6,2500	3660683144	60
65	3150085337	0,0000	0,4000	2,5000	7875213339	0,0000	2,5000	6,2500	19688033185	65
70	16941914960	0,0000	0,4000	2,5000	42354787398	0,0000	2,5000	6,2500	105886968321	70
72	33206153322	0,0000	0,4000	2,5000	83015383303	0,0000	2,5000	6,2500	207538458078	72
75	91117684716	0,0000	0,4000	2,5000	227794211788	0,0000	2,5000	6,2500	569485529283	75
80	490052776649	0,0000	0,4000	2,5000	1225131941619	0,0000	2,5000	6,2500	3062829853847	80
84	1882586746773	0,0000	0,4000	2,5000	4706466866930	0,0000	2,5000	6,2500	11766167167115	84
85	2635621445482	0,0000	0,4000	2,5000	6589053613703	0,0000	2,5000	6,2500	16472634034045	85
90	14175004682950	0,0000	0,4000	2,5000	35437511707373	0,0000	2,5000	6,2500	88593779268207	90
95	76236577186029	0,0000	0,4000	2,5000	190591442965071	0,0000	2,5000	6,2500	476478607412439	95
96	106731208060441	0,0000	0,4000	2,5000	266828020151100	0,0000	2,5000	6,2500	667070050377510	96
100	410018608884990	0,0000	0,4000	2,5000	1025046522212470	0,0000	2,5000	6,2500	2562616305530930	100
105	2205178483049610	0,0000	0,4000	2,5000	5512946207624020	0,0000	2,5000	6,2500	13782365519059800	105
108	6051009757488130	0,0000	0,4000	2,5000	15127524393720300	0,0000	2,5000	6,2500	37818810984300500	108
110	11859979124676700	0,0000	0,4000	2,5000	29649947811691800	0,0000	2,5000	6,2500	74124869529229300	110
120	343055416973093000	0,0000	0,4000	2,5000	857638542432732000	0,0000	2,5000	6,2500	2144096356081830000	120

TABELA DE JUROS POR PERÍODO DE CAPITALIZAÇÃO i = 0,45 ou 45%

n	(P=>S)	(S=>P)	(P=>R)	(R=>P)	(R=>S)	(S=>R)	(G=>R)	(G=>P)	(G=>S)	n
1	1,45000	0,6897	1,4500	0,6897	1,00000	1,0000	0,0000	0,0000	0,00000	1
2	2,10250	0,4756	0,8582	1,1653	2,45000	0,4082	0,4082	0,4756	1,00000	2
3	3,04863	0,3280	0,6697	1,4933	4,55250	0,2197	0,7578	1,1317	3,45000	3
4	4,42051	0,2262	0,5816	1,7195	7,60113	0,1316	1,0528	1,8103	8,00250	4
5	6,40973	0,1560	0,5332	1,8755	12,02163	0,0832	1,2980	2,4344	15,60363	5
6	9,29411	0,1076	0,5043	1,9831	18,43137	0,0543	1,4988	2,9723	27,62526	6
7	13,47647	0,0742	0,4861	2,0573	27,72548	0,0361	1,6612	3,4176	46,05662	7
8	19,54088	0,0512	0,4743	2,1085	41,20195	0,0243	1,7907	3,7758	73,78210	8
9	28,33427	0,0353	0,4665	2,1438	60,74282	0,0165	1,8930	4,0581	114,98405	9
10	41,08469	0,0243	0,4612	2,1681	89,07709	0,0112	1,9728	4,2772	175,72687	10
11	59,57280	0,0168	0,4577	2,1849	130,16178	0,0077	2,0344	4,4450	264,80396	11
12	86,38056	0,0116	0,4553	2,1965	189,73458	0,0053	2,0817	4,5724	394,96574	12
13	125,25182	0,0080	0,4536	2,2045	276,11515	0,0036	2,1176	4,6682	584,70032	13
14	181,61513	0,0055	0,4525	2,2100	401,36696	0,0025	2,1447	4,7398	860,81547	14
15	263,34194	0,0038	0,4517	2,2138	582,98209	0,0017	2,1650	4,7929	1262,18243	15
16	381,84582	0,0026	0,4512	2,2164	846,32403	0,0012	2,1802	4,8322	1845,16452	16
17	553,67643	0,0018	0,4508	2,2182	1228,16985	0,0008	2,1915	4,8611	2691,48856	17
18	802,83083	0,0012	0,4506	2,2195	1781,84628	0,0006	2,1998	4,8823	3919,65841	18
19	1164,1047	0,0009	0,4504	2,2203	2584,67711	0,0004	2,2059	4,8978	5701,50469	19
20	1687,9518	0,0006	0,4503	2,2209	3748,78181	0,0003	2,2104	4,9090	8286,18180	20
21	2447,5301	0,0004	0,4502	2,2213	5436,73362	0,0002	2,2136	4,9172	12034,96361	21
22	3548,9187	0,0003	0,4501	2,2216	7884,26375	0,0001	2,2160	4,9231	17471,69723	22
23	5145,9321	0,0002	0,4501	2,2218	11433,18244	0,0001	2,2178	4,9274	25355,96099	23
24	7461,6015	0,0001	0,4501	2,2219	16579,11454	0,0001	2,2190	4,9305	36789,14343	24
25	10819,322	0,0001	0,4500	2,2220	24040,71609	0,0000	2,2199	4,9327	53368,25797	25
26	15688,017	0,0001	0,4500	2,2221	34860,03833	0,0000	2,2206	4,9343	77408,97406	26
27	22747,625	0,0000	0,4500	2,2221	50548,05557	0,0000	2,2210	4,9354	112269,0124	27
28	32984,056	0,0000	0,4500	2,2222	73295,68058	0,0000	2,2214	4,9362	162817,0680	28
29	47826,882	0,0000	0,4500	2,2222	106279,7368	0,0000	2,2216	4,9368	236112,7485	29
30	69348,978	0,0000	0,4500	2,2222	154106,6184	0,0000	2,2218	4,9372	342392,4854	30
31	100556,02	0,0000	0,4500	2,2222	223455,5967	0,0000	2,2219	4,9375	496499,1038	31
32	145806,23	0,0000	0,4500	2,2222	324011,6152	0,0000	2,2220	4,9378	719954,7005	32
33	211419,03	0,0000	0,4500	2,2222	469817,8421	0,0000	2,2221	4,9379	1043966,316	33
34	306557,59	0,0000	0,4500	2,2222	681236,8710	0,0000	2,2221	4,9380	1513784,158	34
35	444508,51	0,0000	0,4500	2,2222	987794,4630	0,0000	2,2221	4,9381	2195021,029	35
36	644537,34	0,0000	0,4500	2,2222	1432302,971	0,0000	2,2222	4,9381	3182815,492	36
40	2849181,3	0,0000	0,4500	2,2222	6331511,838	0,0000	2,2222	4,9382	14069937,42	40
45	18262495	0,0000	0,4500	2,2222	40583319,12	0,0000	2,2222	4,9383	90185053,59	45
48	55675498	0,0000	0,4500	2,2222	123723325,8	0,0000	2,2222	4,9383	274940617,3	48
50	117057734	0,0000	0,4500	2,2222	260128294,9	0,0000	2,2222	4,9383	578062766,5	50
55	750308943	0,0000	0,4500	2,2222	1667353205	0,0000	2,2222	4,9383	3705229221	55
60	4809280790	0,0000	0,4500	2,2222	10687290642	0,0000	2,2222	4,9383	23749534627	60
65	30826210895	0,0000	0,4500	2,2222	68502690875	0,0000	2,2222	4,9383	152228201801	65
70	197587813991	0,0000	0,4500	2,2222	439084031089	0,0000	2,2222	4,9383	975742291154	70
72	415428378917	0,0000	0,4500	2,2222	923174175368	0,0000	2,2222	4,9383	2051498167325	72
75	1266485341675	0,0000	0,4500	2,2222	2814411870386	0,0000	2,2222	4,9383	6254248600691	75
80	8117834234189	0,0000	0,4500	2,2222	18039631631530	0,0000	2,2222	4,9383	40088070292111	80
84	35884936968699	0,0000	0,4500	2,2222	79744304374883	0,0000	2,2222	4,9383	177209565277332	84
85	52033158604613	0,0000	0,4500	2,2222	115629241343582	0,0000	2,2222	4,9383	256953869652215	85
90	333518709087452	0,0000	0,4500	2,2222	741152686861001	0,0000	2,2222	4,9383	1647005970802020	90
95	2137766230118870	0,0000	0,4500	2,2222	4750591622486370	0,0000	2,2222	4,9383	10556870272191700	95
96	3099761033672360	0,0000	0,4500	2,2222	6888357852605230	0,0000	2,2222	4,9383	15307461894678100	96
100	13702513022855100	0,0000	0,4500	2,2222	30450028939678000	0,0000	2,2222	4,9383	67666730977062100	100
105	87829464464444300	0,0000	0,4500	2,2222	195176587698765000,0	0,0000	2,2222	4,9383	433725750441700000	105
108	267759101102916000	0,0000	0,4500	2,2222	595020224673147000	0,0000	2,2222	4,9383	1322267165940330000	108
110	562963510068882000	0,0000	0,4500	2,2222	1251030022375290000	0,0000	2,2222	4,9383	2780066716389540000	110
120	23129181715825100000	0,0000	0,4500	2,2222	51398181590722500000	0,0000	2,2222	4,9383	####################	120

TABELA DE JUROS POR PERÍODO DE CAPITALIZAÇÃO   i = 0,50 ou 50%

n	(P=>S)	(S=>P)	(P=>R)	(R=>P)	(R=>S)	(S=>R)	(G=>R)	(G=>P)	(G=>S)	n
1	1,50000	0,6667	1,5000	0,6667	1,00000	1,0000	0,0000	0,0000	0,00000	1
2	2,25000	0,4444	0,9000	1,1111	2,50000	0,4000	0,4000	0,4444	1,00000	2
3	3,37500	0,2963	0,7105	1,4074	4,75000	0,2105	0,7368	1,0370	3,50000	3
4	5,06250	0,1975	0,6231	1,6049	8,12500	0,1231	1,0154	1,6296	8,25000	4
5	7,59375	0,1317	0,5758	1,7366	13,18750	0,0758	1,2417	2,1564	16,37500	5
6	11,39063	0,0878	0,5481	1,8244	20,78125	0,0481	1,4226	2,5953	29,56250	6
7	17,08594	0,0585	0,5311	1,8829	32,17188	0,0311	1,5648	2,9465	50,34375	7
8	25,62891	0,0390	0,5203	1,9220	49,25781	0,0203	1,6752	3,2196	82,51563	8
9	38,44336	0,0260	0,5134	1,9480	74,88672	0,0134	1,7596	3,4277	131,77344	9
10	57,66504	0,0173	0,5088	1,9653	113,33008	0,0088	1,8235	3,5838	206,66016	10
11	86,49756	0,0116	0,5058	1,9769	170,99512	0,0058	1,8713	3,6994	319,99023	11
12	129,74634	0,0077	0,5039	1,9846	257,49268	0,0039	1,9068	3,7842	490,98535	12
13	194,61951	0,0051	0,5026	1,9897	387,23901	0,0026	1,9329	3,8459	748,47803	13
14	291,92926	0,0034	0,5017	1,9931	581,85852	0,0017	1,9519	3,8904	1135,71704	14
15	437,89389	0,0023	0,5011	1,9954	873,78778	0,0011	1,9657	3,9224	1717,57556	15
16	656,84084	0,0015	0,5008	1,9970	1311,68167	0,0008	1,9756	3,9452	2591,36334	16
17	985,26125	0,0010	0,5005	1,9980	1968,52251	0,0005	1,9827	3,9614	3903,04501	17
18	1477,8919	0,0007	0,5003	1,9986	2953,78376	0,0003	1,9878	3,9729	5871,56752	18
19	2216,8378	0,0005	0,5002	1,9991	4431,67564	0,0002	1,9914	3,9811	8825,35128	19
20	3325,2567	0,0003	0,5002	1,9994	6648,51346	0,0002	1,9940	3,9868	13257,02692	20
21	4987,8851	0,0002	0,5001	1,9996	9973,77019	0,0001	1,9958	3,9908	19905,54038	21
22	7481,8276	0,0001	0,5001	1,9997	14961,65529	0,0001	1,9971	3,9936	29879,31057	22
23	11222,741	0,0001	0,5000	1,9998	22443,48293	0,0000	1,9980	3,9955	44840,96586	23
24	16834,112	0,0001	0,5000	1,9999	33666,22439	0,0000	1,9986	3,9969	67284,44878	24
25	25251,168	0,0000	0,5000	1,9999	50500,33659	0,0000	1,9990	3,9979	100950,6732	25
26	37876,752	0,0000	0,5000	1,9999	75751,50488	0,0000	1,9993	3,9985	151451,0098	26
27	56815,129	0,0000	0,5000	2,0000	113628,2573	0,0000	1,9995	3,9990	227202,5146	27
28	85222,693	0,0000	0,5000	2,0000	170443,3860	0,0000	1,9997	3,9993	340830,7720	28
29	127834,04	0,0000	0,5000	2,0000	255666,0790	0,0000	1,9998	3,9995	511274,1580	29
30	191751,06	0,0000	0,5000	2,0000	383500,1185	0,0000	1,9998	3,9997	766940,2369	30
31	287626,59	0,0000	0,5000	2,0000	575251,1777	0,0000	1,9999	3,9998	1150440,355	31
32	431439,88	0,0000	0,5000	2,0000	862877,7665	0,0000	1,9999	3,9998	1725691,533	32
33	647159,82	0,0000	0,5000	2,0000	1294317,650	0,0000	1,9999	3,9999	2588569,300	33
34	970739,74	0,0000	0,5000	2,0000	1941477,475	0,0000	2,0000	3,9999	3882886,949	34
35	1456109,6	0,0000	0,5000	2,0000	2912217,212	0,0000	2,0000	3,9999	5824364,424	35
36	2184164,4	0,0000	0,5000	2,0000	4368326,818	0,0000	2,0000	4,0000	8736581,636	36
40	11057332	0,0000	0,5000	2,0000	22114662,64	0,0000	2,0000	4,0000	44229245,28	40
45	83966617	0,0000	0,5000	2,0000	167933232,6	0,0000	2,0000	4,0000	335866375,2	45
48	283387333	0,0000	0,5000	2,0000	566774664,9	0,0000	2,0000	4,0000	1133549234	48
50	637621500	0,0000	0,5000	2,0000	1275242998	0,0000	2,0000	4,0000	2550485897	50
55	4841938267	0,0000	0,5000	2,0000	9683876533	0,0000	2,0000	4,0000	19367752955	55
60	36768468717	0,0000	0,5000	2,0000	73536937432	0,0000	2,0000	4,0000	147073874744	60
65	279210559319	0,0000	0,5000	2,0000	558421118636	0,0000	2,0000	4,0000	1116842237143	65
70	2120255184830	0,0000	0,5000	2,0000	4240510369659	0,0000	2,0000	4,0000	8481020739177	70
72	4770574165868	0,0000	0,5000	2,0000	9541148331734	0,0000	2,0000	4,0000	19082296663324	72
75	16100687809805	0,0000	0,5000	2,0000	32201375619607	0,0000	2,0000	4,0000	64402751239065	75
80	122264598055705	0,0000	0,5000	2,0000	244529196111407	0,0000	2,0000	4,0000	489058392222655	80
84	618964527657005	0,0000	0,5000	2,0000	1237929055314010	0,0000	2,0000	4,0000	2475858110627850	84
85	928446791485507	0,0000	0,5000	2,0000	1856893582971010	0,0000	2,0000	4,0000	3713787165941850	85
90	7050392822843070	0,0000	0,5000	2,0000	14100785645686100	0,0000	2,0000	4,0000	28201571291372100	90
95	53538920498464600	0,0000	0,5000	2,0000	107077840996929000	0,0000	2,0000	4,0000	214155681993858000	95
96	80308380747696800	0,0000	0,5000	2,0000	160616761495394000	0,0000	2,0000	4,0000	321233522990787000	96
100	406561177535215000	0,0000	0,5000	2,0000	813122355070431000	0,0000	2,0000	4,0000	1626244710140860000	100
105	3087323941908040000	0,0000	0,5000	2,0000	6174647883816080000	0,0000	2,0000	4,0000	12349295767632200000	105
108	10419718303939600000	0,0000	0,5000	2,0000	20839436607879300000	0,0000	2,0000	4,0000	41678873215758500000	108
110	23444366183864200000	0,0000	0,5000	2,0000	46888732367728400000	0,0000	2,0000	4,0000	93777464735456700000	110
120	1351920291788080000000	0,0000	0,5000	2,0000	2703840583576160000000	0,0000	2,0000	4,0000	5407681167152330000000	120

Impressão e acabamento:

tel.: 25226368